中国海洋经济发展报告

China's Ocean Economic Development Report

（2013）

国家海洋局海洋发展战略研究所课题组

经济科学出版社

图书在版编目（CIP）数据

中国海洋经济发展报告／国家海洋局海洋发展战略研究所著．—北京：经济科学出版社，2013.2
ISBN 978－7－5141－2986－1

Ⅰ．①中…　Ⅱ．①国…　Ⅲ．①海洋经济－经济发展－研究报告－中国　Ⅳ．①P74

中国版本图书馆 CIP 数据核字（2013）第 021607 号

责任编辑：张　频
责任校对：刘　昕
版式设计：代小卫
责任印制：李　鹏

中国海洋经济发展报告（2013）
国家海洋局海洋发展战略研究所课题组
经济科学出版社出版、发行　新华书店经销
社址：北京市海淀区阜成路甲 28 号　邮编：100142
总编部电话：88191217　发行部电话：88191537
网址：www.esp.com.cn
电子邮件：esp@esp.com.cn
北京中科印刷有限公司印装
787×1092　16 开　17.5 印张　320000 字
2013 年 4 月第 1 版　2013 年 4 月第 1 次印刷
ISBN 978－7－5141－2986－1　定价：98.00 元
（图书出现印装问题，本社负责调换。电话：88191502）

《中国海洋经济发展报告》
（2013年）

编辑委员会

发展海洋经济　建设海洋强国
（代序）

国家海洋局局长　刘赐贵*

党的“十八大”提出了“提高海洋资源开发能力，发展海洋经济，保护海洋生态环境，坚决维护国家海洋权益，建设海洋强国”的宏观目标。在党的“十八大”精神的指引下，《全国海洋经济发展“十二五”规划》（以下

* 本代序选自作者刊登于2013年1月21号《中国海洋报》第A1版的同名文章，本文略有删改。经作者同意，文中数据引用2012年最新数据。

简称“规划”）于2012年9月16日经国务院批准正式实施。这是继2003年5月我国制定发布的第一个纲领性文件《全国海洋经济发展规划纲要》之后，再次推出的新一轮全国海洋经济综合性规划，也是指导“十二五”时期我国海洋经济发展的重要行动纲领。在新的历史时期，海洋经济对国民经济社会，建成小康社会必将发挥新的、重大作用。

2003年5月9日，国务院正式发布《全国海洋经济发展规划纲要》（以下简称“纲要”）。《纲要》实施以来，中国海洋经济实力显著提升，海洋资源利用趋于合理，海洋生态环境保护取得一定成效，海洋基础设施建设显著改善，发展海洋经济的政策环境有明显好转，海洋科技兴海工作深入推进，海洋事业各项工作成效显著。海洋经济已逐步成为带动东部地区率先发展、构建开放型经济的有力支撑，在加快海洋资源的开发利用、促进沿海地区经济合理布局和产业结构调整、促使海洋经济成为国民经济新的增长点中发挥了重要的作用。

过去10年来，各级海洋管理部门以贯彻落实《纲要》为契机，积极推进海洋经济管理工作上台阶、出实效，在海洋经济制度建设、组织协调、标准制定等领域取得了显著进展。在《纲要》的指引和沿海地区的努力下，中国海洋经济总量持续快速增长，海洋产业结构调整和产业升级步伐明显加快。“十一五”期间，我国海洋经济年均增长13.5%，持续高于同期国民经济增速。以海洋高技术为支撑的海洋新兴产业快速发展，年均增速超过20%。2012年，海洋生产总值达到50 087亿元，比“十五”期末翻了一番多。海洋生产总值占国内生产总值和沿海地区生产总值比重分别为9.6%和15.9%。海洋经济已经成为拉动国民经济发展的有力引擎。

中国海洋产业的国际地位和影响力不断提升。截至2012年底，超过亿吨的港口20余个，货物吞吐量连续9年保持世界第一。海洋油气生产跨入大国行列，海洋油气产量超过5 000万吨油当量。造船能力全面提升，造船工业的造船完工量、手持订单量、新承接订单量均居世界第一。

但是，随着世界经济一体化的快速发展，中国海洋经济面临的发展环境日趋复杂。一方面经济全球化深入推进，国际产业分工和转移加快，为海洋经济进一步拓展新的开放领域和发展空间提供了良好条件；另一方面受国际金融危机影响，全球经济发展和市场需求仍存在诸多不确定性。各种形式的保护主义抬头，围绕海洋资源的争夺的斗争频发，地区性摩擦和冲突时有发生，这些不利因素对中国海洋经济发展构成了严峻挑战。同时，中国海洋经济发展中不平衡、不协调和不可持续的问题依旧突出，粗放型增长方式尚未根本转变，产业结构和布局不尽合理，自主创新和技术成果转化能力不强，资源与生态环境约束加剧，保障发展的体制机制尚不完善。这些问题都影响了新形势下中国海洋经济的健康发展。

认真制定海洋经济发展方略，科学谋划海洋经济发展蓝图，才能够进一步增强海洋经济的可持续发展能力、国际竞争能力和抗风险能力，才能有效地提升海洋经济发展的质量和效益，这对于贯彻落实《中华人民共和国国民经济和社会发展第十二个五年规划纲要》的有关精神，提高国民经济综合竞争力，加快转变经济发展方式，全面建成小康社会具有重大的战略意义。

《规划》在总体要求中明确提出要坚持“陆海统筹，联动发展；结构调整，优化发展；生态优先，绿色发展；科技引领，创新发展；国际视角，开放发展”的五个基本原则。

（一）陆海统筹，联动发展。《规划》将陆海统筹作为编制的重要原则，提出统筹协调陆地与海洋的开发利用和保护，并用“五个统筹”全面阐述陆海统筹的要求：即统筹陆海资源配置，统筹陆海经济布局，统筹陆海环境整治和灾害防治，统筹陆海开发强度与利用时序，统筹近岸开发与远海空间拓展。“五个统筹”总领全篇，既是《国民经济和社会发展第十二个五年规划纲要》对海洋经济发展的总体要求，也是海洋经济发展规划制定与实施的灵魂。

（二）结构调整，优化发展。《规划》将推进结构调整、转变发展方式作为编制的重要原则。通过调整产业结构，优化空间布局，统筹安排各行业用海，进而合理配置生产要素，提高海洋经济发展的质量和水平。《规划》通过调整产业结构和优化区域布局双管齐下，来促进海洋经济发展方式转变，提出改造提升海洋传统产业，培育壮大海洋新兴产业，积极发展海洋服务业，构建层次清晰、定位鲜明的“三圈覆盖的多极三点”区域发展格局。

（三）生态优先，绿色发展。《规划》将生态保护优先作为编制的重要原则，体现出海洋经济可持续发展的必然要求和海洋生态文明建设的客观需要。实现生态优先、绿色发展，就是要将生态环境保护作为经济发展的前提条件，加强海洋资源节约集约利用，大力发展海洋循环经济，推进海洋产业节能减排与清洁生产，强化海洋生态环境保护和防灾减灾，不断增强海洋经济可持续发展能力。

（四）科技引领，创新发展。《规划》将科技创新作为编制的重要原则。充分发挥科技对经济的支撑和引领作用，通过完善科技创新体系，加强海洋人才培养，改革和创新海洋管理体制，进而提升海洋科技自主创新和成果转化能力，增强海洋经济发展的内生动力和竞争能力。

（五）国际视角，开放发展。《规划》将对外开放作为编制的重要原则。继续发挥海洋在我国开放型经济中的载体作用，充分利用“两个市场”、“两种资源”，积极参与经济全球化，继续实施“走出去”战略，进一步扩大双边、多边经贸合作，加快提升海洋经济对外开放水平。

五项原则是将科学发展观运用于海洋经济发展与实践的综合体现，并贯穿于海洋经济发展规划始终。依据指导思想和基本原则，《规划》确立了未来五至十年总体目标，即海洋经济总体实力进一步提升、海洋科技创新能力进一步加强、海洋可持续发展能力进一步增强、海洋产业结构进一步优化、海洋经济调控体系进一步完善。五方面的目标相互联系，有机统一，既反映了科学发展观对海洋经济发展的客观要求，同时也为规划的指导和落实指出了明确的方向。

贯彻落实好《全国海洋经济发展“十二五”规划》，需要海洋领域的各行业、沿海各地区和全社会的共同努力。我们一定要统一思想，提高认识，切实采取措施，认真抓好《规划》的贯彻实施，坚持“规划用海、集约用海、生态用海、科技用海、依法用海”，保障和服务海洋经济的健康发展。

当前我们要重点做好以下几项工作：一是开展《规划》学习宣传工作。各级海洋行政主管部门要把认真贯彻国务院关于《规划》的批复精神，把学习、宣传和贯彻《规划》作为指导地方海洋经济工作的一项重要任务，多层次、多渠道、有针对性地做好海洋经济发展规划的宣传和培训工作，大力营造贯彻落实全国海洋经济发展规划的良好社会环境。

二是强化涉海部门间统筹协调和交流合作。国务院各有关部门要加大对海洋经济管理的统筹协调，明确工作分工，落实工作责任。积极推进部际联席会议工作机制的建立，加强对海洋经济的指导与调节。要建立健全海洋经济综合管理与协调机制，加强涉海管理部门之间的统筹协调和沟通配合，提高中央与地方海洋经济管理工作的联动性，增强海洋行政管理效能。

三是进一步细化落实《规划》各项政策措施。各有关部门应根据《规划》提出的保障措施，进一步研究并细化促进海洋经济发展的相关政策，以保障规划落到实处。沿海各级人民政府和涉海企事业单位，要深刻理解、准确把握海洋经济规划的目标要求，真正使其成为地方规划海洋经济发展布局、调整海洋经济发展结构、转变海洋经济发展方式的政策指导。应结合各地实际研究制定本地区配套政策措施，制定或修订本地区的海洋经济发展规划，做好与《规划》的衔接，为实现海洋经济持续健康协调发展做出积极努力。

四是及时研究解决新情况和新问题。结合《规划》的全面贯彻实施，深入开展海洋经济及宏观经济管理理论、方法和技术手段研究。加强对规划实施过程中的监控、评价与实时反馈，针对在贯彻实施过程中出现的新情况、新问题，加强调查研究，强化政策指导，着力研究解决，确保《规划》的顺利实施。

《全国海洋经济发展规划》描绘了“十二五”时期我国海洋经济发展的宏伟蓝图，确立了“十二五”时期以及未来一个时期中国海洋经济发展的目标和要求。随着《规划》的深入贯彻实施，中国海洋经济综合实力将显著提高，海洋经济发展空间将不断拓展，海洋产业布局将更为合理，海洋可持续发展能力将不断提升，为海洋强国战略实施提供有力支撑，为中华民族的伟大复兴和永续发展做出新的更大的贡献。

编写说明

近年来，党中央和国务院高度重视海洋经济发展，海洋经济长期以高于同期国民经济增长速度发展，成为国民经济新的增长点。“十二五”是中国海洋经济发展的重要战略机遇期，《国民经济和社会发展第十二个五年计划纲要》中对海洋经济作了专章部署。党的十八大明确提出了“提高海洋资源开发能力，发展海洋经济，保护海洋生态环境，坚决维护国家海洋权益，建设海洋强国”，海洋经济发展进入了历史新阶段。

为贯彻党中央和国务院指示精神，全面反映中国海洋经济发展现状、存在的问题以及发展趋势，客观评介海洋经济在全面建成小康社会和建设海洋强国中的作用，适时提出关于中国海洋经济发展的对策和建议，2012 年国家海洋局海洋发展战略研究所决定组织编写《中国海洋经济发展》系列报告。

2013 年的《中国海洋经济发展报告》是该系列报告的开篇之作。所以，在内容的编排方面不仅局限于特定的一个年度，而是从海洋经济的理论方法、历史演变、面临的形势、发展的现状、趋势和战略构想等方面，对中国海洋经济发展进行了比较系统的介绍和论述，以期对不同读者提供一个比较全面反映海洋经济发展的背景材料，也为下一报告的编写奠定基础。今后，我们将视情况定期介绍和评述该时间段内海洋经济发展的情况，同时将选择海洋经济发展的重点和热点问题予以专门论述。

2013 年的《中国海洋经济发展报告》撰写和出版是在国家海洋局刘赐贵局长的关心和指导下完成的。国家海洋局海洋发展战略研究所高之国所长对本报告进行了总体策划并担任主编。海洋发展战略研究所海洋经济研究室和海洋环境资源研究室的科研人员承担了《中国海洋经济发展报告》的研究、撰写和出版工作。各章节执笔人如下：第一章、第二章、第三章、第七章和第八章由刘明完成，第五章、第六章由张平完成，第四章由丘君和李明杰完成，附件由张平完成。全书由刘岩统稿和编辑；高之国所长对书稿做了审定。

我们希望把《中国海洋经济发展报告》做成一部面向广大社会公众和国家决策层的科学、权威性的海洋经济国情咨文，做成全面记载、客观反映和专业评述我国海洋经济发展进程和成就的系列报告。

海洋经济是一门新的学科。海洋经济本身和海洋经济学也处在发展的过程中。囿于我们对海洋经济的认识和理解、对海洋经济学的探讨和研究仍处于初级阶段，加之水平和能力有限，本报告作为一个阶段性学术研究的成果，难免有不足之处，敬请广大读者批评指正。

《中国海洋经济发展报告》编辑委员会

二〇一三年四月

目 录

第一章　海洋经济的理论和方法

海洋经济的不断发展壮大促进了海洋经济学的产生和发展，相应地，海洋经济的理论和方法也不断地完善和发展。海洋经济理论和方法是经济学的基本原理在海洋经济领域的应用，属于应用经济学范畴。海洋经济具有资源依赖型，技术密集、资金密集和高风险，以及国家主导型等多种特征，决定了海洋经济学是融合资源经济学、产业经济学、区域经济学等多种经济学分支形成的综合性应用经济学。基于此，海洋经济的理论和方法主要包括海洋资源价值评价理论和方法、海洋产业经济理论和方法、海洋区域经济理论和方法以及海洋经济可持续发展理论和方法。

一、海洋经济的概念与内涵

海洋经济的概念已提出近30年，国内相关文献中对其多有描述，其中国务院2003年5月颁布实施的《全国海洋经济发展规划纲要》及《海洋及相关产业分类》（中华人民共和国国家标准 GB/T 20794－2006）中给出的定义是目前权威的表述。

（一）海洋经济的概念

国内学术界和相关文献对海洋经济的定义主要描述如下。

杨金森（1984）提出“海洋经济是以海洋为活动场所和以海洋资源为开发对象的各种经济活动的总和”。

何宏权、程福祜（1984）提出“海洋经济是国民经济的重要组成部分。它是陆地经济的扩大和延长，是因人类物质文化生活增长而有开发的必要，因经济技术的发展又使其具有开发的可能而产生的。海洋经济虽自古已有，但现代的海洋经济已远不是传统的渔、盐、航运，它包括海洋水产、海洋化工、海洋采矿、海港建设、海洋运输、海洋旅游、海洋防排污染和海洋环境保护等。海洋经济是整个人类经济活动的一部分，海洋经济与陆地经济构成国民经济的整体。人类在海洋中及以海洋资源为对象的社会生产、交换、分配和消费活动，统称为海洋经济。海洋经济活动的范围是在海洋，就空间地理位置来说有别于陆地，故称为海洋经济”。

徐质斌（1995）提出“所谓海洋经济，是产品的投入与产出、需求与供给，与海洋资源、海洋空间、海洋环境条件直接或间接相关的经济活动的总称”。

许启望、张玉祥（1998）提出“海洋经济是现代海洋开发的产物。所谓海洋经济，一般认为有广义海洋经济和狭义海洋经济两种概念。广义海洋经济，是指人类在涉海经济活动中利用海洋资源所创造的生产、交换、分配和消费的物质量和价值量的总和，包括直接的海洋产业和间接的海洋产业。狭义海洋经济，是指直接的海洋产业，所以也叫海洋产业经济”。

《海洋大辞典》中定义海洋经济为：“海洋经济系人类在开发利用海洋资源、空间过程中的生产、经营、管理等经济活动的总称”。

孙斌、徐质斌（2000）提出“海洋经济指的是在海洋及其空间进行的一切经济性开发活动和直接利用海洋资源进行生产加工以及为海洋开发、利用、保护、服务而形成的经济。它是人们为了满足社会经济生产的需要，以海洋及其资源为劳动对象，通过一定的劳动投入而获取物质财富的经济活动的总称。海洋经济是海洋开发活动的物质成果”。

徐质斌、牛福增（2003）提出“海洋经济是活动场所、资源依托、销售或服务对象、区位选择和初级产品原料对海洋有特定依存关系的各种经济的总和。”

陈可文（2003）提出“海洋经济是以海洋空间为活动场所或以海洋资源为利用对象的各种经济活动的总称。按照经济活动与海洋的关联程度，海洋经济可分为三类：一是狭义海洋经济，指以开发利用资源、海洋水体和海洋空间而形成的经济；二是广义海洋经济，指为海洋开发利用提供条件的经济活动，包括与狭义海洋经济产生上下接口的产业，以及陆海通用设备的制造业等；三是泛义海洋经济，主要是指与海洋经济难以分割的海岛上的陆域产业、海岸带的陆域产业及河海体系中的内河经济等。包括海岛经济和沿海经济。”

2003 年国务院颁布的《全国海洋经济规划纲要》以及《海洋及相关产业分类》（中华人民共和国国家标准 GB/T 20794－2006）给出的权威定义，海洋经济是开发、利用和保护海洋的各类产业活动，以及与之相关联活动的总和。

（二）海洋经济的构成

根据《海洋及相关产业分类》（中华人民共和国国家标准 GB/T 20794－2006），海洋经济是开发、利用和保护海洋的各类产业活动，以及与之相关联活动的总和。根据海洋经济活动的性质，将海洋经济划分为两类三个层次。第一类是海洋产业，第二类是海洋相关产业（见图 1－1）。

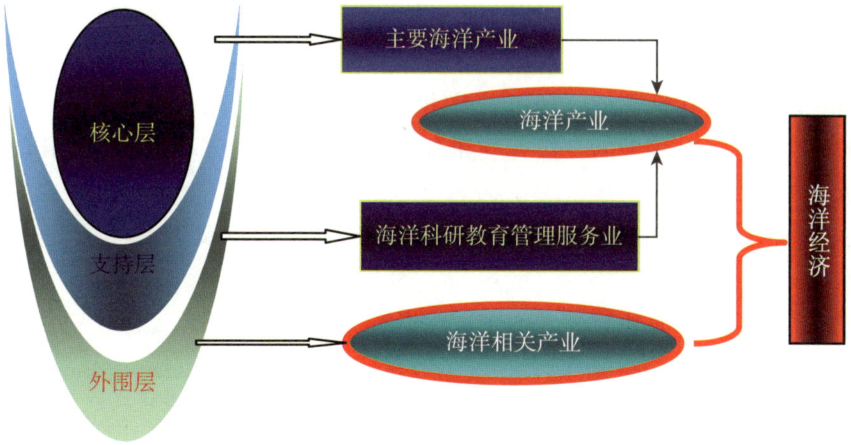

图 1－1　海洋经济层次结构[①]

1. 海洋产业

海洋产业是开发、利用和保护海洋所进行的生产和服务活动。海洋产业包括主要海洋产业和海洋科研教育管理服务业。

（1）主要海洋产业

主要海洋产业包括海洋渔业、海洋油气业、海洋矿业、海洋盐业、海洋船舶业、海洋化工业、海洋生物医药业、海洋工程建筑业、海洋电力业、海水利用业、海洋交通运输业、滨海旅游业等，是海洋经济的核心层。

海洋渔业：包括海水养殖、海洋捕捞、海洋渔业服务及海洋水产品加工等活动。

① 殷克东，方胜民主编．中国海洋经济形势与预测［M］．北京：经济科学出版社，2012：3.

海洋油气业：指在海洋中勘探、开采、输送、加工石油和天然气的生产和服务活动。

海洋盐业：指利用海水生产以氯化钠为主要成分的盐产品的活动。

海洋船舶业：指以金属或非金属为主要材料，制造海洋船舶、海上固定及浮动装置的活动，以及对海洋船舶的修理及拆卸活动。

海洋化工业：包括海盐化工、海水化工、海藻化工及海洋石油化工的化工产品生产活动。

海洋生物医药业：指以海洋生物为原料或提取有效成分，进行海洋药品与海洋保健品的生产加工及制造活动。

海洋工程建筑业：指用于海洋生产、交通、娱乐、防护等用途的建筑工程施工及其准备活动。

海洋电力业：指在沿海地区利用海洋能、海洋风能进行的电力生产活动。

海水利用业：指对海水的直接利用和海水淡化生产活动，不包括海水化学资源综合利用活动。

海洋交通运输业：指以船舶为主要工具从事海洋运输及为海洋运输提供服务的活动。

滨海旅游业：指沿海地区开展的海洋观光游览、休闲娱乐、度假住宿和体育运动等活动。

（2）海洋科研教育管理服务业

海洋科研教育管理服务业包括海洋信息服务业、海洋环境监测预报服务、海洋保险与社会保障业、海洋科学研究、海洋技术服务业、海洋地质勘查业、海洋环境保护业、海洋教育、海洋管理、海洋社会团体和国际组织等，是海洋经济的支持层。

海洋信息服务业：包括海洋图书馆与档案馆的管理和服务、海洋出版社服务、海洋卫星遥感服务、海洋电信服务、计算机服务以及其他海洋信息服务活动。

海洋环境监测预报服务：指对海洋环境要素进行观测、监测、调查、预报等的服务活动。

海洋保险与社会保障业：包括海洋保险业和海洋社会保障业。

海洋科学研究：指以海洋为对象，就其基础科学和工程技术等进行的科学研究活动。

海洋技术服务业：指为海洋生产与管理提供专业技术和工程技术的服务活动，以及相应的科技推广与交流的服务活动。

海洋地质勘查业：指对海洋矿产资源、工程地质、科学研究进行地质勘查、测试、监测、评估等的活动。

海洋环境保护业：指通过海洋环境的监测管理、海洋环保技术与装备的开发应用而进行的海洋自然环境保护、治理和生态修复整治活动。

海洋教育：指依照国家有关法规开办海洋专业教育机构或海洋职业培训机构的活动。

海洋管理：指各级涉海管理机构采用法律、政策、行政和解决手段进行的管理活动。

海洋社会团体和国际组织：指依法在社会团体登记管理机关登记的、与海洋相关的团体或组织的活动。

2. 海洋相关产业

海洋相关产业是以各种投入产出为联系纽带，与海洋产业构成技术经济联系的产业。具体包括海洋农林业、海洋设备制造业、涉海产品及材料制造业、涉海建筑与安装业、海洋批发与零售业、涉海服务业等，是海洋经济的外围层。

海洋农林业：指在滩涂进行的农、林业种植活动，以及为农、林业生产提供的相关服务活动。

海洋设备制造业：指为海洋生产与管理活动提供仪器、装置、设备及配件等的制造活动。

涉海产品及材料制造业：包括海洋渔业相关产品制造、海洋石油加工产品制造、海洋化工产品制造、海洋药物原药制造、海洋电力器材制造、海洋工程建筑材料制造、海洋旅游用品及工艺品制造、海洋环境保护材料制造。

涉海建筑与安装业：指涉海单位房屋建筑的施工活动及其设备的安装。

海洋批发与零售业：指海洋商品在流通过程中的批发活动和零售活动。

涉海服务业：包括海洋餐饮服务、滨海公共运输服务、海洋金融服务、涉海特色服务和涉海商务服务等涉海服务活动。

（三）海洋经济的统计指标[①]

《海洋及相关产业分类》给出了海洋经济的确切的定义和内涵，同时中国海洋经济统计核算体系对海洋经济的具体统计指标也给出了定义。《中国海洋统计年鉴（2011）》

① 《中国海洋统计年鉴（2011）》，海洋出版社.

将海洋经济的统计指标划分为涉海综合指标、海洋经济核算指标、主要海洋产业活动指标、主要海洋产业生产能力指标、海洋科学技术指标、海洋教育指标、海洋环境保护指标、海洋行政管理及公益服务指标。下面就主要指标描述如下：

1. 海洋经济核算指标

海洋经济核算指标包括海洋生产总值和主要海洋产业增加值。

海洋生产总值：是海洋经济生产总值的简称，指按市场价格计算的沿海地区常住单位在一定时期内海洋经济活动的最终成果，是海洋产业和海洋相关产业增加值之和。

主要海洋产业增加值：是指主要海洋行业生产经营和劳务活动的最终成果，它是由于主要海洋产业总产出减去中间投入后的余额构成，反映了主要海洋产业对海洋生产总值的贡献。

2. 主要海洋产业活动指标

主要海洋产业活动指标包括海洋捕捞产量、海水养殖产量、远洋捕捞产量、原油产量、天然气产量、海洋原油出口量、海洋原油出口创汇额、造船综合吨、货运量、货物周转量、集装箱运量、旅客周转量、国际旅游外汇收入、接待人次数、接待人天数、外国人、港澳台同胞。根据产业分类可将主要海洋产业活动指标划分为海洋渔业指标、海洋油气业指标、海洋船舶工业指标、海洋交通运输业指标和滨海旅游业指标。

（1）海洋渔业指标

海洋捕捞产量：凡是从海洋里捕捞的天然生长的水产品产量为捕捞产量。

海水养殖产量：凡是从人工投放苗种或天然纳苗并进行人工饲养管理的海水养殖水域中捕捞的水产品产量为海水养殖产量。

远洋捕捞产量：由各远洋渔业企业和各生产单位按我国远洋渔业相关管理办法阻止的远洋渔船（队）在非我国管辖海域（外国专属经济区水域或公海）捕捞的水产品产量。中外合资、合作渔船捕捞的水产品只统计按协议应属于中方所有的部分。

（2）海洋油气业指标

原油产量：是按净原油量来计算的，能直接用于销售和生产自用的原油量。目前海洋石油系统原油产量计算方法采用倒算法。原油产量 = 销售量 + 期末库存量 − 期初库存量 + 海上平台及陆地终端处理厂自用量。

天然气产量：指进入集输管网的销售量和就地利用的全部气量。天然气产量 = 外输（销）量 + 企业自用量。

海洋原油出口量：指销往国外的产品数量。

海洋原油出口创汇额：指产品销往国外的归中方所有的全部外汇收入。以美元或万美元表示。

（3）海洋船舶工业指标

造船综合吨：等于以计量单位载重吨和满载排水量吨的民用船舶的吨位数之和。

（4）海洋交通运输业指标

货物运输量：指经船舶实际运送的货物重量，按到岸量统计。

货物周转量：指实际运送的货物与其运送距离的乘积。

集装箱运量：既包含货重，也包含箱重。箱重系指承运租用的空箱重量凡有运费收入的空箱，其重量应统计为运量，按空箱1吨为货运量1吨计算；若无收入，所承运的空箱一律不作运量统计。

旅客周转量：指实际运送的旅客人数与其运送距离的乘积。

（5）滨海旅游业指标

国际旅游外汇收入：入境游客在中国（大陆）境内旅行、游览过程中用于交通、参观游览、住宿、餐饮、购物、娱乐等的全部花费。

接待人次数：指报告期内我国接待游客人数。旅客按出游地分为入境游客和国内游客，按出游时间分为旅游者（过夜游客）和一日游客（不过夜游客）。

接待人天数：指过夜旅游者的停留天数。

外国人：指外国国籍的人，加入外籍的中国血统华人也计入外国人。

港澳台同胞：指居住在我国香港特别行政区、澳门特别行政区和台湾地区的中国同胞。

3. 主要海洋产业生产能力指标

主要海洋产业生产能力指标包括海水可养殖面积、浅海养殖、港湾养殖、海水养殖面积、盐田总面积、盐田生产面积、年末海盐生产能力、海洋渔业船舶、远洋渔船、泊位个数、客房数和床位数。根据产业分类可将主要海洋产业活动指标划分为海洋渔业指标、海洋盐业指标、海洋交通运输业指标和滨海旅游业指标。

（1）海洋渔业指标

海水可养殖面积：是指利用滩涂、浅海、港湾进行鱼、虾、蟹、贝、藻等海水经济动植物的人工养殖的水面面积。

浅海养殖：指在可养殖的浅海中进行海水经济动植物养殖。

港湾养殖：指利用港、湾，或在海边、河口附近的滩涂、洼地拦闸筑堤进行海水养殖。

海水养殖面积：是指利用海上、滩涂、陆基进行鱼、甲壳类（虾、蟹）、贝、藻等海水经济动植物的人工养殖的水面面积。在报告期内无论是否全部收获或尚未收获其产品，均应统计在海水养殖面积中。但有些滩涂、水面不投放苗种或投放少量苗种，只进行一般管理，不统计为养殖面积。

海洋渔业船舶：是指配置机器作为动力的从事海洋渔业生产和辅助渔业生产的船舶。

远洋渔船：按我国远洋渔业项目管理办法在非我国管辖海域（外国专属经济区水域或公海）进行常年或季节性生产的渔船。

（2）海洋盐业指标

盐田总面积：指盐田占有的全部面积。包括储卤、蒸发、保卤、结晶面积、滩内的沟、壕、池、埝面积及滩坨面积。

盐田生产面积：指直接提供给海盐生产的面积，包括结晶面积、蒸发面积、保卤面积，滩内的沟、壕、池、埝面积及滩坨面积。

年末海盐生产能力：指年末企业生产原盐的全部设备的综合平衡能力。海盐生产露天作业，受天气影响，因而计算生产能力时，成熟滩田按10年实际平均单位生产面积产量乘以本年成熟滩田生产面积而得，新滩田按设计能力及滩田成熟程度可能达到的产量计算。

（3）海洋交通运输业指标

泊位个数：是指设有系靠船舶设施，在同一时间内可供靠泊最大吨级船舶的艘数。即可靠泊一艘船舶，则计为一个泊位，余依次类推。

（4）滨海旅游业指标

客房数：指饭店实际可用于接待旅游者的房间数。

床位数：指饭店实际可用于接待旅游者的床位数。

二、海洋经济理论和方法的发展

综观海洋经济的发展历程，可将海洋经济理论和方法的研究划分为三个阶段，分别为1949～1978年的起步阶段、1978～2000年的初步形成阶段以及2001年至今的不断成熟阶段。

（一）起步阶段

1949～1978年期间，中国尚未出现“海洋经济学”这一名词，但此时国内已经存在着一定规模的海洋产业，如海洋渔业、海洋盐业和海洋交通运输业等。这一时期学术界围绕海洋产业的个别问题开展研究，其研究成果尚未形成体系，相关文献都分散在农业经济、渔业经济、运输经济、工业经济等领域中。例如，海洋渔业研究领域包括发展海洋渔业的重要性①、海洋渔业经济体制②、渔业技术经济研究③等，海洋交通运输业研究领域包括海洋交通运输业宏观形势的分析④、港口经济研究⑤等。

从研究方法上，这一时期海洋经济研究的对象以海洋经济活动的现状描述为主要方式，缺乏经济学理论的支撑，绝大部分成果并没有运用经济学理论进行规范的分析，而只是在实用主义基础上，运用众多相关学科的知识来阐述经济问题或经济现象。

（二）初步形成阶段

1979～2000年期间，中国海洋经济研究的系统性、理论性极大增强，海洋经济发展战略方面的研究成为热点。1978年，中国学术界第一次提出了“海洋经济”这个名词。1984年，《中国海洋经济研究》出版⑥，标志着海洋经济理论研究的开始。从20世纪80年代开始，中国经济研究期刊对国外系统海洋经济学研究成果进行了大规模地引入和介绍，这些研究成果对当时世界海洋经济学研究的主要范式、方法和框架作了系统论述，为中国海洋经济理论的产生奠定了基础。在引入国外海洋经济研究体系的同时，中国学术界先后出版了《中国海洋经济研究大纲》、《海洋经济研究文集》、《中国海洋区域经济研究》等著作，发表了一些有关海洋经济概念的研究⑦、海洋经济学的研究对

---

① 王建悌．领导群众垦殖海洋［J］．中国水产，1958（9）．

② 马敬通．十年来国营海洋企业［J］．中国水产，1959（19）．

③ 夏世福．渤、黄、东海渔轮技术经济分析［J］．海洋水产研究丛刊，1963．

④ 张达广．新中国海运地理十年［J］．陕西师范大学学报，1960（1）．

⑤ 陈汉欣，林幸青．我国港口布局原则的初步探讨［J］．中山大学学报（社科版），1960（4）．

⑥ 张海峰．中国海洋经济研究3［M］．北京：海洋出版社，1984．

⑦ 权锡鉴．海洋经济学初探［J］．东岳论丛，1986（4）．

象和方法[①]、海洋经济地理[②③]等方面的文章。这些成果从理论高度构建了海洋经济学发展、研究的基础和框架。从20世纪90年代开始，中国海洋经济学理论研究内容不断丰富，海洋经济研究的视角、范围等呈现多样化的态势。韩忠南[④]、罗钰如[⑤]等从环境及资源特性出发，陈伟琪[⑥]、张德贤[⑦]等从环境经济学方向，分别研究了海洋资源开发与管理的模式。吴万夫[⑧]运用市场经济的理论提出了海洋资源有偿使用，杨金森、刘容子等[⑨]运用资源估价核算理论，进一步提出了海岸带资源及海洋环境资产化管理。许继琴[⑩]、张爱珠[⑪]等从地理学角度探讨了作为海洋开发基地的港口及其腹地的地域组合机制。欧阳宗书[⑫]运用社会学和史学的方法探讨了海洋渔业及海洋开发的社会经济状况；鹿守本[⑬]运用系统方法研究海洋资源综合管理。这一时期中国海洋经济学已包括了海洋资源经济学、海洋产业经济学、区域海洋经济学、海洋环境经济学等，已开始融入了西方经济学中的产业组织理论、产业增长理论、产权理论、资源禀赋理论等经济学理论。

1978～2000年，海洋经济研究方法仍主要是对海洋开发活动中出现的各类问题进行总结和归纳，进行定性分析。这一时期，中国各地涉海科研、统计部门做了一系列基础工作，包括对海洋自然资源基础进行了调查，完成了“中国海岸带和海涂资源综合调查”，以及开始着手实施海洋经济数据统计核算。这些工作为海洋经济定量化方法的发展奠定了基础。

（三）不断成熟阶段

2000年至今，是中国海洋经济理论与方法不断成熟的时期。这一时期，海洋经济

① 孙凤山．海洋经济学的研究对象、任务和方法［J］．海洋开发，1985（3）．

② 徐君亮．海洋国土开发与地理学研究［J］．海洋开发，1987（1）．

③ 张耀光．海洋经济地理研究与其在我国的进展［J］．经济地理，1988（2）．

④ 韩忠南．我国海洋经济持续发展可能性的分析［J］．海洋开发与管理，1994（4）．

⑤ 罗钰如．协调好“人口、资源、环境”之间的关系是实现可持续发展的一个核心［J］．太平洋学报，1997（1）．

⑥ 陈伟琪．近岸海域环境容量的价值及其价值量评估初探［J］．厦门大学学报（自然科学版），1999（6）．

⑦ 张德贤，陈中慧，戴桂林．海洋经济可持续发展理论研究：海洋经济前沿问题研究［M］．青岛：青岛海洋大学出版社，2000．

⑧ 吴万夫．试论水产资源的有偿使用［J］．海洋开发与管理，1997（3）．

⑨ 杨金森，刘容子．海岸带管理指南［M］．北京：海洋出版社，1999．

⑩ 许继琴．港口城市成长的理论与实证探讨［J］．地域研究与开发，1997（4）．

⑪ 张爱珠．口岸城市同腹地经济一体化发展研究［J］．财经问题研究，1999（10）．

⑫ 欧阳宗书．明清海洋渔业及其重要地位［J］．古今农业，1998（4）．

⑬ 鹿守本．海洋管理通论［M］．北京：海洋出版社，1997．

理论逐渐成为一个包含多种学科的综合性体系，对海洋经济学理论体系的探讨不断增多，研究不断深化。海洋经济概念和内涵经过学术界多年争论，已经清晰明确①。

海洋经济和功能区划形成了比较完整的体系。《全国海洋经济发展规划纲要》根据自然和资源条件、经济发展水平和行政区划，把我国海岸带及邻近海域划分为 11 个综合经济区。张宏声②在《全国海洋功能区划》和沿海省、自治区、直辖市海洋功能区划成果的基础上，全面地分析了我国海洋资源及海域开发保护现状，对海洋功能区划的指导思想、原则、目标、全国海洋功能分区及重点海域主要功能进行详细探讨。

海洋经济统计核算研究不断深入。刘康③提出需要加快我国海洋产业统计指标体系和海洋经济统计卫星账户的建设。乔俊果④、陈东景⑤从统计学角度，探讨了海洋绿色 GDP 核算的方法和基本框架。徐质斌、张莉⑥探讨了海洋经济统计与核算研究。

海洋经济定量化研究方法不断丰富和发展。2000 年后，由于 126 专项、“近海海洋综合调查”专项（908 专项）的相继实施，以及海洋经济统计核算体系的不断成熟完善，有关海洋经济领域的基础数据不断丰富，为海洋经济定量化研究创造了条件。海洋经济方法论不仅继承了早期的定性评价，同时定量化方法也不断丰富和发展。归纳起来，海洋经济的定量化方法都是围绕评价和预测这两个方面展开的。

三、海洋资源的价值评价

海洋资源是在海洋内外引力的作用下形成并分布在海洋地理区域内的、可供人类开发利用的自然资源，包括海水资源、生物资源、矿产资源、动力资源、化学资源、空间资源、旅游资源等⑦。根据联合国环境规划署（UNEP）、经济合作组织（OECD）等对自然资源资源经济价值及其分类体系的研究，可将海洋资源的价值分为两部分：使用价值和非使用价值。前者包括直接使用价值、间接使用价值和选择价值；后者包括遗产价值和存在价值。选择价值介于使用价值和非使用价值之间（见表 1－1）。海洋资源价值

① 《海洋及相关产业分类》（中华人民共和国国家标准 GB/T20794－2006）中明确地表述了海洋经济的概念和内涵。

② 张宏声．全国海洋功能区划概要［M］．北京：海洋出版社，2003．

③ 刘康，姜国建．海洋产业界定与海洋经济统计分析［J］．中国海洋大学学报（社会科学版），2005（3）．

④ 乔俊果．海洋绿色 GDP 核算方法探讨［J］．海洋开发与管理，2005（6）．

⑤ 陈东景．基于海洋的绿色 GDP 核算的基本框架［J］．海洋开发与管理，2006（4）

⑥ 徐质斌，张莉．广东省海洋经济重大问题研究［M］．北京：海洋出版社，2006．

⑦ 鹿守本．海洋管理通论［M］．北京：海洋出版社，1997：127．

基本的评价方法包括市场价值法、替代市场评估法和意愿调查评价法。市场价值法是针对可交易的海洋资源，利用其市场价格来评价其价值的评价方法。替代市场法是海洋资源本身没有市场价格，通过寻找能够间接反映人类对其质量评价的商品或劳务，并用这些替代商品或劳务的价格来衡量海洋资源的价值。假想市场法是有些海洋资源在衡量其价值时，无法获得直接的市场也无法获得替代性市场，只能人为地创造模拟的市场以衡量其价值。

表 1－1　　海洋资源经济价值分类体系

海洋资源经济价值分类	
使用价值	非使用价值
生产性直接使用价值，包括海洋石油，海底矿产等	不能用于交易的消费性使用价值，包括滨海娱乐景观、海洋生物多样性等
能在市场上交易的部分消费性直接使用价值，包括海鱼等	间接使用价值，包括生态功能
间接使用价值，包括：生态功能	
选择价值：是指人们为了保存或保护某一海洋资源，以便将来做各种用途所愿支付的数额	
	遗传价值：是指为后代保留海洋资源使用价值和非使用价值的价值，是当代人为将来某种资源保留给子孙后代而自愿支付的费用
	存在价值：是人们对某一海洋资源存在而愿意支付的费用。存在价值是与人们对海洋资源的利用（包括现在的使用和未来选择使用）无关的经济价值

（一）海洋渔业资源价值评价

海洋渔业资源的市场价值量可用资源量与市场价格的乘积获得，其中的资源量采用最大可持续捕捞量，即 MSY，海洋渔业资源价格可采用市场价格，其计算公式可表示为：

$$P = MSY \cdot \sum_{i=0}^{\infty} \frac{p_i}{(1+r)^i}$$

式中：P 表示海洋渔业资源的市场价值量；

p_i 表示第 i 年海洋渔业资源的市场价格；

r 表示贴现率，可采用一年期银行定期存款利率。

最大可持续捕捞量（Maximum Sustainable Yield，MSY）是在20世纪30年代提出的（Hjort et al.，1933），是指在不损害海洋渔业资源本身的恢复能力的情况下，每年所能获取的最高产量。MSY 的数量值一般是根据所收集的渔业统计资料，通过剩余产量模型估算获得。剩余产量模型主要包括 Schaefer 模型、Graham 模型①等。

以 Schaefer 模型为例，$MSY = A^2/4B$，其中 $A = qk$，$B = q^2k/a$，q 为比例系数，k 为海洋环境允许的资源容量，a 为常数系数。

（二）海洋空间资源——海域所有权价值评估

海洋空间资源包括海洋水体、水面及其上覆空间、海床、底土上的总称。《海域使用管理法》规定，“海域属于国家所有，国务院代表国家行使海域所有权”。海域所有权是指以海域为其标的物，海域所有人独占性的支配其所有的海域的权利，所有人在法律规定范围内可以对其进行占有、使用、收益、处分，并排除他人干涉②。海域所有权价值包括两个重要内容，即海洋经济收益和海域生态功能价值。

海域所有权价值 = 海域空间资源占用价值 + 海域自然属性功能补偿价值

其中，海域空间资源占用价值是利用海域空间资源的主体，需要向国家缴纳的海域开发利润，而海域自然属性功能补偿价值为国家根据取得海域使用权的主体在开发利用海域过程中对海域自然属性造成破坏程度而收取的补偿金。

海域空间资源占用金可依据海域的基准价格确定。海域基准价格是由国家海洋主管部门组织海域评估机构在海域等级划分的基础上，根据各等级各类别海域收益的平均状况对海域质量、客观收益水平的定量评定。③

---

① 詹秉义．渔业资源评估［M］．北京：中国农业出版社，1995：170－172.

② 于青松，齐连明等著．海域评估理论研究［M］．北京：海洋出版社，2006：69.

③ 于青松，齐连明等著．海域评估理论研究［M］．北京：海洋出版社，2006：182.

（三）海洋矿产资源价值评价

海洋矿产资源价值评价可借鉴耗竭性自然资源评价的理论和方法，如 EI Serafy 模型①、Amsberg 模型②和 MOC 模型（Marginal Opportunity Cost，MOC）。以 MOC 模型为例对海洋矿产资源价值评价进行阐述。

在经济学上，常使用边际的概念来分析资源配置规律和衡量资源的稀缺性。当资源产品的边际成本等于边际收益时，资源的利用规模达到最优水平。然而传统的经济学是从“经济人”的角度而不是从资源、环境和社会所组成的有机系统来考察成本的，实际上确认的是“经济人”的私人成本。对于自然资源的开发利用，除了直接成本（资源勘探、开采成本）外，还会造成大量的社会成本。边际机会成本（Marginal Opportunity Cost，MOC）理论认为，自然资源的价值或价格应该相当于其边际机会成本。理论上，边际机会成本应该相当于利用一单位某种自然资源的全部成本。边际机会成本由三部分组成：边际生产成本、边际外部成本和边际使用者成本，即：

$$MOC = MPC + MEC + MUC$$

自然资源的边际机会成本中包括边际生产成本。边际机会成本中的边际外部成本是由自然资源开发使用过程中的外部性引起的。外部性包括正外部性和负外部性。边际使用者成本是由自然资源使用产生的代际影响引起的。对于耗竭性自然资源而言，当代人多使用就意味着后代人少使用。后代人丧失与当代人在同等条件下使用该资源的机会所需要付出的成本就是边际使用者成本。

（四）海洋旅游资源价值评价

所谓海洋旅游资源评价，是按照一定的标准来确定某一海洋旅游资源在全部旅游资源或同类旅游资源中的地位，以确定某一海洋旅游的重要程度和开发利用价值。海洋旅游资源的评价研究主要分为海洋旅游资源本体条件评价和海洋旅游资源开发条件评价两大类。

海洋旅游资源本体条件的评价是对海洋旅游资源自身品质和丰优程度的评价，主要

---

① EI Serafy S. The proper calculation of income from deplentable natural resource. Environmental Accounting for Sustainable Development. World Bank，1989：pp. 108 – 146

② V. Amsberg. Project Evaluation and the Depletion of Natural Capital：An Application of Sustainability Principle. Environment Working Paper 56th. The World Bank，1993：pp. 152 – 169

是根据海洋旅游资源调查所得到的该项旅游资源的特征资料，判断该项海洋旅游资源在同类海洋旅游资源中的地位。海洋旅游资源本体条件的评价主要包括海洋旅游美学观赏价值评价、海洋旅游资源康娱价值评价、海洋旅游资源历史文化和科学价值评价和海洋旅游资源存在条件评价等。

海洋旅游资源开发条件的评价是在海洋旅游资源本身价值评价的基础上，结合其外部开发条件等对海洋旅游资源进行综合评判和鉴定。海洋旅游开发条件评价除了要对海洋旅游资源本身条件进行评价外，还需要对海洋旅游资源所在地的区位条件、客源条件、经济环境、社会文化环境等方面进行评价。

海洋旅游资源价值评价可采用的方法包括费用支付法、旅行费用法和条件评价法。费用支付法主要以游客为旅游实际支出的有关费用总和作为滨海旅游资源的经济价值。旅游活动有关费用包括交通费、食宿费、门票费、摄影费、购物费（如纪念品、当地土特产等）、时间成本等。旅行费用法（TCM）是寻求利用替代市场的消费行为来评估海洋旅游资源的价值。它通过旅行费用（如交通费用、门票和旅游景点的服务费用等）来代替进入景点的价格，并通过这些费用数据，求出旅游资源的消费者剩余作为旅游资源的价值。支付意愿法是一种直接调查法，是目前西方用于评估没有市场价格的物品如环境资源、旅游资源等经济价值最流行，也是应用比较成功的方法。该方法对客源市场规模进行估计，并应用模拟市场技术，通过直接调查，引导出旅游者对某旅游资源的最大意愿支付量，以此来推算海洋旅游资源的经济价值。

（五）海洋生态系统服务功能价值评价

根据康士坦萨（Costanza，1997）生态系统服务功能的概念，海域生态系统服务功能可定义为海洋生态系统及其物种所提供的能满足和维持人类生活需要的条件和过程，是指通过海洋生态系统服务功能直接或间接产生的产品和服务。

根据康士坦萨有关生态系统服务功能的阐述，结合海洋资源自身的一些特性，可认为海洋的生态系统服务功能包括供给功能、调节功能、文化功能和支持功能。具体包括气体调节、灾害缓冲、营养盐循环、自净能力、生物多样性、食品生产功能、海洋动力、海底沉积、文化娱乐、生物控制功能和原材料供给功能等。海洋生态系统服务功能价值是上述功能价值的总和，据计算中国近海单位面积海域生态系统服务功能价值大约为 1.2 元/（m^2·a）①。

① 刘明．我国海洋经济发展现状与趋势预测研究［M］．北京：海洋出版社，2010：33.

四、海洋产业经济理论和方法

借鉴产业经济学理论，海洋产业经济学理论划分为海洋产业组织理论、海洋产业结构理论、海洋产业关联理论和海洋产业空间布局理论，这几个理论覆盖了海洋经济的微观、中观和宏观三个层面的内容。

（一）海洋产业组织理论

海洋产业组织理论是产业组织理论在海洋经济领域的应用。产业组织理论是以产业的组织结构（Structure）、组织行为（Conduct）与组织绩效（Performance）之间的关系为核心内容，表现三者关系的分析方法“S－C－P”分析范式是产业组织研究的主要工具。

应用“S－C－P”分析范式对海洋产业组织问题进行分析，通常采取以下步骤。首先，从海洋产业的组织结构入手。在对特定海洋产业的组织结构进行分析和评价时，一般从行业集中度、企业数量及规模的角度出发，并对海洋企业的产品结构、市场结构以及产业集聚特征进行分析，在以上分析的基础上总结海洋产业的组织结构特点。其次，海洋产业的组织行为分析。海洋产业组织结构特点会对海洋产业内企业的组织行为特别是价格行为、企业之间关系（联合或合作等）以及大企业的发展战略产生重要的影响，因此，需要从这三个方面对海洋产业的组织行为进行分析。再次，海洋产业的绩效分析。对海洋产业的组织结构进行考察的目的在于寻找最合适的产业组织结构和市场行为，以促进海洋产业绩效提升。对于海洋产业绩效的评价，可从海洋产业的经济效益、产品创新度、技术进步程度，以及海洋产业对地区经济发展的贡献率等方面入手。最后，海洋产业组织的发展方向及对策。根据以上的分析，可得到海洋产业的组织结构及组织行为方面存在的问题，在此基础上确立海洋产业在组织结构和组织行为方面的发展方向，并提出促进海洋产业组织完善的政策措施。

（二）海洋产业结构理论

海洋产业结构理论是产业结构理论在海洋经济领域的应用，包括区域产业结构演变的一般规律理论、产业结构调整理论和产业结构优化理论。

1. 区域产业结构演变的一般规律理论

国外对区域产业结构的研究有大量的文献，对产业结构变动理论作了开创性工作的是英国经济学家科林·克拉克（G. Glark）和德国经济学家霍夫曼（W. G. Hoffmann）。英国经济学家科林·克拉克于1940年发表了著名的经济学著作《经济进步的条件》，首次提出了三次产业的划分，并研究了劳动力在三次产业之间的转移规律。他通过对主要发达国家劳动力转移的实证研究，得出结论：随着经济的发展和人均国民收入水平的提高，劳动力首先由第一产业向第二产业转移，进而再向第三产业转移；从劳动力在三次产业之间的分布情况看，第一产业的劳动力比重逐渐下降，第二产业特别是第三产业劳动力比重则呈现出增加趋势。

从区域产业结构内部变动来看，区域产业结构演进是沿着以第一产业为主导到第二产业为主导，再到第三产业为主导的方向发展。但是，在第一产业内部，产业结构从粗放型农业向集约型农业，再向生态农业发展，其技术含量依次递进。种植型农业向畜牧型农业，野外型农业向工厂型农业发展。在第二产业内部，产业结构演进朝着轻纺工业—基础型重化工业—加工型重化工业方向发展。从资源结构变动情况看，产业结构沿着劳动密集型产业—资本密集型产业—知识密集型产业方向演进。从市场导向看，产业结构朝着封闭型—进口替代型—出口导向型—市场全球化方向演进。

2. 产业结构调整理论

各国的国情不同，因此在产业结构调整方面采取的理论依据不同。在各种产业结构调整理论中最具有代表性的是：二元理论、不平衡增长理论、经济增长阶段论。

二元理论假设经济仅仅存在两个最基本的部门，即农业和工业。工业在经济中的比重增大则经济实现增长。农村中存在大量劳动力，城市中的工业有所发展，吸引农村劳动力的转移，从而导致经济重心逐渐转向工业，这一工业化过程就实现了经济发展。

不平衡增长理论是指发展中国家或地区按照优先顺序实现发展的过程。发展中国家和地区由于财富有限资源稀缺，投资各领域实现全面增长不现实，因此，必须精心选择优势产业，实现部分地区经济优先增长，带动落后地区，实现共同的经济增长。

主导部门理论是罗斯托在《从起飞进入持续增长的经济学》中提出的。罗斯托根据技术标准把经济增长划分为传统社会、为起飞创造前提、起飞、成熟、高消费及追求生活质量阶段。他认为，每一个阶段的更替都以主导产业部门的更替为特征。作为主导产业，有以下特征：第一，依靠科学技术，实现产业创新。第二，具有持续高速的增长率。第三，具有较强的扩散效应。

3. 产业结构优化理论

产业结构优化理论是研究在经济增长中如何实现对产业结构进行调整优化的理论。产业结构优化是指通过产业调整，使产业实现协调发展，实现经济社会不断发展的需求的过程。产业结构优化理论主要包括产业结构合理化理论和产业结构升级理论。

（1）产业结构合理化理论主要包括四方面内容，即产业结构合理化基准、战略产业的选择、三次产业协调发展以及机制和动力。产业结构合理化基准没有权威的判别标准，其中具有代表性的主要有三种，其一是钱纳里主张的标准产业结构，用以判断经济发展的不同阶段产业结构是否达到合理化。其二是需求结构基准，即以产业结构与需求结构相适应程度作为判断产业结构是否合理的标准。两者适应程度高，则产业结构合理；相反，则不合理。其三是产业间比例平衡基准，即以产业间均衡的规模比例作为判断产业结构合理与否的标准。

战略产业的选择没有统一的标准，战略产业的选择应遵循工业化的普遍规律及实际情况，要综合考虑产业结构演变的一般规律和国情。

三次产业协调发展是指在非均衡经济增长条件下，在确定战略产业和有效配置资源之后，还必须从总的方面考察三次产业的状态是否保持均衡协调发展，是否与社会生产力相适应。

产业结构合理化机制和动力：产业结构合理化过程主要是在市场机制和政府宏观调控手段作用下，由不均衡不断调整协调趋于平衡协调，再由平衡到平衡不断被打破的过程，其主要动力来源于新技术创新和采用。

（2）产业结构升级理论。产业结构升级理论是指在技术创新的基础上，发挥主导产业的作用，全面提高产业结构素质，为经济快速增长，协调发展创造必要条件。产业结构升级主要包括三方面内容：第一，在产业体系中，由第一产业占优势逐步向第二、三产业占优势演进。第二，产业结构由劳动密集型逐渐向资本密集型，再向知识密集型转化。第三，产业体系中由初级产品产业占优势，逐步向制造中间产品、最终产品产业占优势转化的过程。

（三）海洋产业结构演变的趋势

根据产业结构理论，海洋产业结构是动态的，是遵循一定规律发展变化的。海洋产业结构优化，是根据海洋产业发展的规律，以及海洋产业结构变化的趋势，根据预先制订的海洋产业发展规划，通过政府的宏观调控及市场选择，对海洋经济各产业进行新的组合，以实现其原有性状的调整。总结世界主要沿海国家海洋产业的发展规律，海洋产业结构变动呈现以下趋势和规律。

一是海洋石油天然气业、滨海旅游业、海洋渔业和海洋交通运输业构成世界海洋经济发展的四大支柱。目前，世界海洋经济主要由四大支柱海洋产业构成，分别为海洋石油和天然气、滨海旅游业、海洋渔业和海洋交通运输业。新兴的近海石油业和沿海旅游业发展迅速，已超过传统的海洋产业，成为现代海洋经济的主体。

二是一、二、三次产业结构顺序正在向三、二、一次产业结构顺序发展。目前，世界海洋经济发展正在三、二、一次产业结构转化，产业结构优化升级。第一产业主要是海洋水产业，在整个海洋经济体系中的比重逐步下降。而第二产业发展迅速，在海洋经济中处于主体地位。同时，海洋第三产业在海洋经济中的地位显著上升。

三是各沿海国家海洋产业结构各具特色。由于各个沿海国家海洋资源禀赋及市场需求不同，海洋产业发展水平存在差异，因此形成不同的海洋产业结构。美国海洋经济主要受市场因素驱动，滨海旅游、海洋运输、海洋石油和海洋渔业是其支柱产业。日本由于国土资源有限，它利用资金和技术优势，目前已形成海洋生物资源开发、海洋交通运输、海洋工程技术等高新技术产业为支柱的现代海洋经济结构。英国海洋资源丰富，海洋产业发展历史悠久。海洋石油天然气业、海洋渔业、海洋运输业和滨海旅游业是英国的主要海洋产业。韩国造船业、海洋渔业和海洋交通运输业是其主要海洋产业。

四是资金和科技发展是促进海洋产业结构演变的重要力量。海洋产业群的逐步扩大和产业发展水平的逐步提高，是需求拉动和技术推动双重作用的结果。在起步阶段，资金和技术条件不成熟的情况下，海洋产业的发展一般以海洋运输、海洋水产、海盐等传统产业作为发展重点，并随着资金和技术的逐步积累，滨海旅游、海产品加工、包装、储运等后继产业呈现出加快发展趋势；资金和技术积累到一定程度后，产业发展的重点将逐步转移到海洋生物工程、海洋石油、海上矿业、海洋船舶等海洋第二产业，海洋经济也随之进入高速发展阶段；第三阶段是海洋产业发展的高级化阶段，也有人称之为海洋经济的“服务化”阶段，海洋运输、海岛及滨海旅游、海洋信息、技术服务等海洋第三产业将成为海洋经济的支柱。

五、海洋区域经济理论和方法

区域性是海洋经济的一个重要属性，海洋经济理论和方法必须把区域经济作为主要研究对象，遵从其区域性特点，从区域经济总体发展的角度，研究区域海洋经济发展的方向、重点任务、空间布局等问题。基于此，海洋区域经济理论应包括海陆产业关联理论和海洋产业空间布局理论。

（一）海陆产业关联理论

海洋经济的区域性特征决定了其与陆域经济具有紧密联系。海洋开发部门是陆域经济的某些部门向海洋空间上的延展，因此，海洋经济与陆域经济密不可分，具有内在的联系。一方面，海洋产业的发展必须依托于陆域产业。陆域产业是海洋产业发展的基础，可以为海洋产业提供配套设施和经济技术保障。例如，海洋运输业发展离不开沿海港口及陆上集输运系统的建设，也离不开陆上钢铁、机械、电子、造船等产业的发展。另一方面，陆域产业的发展也同样依赖海洋产业的发展。陆域产业发展越来越面临资源的全面枯竭和生态环境容量迅速减小的制约，而港口资源、海水强大的自净能力等为陆域产业发展创造了条件。在海洋产业与陆域产业发展过程中，无论是发展空间还是技术经济等方面，其相互依赖逐渐增强。海陆产业间客观上存在的必然联系，互为发展基础和条件，相互间具有重要影响。一是海洋经济是陆域经济向海的延伸，陆地社会经济发达与否，将对海洋经济发展产生促进或制约作用；二是海洋经济是区域经济新增长点，是陆域经济的重要补充，其发展壮大将直接对区域社会经济发展产生推动作用；三是海陆一体化是沿海地区海洋与陆域两种生态经济系统相互作用下的必然趋势，是由海陆两系统在资源、环境和社会经济发展等方面客观上存在的必然联系所决定的。

（二）海洋产业空间布局理论

海洋产业空间布局是海洋产业发展规律在地域空间上的表现，是各海洋产业在地域空间上的动态组合和空间累计结果。海洋产业布局合理与否，不仅影响海洋经济自身的活力与竞争力，也影响区域经济结构以及可持续发展能力。合理的海洋产业布局不仅有利于发挥各沿海地区的优势，合理利用海洋资源，而且有利于获得良好的社会和生态效益。

1. 海洋产业空间布局的理论基础

以空间分析为基础的空间结构理论，是海洋产业空间布局的重要理论依据。我国改革开放以来的区域发展中，最具影响的空间结构理论有增长极理论、点—轴开发理论、非均衡增长理论和产业集群理论。这些理论都强调在经济规律的作用下区域发展结构和水平的不均衡性以及区域间的相互作用。优势区位的率先发展及其对相关地区的带动作用是空间结构理论的主要应用价值。

（1）增长极理论

增长极理论由法国经济学家佩鲁于20世纪50年代提出，他在1961年出版的《20世纪的经济》一书中，对增长极理论做了充分的阐述。增长极是具有推动性的主导产业和创新行业及其关联产业在地理空间上集聚而形成的经济中心。规划产业布局时，首先要尽可能地将有限的资源集中配置到发展潜力大、经济效益好的主导产业上，不断地培育产业发展中的增长极，强化增长极的实力，然后通过主导产业的扩散效应发挥对周围地区的支配力和影响力。在产业发展方面，增长极通过与周围地区的经济技术联系而成为区域产业发展的组织核心。在空间上，增长极通过与周围地区的空间关系而成为支配经济活动空间分布与组合的重心。在物质形态上，增长极以区域中心城市（镇）的形式表现出来。

（2）点—轴开发理论

中国学者陆大道在长期研究工业区位因素和工业交通布局规律的基础上，提出了“点—轴”理论。该理论将区域经济看成是由“点”和“轴”构成的网络体系，“点”是指具有增长潜力的中心地域或主导产业，“轴”指将各中心地域或产业联系起来的基础设施带。[①] 首先，集中力量重点开发较高级的中心城市和发展轴，随着区域经济实力增强，开发重点逐渐转移扩散到级别较低的发展轴和中心城市。在空间结构上是点线面的结合，基本上呈现出一种立体网络结构的态势。它一方面可以转化城乡二元结构，另一方面又可以促使整个区域逐步向经济网络系统发展。“点—轴系统”理论可以指导产业有效地向增长极轴线两侧集中布局，从而由点带轴、由轴带面，最终促进整个区域经济的发展。这一理论是适应我国国情的产业布局理论的一次重要创新。

（3）非均衡增长理论

这一理论是瑞典经济学家缪尔达尔在20世纪50年代出版的《经济理论和不发达地区》一书中提出的。该理论利用扩散效应和回波效应概念，论证了后起国在经济发展过程中，发达地区由于要素报酬率较高，投资风险较低，因此吸引大量劳动力、资金、技术等生产要素和重要物质资源等，由不发达地区流向发达地区，从而在一定时期内使发达地区与不发达地区的差距越来越大。另一方面，产业集中的聚集规模经济效益不是无限的，超过一定限度之后，往往会出现规模报酬递减现象。这样，发达地区会通过资金、技术乃至人力资源向其他地区逐步扩散，以寻求新的发展空间。与此同时，发达地区经济增长速度的减慢，会相应地增加不发达地区经济增长的机会，特别是对不发达地

① 陆大道．关于“点—轴”空间结构系统的形成机理分析［J］．地理科学，2002，22（1）．

区产品和资源的市场需求会相应地增加。

（4）产业集群理论

产业集群是在产业发展过程中，由相互关联的企业和机构在一定地域内集中分布所构成的产业群。产业集群理论由克鲁格曼、波特等提出，该理论除强调区域分工的重要性外，进一步强调了发挥区域内各种资源整合能力的作用，尤其是技术进步与创新的作用。从产业集群的角度研究产业布局的思想，避免了割裂区域内各种资源之间的联系来讨论区域发展的平衡与否，意在强调发挥区域各种资源要素的整合能力和协同效应，追求适合区域具体特征的区域发展道路，突出技术进步与创新对产业布局的重要意义。产业集群包括两种情况：一是水平型产业群，即同一产业内的企业以及与之关联度较高的其他产业的企业在空间上的集中分布；二是垂直型产业群，即相互独立的不同的产业部门之间由于存在着上下游关系而形成的集合。

2. 区域海洋产业布局的模式

区域海洋产业布局在不同的区域和发展阶段呈现出不同的模式。海洋产业布局的模式主要有四种，即均质模式、增长极模式、“点—轴”模式和网络模式。

（1）均质模式

均质模式主要存在于前工业阶段，社会分工和商品生产不发达，城镇产生和发展缓慢，整体生产力水平不高，经济活动以传统农业生产为主。均质模式在海洋产业布局上的表现则主要是以海洋渔业和海洋盐业为主，产业布局以分散为主要特点，各个区域之间的差异不明显，整体处于低水平的均衡发展状态。

（2）增长极模式

增长极模式是在增长极理论基础上发展起来的。随着海洋经济发展水平的不断提高，产业集聚地的海洋产业发展速度也有快有慢，发展快的集聚地的海洋经济规模明显超过其他点时，它就成为区域海洋经济的增长极，从而使海洋产业布局由分散逐步走向集中。

（3）“点—轴”模式

“点—轴”模式是增长极模式的进一步发展。“点”即是增长极，“轴”即交通干线。这一模式的基本布局思路可归纳为以下几点：①在一定的区域范围内，选择自然资源较好的具有开发潜力的重要交通干线经过的地带，作为发展轴予以重点开发（如沿海国土一级开发轴）。②在各发展轴上确定重点发展的增长极，确定其主要发展方向和功能。③确定增长极区域开发的战略重点和发展轴的等级体系。首先，集中力量重点开发较高级的增长极（中心城市）和发展轴，随着区域经济及海洋经济实力不断增强，开发重点逐渐转移扩散到级别较低的发展轴和增长极（中心城市）。

（4）网络模式

网络模式是点轴模式发展的结果。在“点—轴”模式的发展过程中，点和轴的规模都会扩大，由此将产生不同等级的点和轴线。在不同等级轴线上，不同等级的点为了满足其商品、技术、市场等的需要，就会与周围的多个点发生联系，在点与点之间逐渐形成纵横交错的交通、水源等基础设施网络，从而形成布局上的网络模式。

网络模式的布局形成后，其在空间结构上就具备了三个特征：一是形成“节点”，即增长极的各类中心城镇，在沿海地区就是各沿海大中城市。二是形成“域面”，即沿轴线两侧“节点”所吸引的范围，在沿海地区就是各类沿海及临港产业带；三是形成“网络”，由商品、资金、技术、信息、劳动力等生产要素构成的市场以及交通、通信网构成的基础设施组成。

网络模式的布局可提高节点与域面之间生产要素交流的广度和深度，促进区域经济、技术和海洋经济的优势向四周区域扩散，将更多的生产要素进行合理的调整组合。

3. 海洋产业布局的依据

海洋经济作为区域经济的重要组成部分，其发展的空间格局很大程度上要依托陆地区域去实现。从区域宏观经济布局优化的需求出发，海洋经济布局不仅要依托区域海洋自然资源和环境的分布特点、海洋产业布局的历史基础，而且还要充分考虑区域经济整体布局优化的要求。

海洋资源和环境条件是海洋经济布局的基础。海洋经济是资源依赖型经济，海洋资源和环境条件是海洋产业布局的物质基础。海洋资源禀赋地域差异直接影响着海洋产业发展方向、规模和潜力。具有相同或相似的海洋资源禀赋条件的区域必然形成同类海洋产业的集聚区。因此，在进行海洋产业布局优化时，必须考虑区域的海洋自然资源属性，并加以引导以形成海洋产业集聚区。

由于海洋环境的连通性，使得不同地区的海洋经济的发展对海洋环境的影响不是孤立的，陆域产业的发展（尤其是临海工业）更会直接影响毗邻海域的海洋环境质量。因此，应避免不同海洋产业、海洋产业与陆域产业之间的环境冲突。

海洋经济发展的核心是区域布局的中心节点。海洋经济的核心具有组织和协调区域海洋经济生产活动的重要功能，它可以将区域内各海洋产业部门的海洋经济活动凝聚成一个整体。海洋经济核心的经济实力不同，对周边地区的辐射和吸引的范围不同，它在相当长的一段时期内能够对一定区域内海洋产业的规模、级别和海洋经济发展水平产生影响。在沿海地区新一轮经济发展新格局中，黄三角、上海、宁波—舟山港海域等成为区域海洋产业发展的核心。

促进区域经济布局的优化和发展是海洋经济布局优化的主要目的。海洋经济布局优化必须是在对海洋经济布局现状进行科学分析的基础上，结合现实的需要与可能，以保证未来海洋经济的发展方向和重点与海洋经济布局现状具有继承性。而且，作为区域经济的重要组成部分，海洋经济布局必须符合区域经济结构调整和布局优化的基本要求，对陆域经济的布局缺陷和缺点进行弥补，以促进区域经济结构的优化。

六、海洋经济可持续发展理论和方法

海洋经济可持续发展理论就是要坚持可持续利用发展观，在海洋开发中“既满足当代人的需求，又不对后代人满足其需求的能力构成危害”。坚持海洋经济可持续发展观，要求开发与保护相结合，有序开发，积极调查勘探新资源，对海洋环境进行保护和保全。

（一）海洋经济可持续发展的内涵

海洋经济可持续发展是可持续发展观念在海洋领域的延伸，是一种新的发展观，是社会、海洋经济、海洋资源和环境协调发展的新战略思想，是技术上应用得当，资源利用节约，生产集约经营，生态环境不退化，可以实现海洋资源的综合利用、深度开发和循环再生，经济可持续发展和社会普遍接受的开发模式。其包括包括三层含义，即海洋资源的可持续利用、海洋经济发展的协同性以及海洋经济发展的生态高效性。

1. 海洋资源的可持续利用

海洋资源是海洋经济可持续发展的物质基础。海洋经济发展的需求和海洋资源的有限供给是一对尖锐矛盾，因此人类开发利用海洋资源的观念、方式和方法直接关系到海洋资源是否可持续利用。海洋资源的开发利用须在不影响海洋生态过程完整性前提下，整合资源利用方式，减少资源利用中的矛盾和冲突，提高产出率。

2. 海洋经济发展的协同性

协同性是指自然社会系统内人与人之间以及人与自然之间的相互支持。在海洋开发中，每个企业或产业都在发展过程中会出现相互制约、相互影响的问题，需要应相互支持，实现整体系统的正常运转，并使整体的行为得到改善。海洋经济发展的协同性要求人类在开发海洋时，能自觉地调整自身需求，不断规范开发行为。

3. 海洋经济发展的生态高效性

海洋经济发展的生态高效性，是指对于海洋物质生产和交换来讲生态的高效率和高效用。即以尽可能低的生态代价产出尽可能多的效益，以及在生态系统整体性允许的界限内，达到在时空上对资源的最大利用率。

（二）海洋经济可持续发展系统的特征

海洋经济可持续发展是以海洋资源的可持续利用和良好的海洋生态环境为基础，以海洋经济可持续发展为中心，以实现社会全面进步为目标的发展模式。海洋经济可持续发展系统涉及一个地区或国家之间的海洋资源与环境、经济和社会等诸多因素，是一个复杂的动态系统。它以海洋资源为物质基础，通过经济增长推动系统的演变发展，系统内部存在各种信息的反馈联系，表现出动态性、复杂性和多重反馈联系的特征。

一是海洋经济可持续发展系统包含社会、经济、资源和环境等各种要素，如海洋经济增长、海洋产业结构调整、海洋资源的利用以及污染物排放等因素都随时间而变化，表现出动态性特征。

二是海洋经济可持续发展系统除了具有一般系统的特征外，还表现出协同性、非线性、开放性和自组织性以及他组织等复杂系统的特征。①

三是海洋经济可持续发展系统所包含的海洋资源与环境、经济、社会三个部分内容，以及各部分之间存在多重反馈联系。从海洋经济可持续发展系统总体来看，海洋资源与环境系统提供了系统发展进化的物资基础，生产活动为整个系统的发展进化提供经济支持，而社会系统提供劳动力、技术和管理环境。三部分彼此联系，相互影响，存在多种反馈关系。

（三）海洋经济可持续发展能力评价

海洋经济可持续发展能力评价是海洋经济可持续发展理论中的重要组成部分。对于海洋经济可持续发展能力的评价，须从可持续发展角度出发，以系统论为指导，构建指

① 尹紫东．系统论在海洋经济研究中的应用［J］．地理与地理信息科学，2003（3）：80－83.

标体系，采用定性与定量相结合的方法进行评价。

1. 海洋经济可持续发展能力的内涵

可持续发展能力是指“一个特定空间的可持续发展系统在规定目标和预设阶段内，可以成功地将其发展度、协调度、持续度稳定地约束在可持续发展目标阈值内的概率”①。中国海洋经济可持续发展能力是在一定技术条件下，海洋内部各要素通过自身的发展和相互间的互动反馈，支撑海洋经济可持续发展的整体能力，是海洋资源供给能力、海洋产业发展能力、海洋环境治理及保护能力、海洋科技支撑能力等的综合体现。

借鉴中国科学院可持续发展研究组编写的《2003 年中国可持续发展战略报告》对区域可持续发展能力的阐述，海洋经济可持续发展能力的内涵包括以下几个方面内容。

（1）海洋资源供给能力：指某一沿海区域的海洋资源的数量和质量，其对沿海区域海洋经济的发展起到基础性支撑作用。

（2）海洋产业发展能力：指沿海地区利用海洋资源、人力、技术以及资本等经济发展要素，通过合理的海洋经济结构和产业配置，可以转化为产品和服务的总体能力。

（3）海洋环境治理及保护能力：指的是沿海地区治理海洋环境污染及使海洋环境恢复到一定目标的能力。

（4）海洋科技支撑能力：海洋科技渗透到海洋经济可持续发展的方方面面，并起着巨大的引领和支撑作用。

2. 海洋经济可持续发展评价指标体系

海洋经济可持续发展能力指标体系设置应从“突出可持续发展的能力、综合评判”的基本思路出发，根据科学全面和可操作的原则来考虑，遵循系统性、科学性和可操作性原则。

系统性原则。海洋经济可持续发展能力系统是一个开放的系统，它是一个涉及若干要素的复杂的结构系统，具有很强的系统整体性，因此，在评价指标体系的设置中这一特性应充分体现，即应将海洋经济可持续发展能力作为一个大系统，围绕实现可持续发展这一标准，多层次地综合分析各种影响因素。同时应考虑到海洋经济可持续发展能力系统并非指标的简单堆积，为了便于评价，应将指标逐层分解到各个子系统中去，建立

① 中国科学院可持续发展研究组．2002 年中国可持续发展战略报告［M］．北京：科学出版社，2002：26.

层次明晰的分析评价体系。

科学性原则。指标体系的科学性是确保评估结果准确合理的基础。海洋经济可持续发展能力指标体系是一个将海洋经济、海洋资源、海洋环境、海洋科技等方面有机地融为一体的多层次、多功能、全方位的统计网络系统。指标体系设计应客观、科学地反映海洋经济可持续发展能力中各子要素的特征以及它们之间的相互联系，同时要符合我国目前现行的海洋统计工作的标准。

可操作性原则。海洋经济可持续发展能力评价应保证有翔实、可靠的统计数据支持，可实际操作运行。因此，在设计指标体系时，应从实际出发，尽可能选择可以量化的指标和现有海洋统计体系能够提供基础性数据的指标。同时在可操作原则要求下，指标的选择应强调少而精，注重规范性、通用性和公开性。

基于上述对海洋经济可持续发展能力的内涵，以及指标体系构建的原则，海洋经济可持续发展能力指标体系中应包括海洋产业发展能力指标、海洋资源供给能力指标、海洋科技综合能力指标以及海洋环境治理及保护能力指标等具体指标。

（1）海洋资源供给能力指标，包括海洋空间资源、海洋能源、海洋矿产、海洋生物资源、海岸线资源。

（2）海洋产业发展能力指标，包括海洋经济总量、海洋经济发展速度、主要海洋产业增加值占 GDP 比重、单位岸线海洋经济密度、战略性海洋新兴产业比重、海洋产业布局、海洋科技转化率、涉海就业人员。

（3）海洋环境治理及保护能力指标：沿海地区废弃物处理率、陆源污染防治能力、海洋保护区建设、清洁海域面积所占比重、重大灾害应对能力。

（4）海洋科技支撑能力指标，包括海洋科技队伍、海洋科技成果、海洋科研投入。

3. 海洋经济可持续发展能力评价的赋权方法

在海洋经济科技持续发展能力评价中，确定指标权重是最重要、最关键的环节。其方法主要有两类，即主观赋权法和客观赋权法。主观赋权法是一类根据评价者主观上对各类指标的重视程度来决定权重的方法。主观赋权法主要包括层次分析法等。客观赋权法所依据的赋权原始信息来源于客观环境，它根据各指标的联系程度或各指标所提供的信息量来决定指标的权重。客观赋权法主要包括熵值法、主成分分析法、因子分析法和复相关系数法等。

（1）层次分析法

层次分析法（AHP 法）是由美国匹兹堡大学教授萨蒂（T. L. Saaty）在 20 世纪 70 年代中期提出的。其基本思想是把一个复杂的问题分解为各个组成因素，并将这些因素按支配关系分组，从而形成一个有序的递阶层次结构。通过两两比较的方式确定层次中诸因素的相对重要性，然后综合人的判断以确定决策诸因素相对重要性的总排序。以下对改进的三标度层次分析法 IAHP（Improved AHP）进行阐述。三标度层次分析法计算权重的步骤如下：

① 构造主观比较矩阵，$C = [c_{ij}]_{n \times n}$，

式中：$c_{ij} = \begin{cases} 1, \text{指标 } i \text{ 比指标 } j \text{ 重要} \\ 0, \text{指标 } i \text{ 与指标 } j \text{ 同等重要} \\ -1, \text{指标 } i \text{ 不如指标 } j \text{ 重要} \end{cases}$

② 建立感觉判断矩阵，$S = [s_{ij}]_{n \times n}$，式中：$s_{ij} = d_i - d_j$，$d_i = \sum_j c_{ij}$。

③ 计算客观判断矩阵，$R = [r_{ij}]_{n \times n}$，式中：$r_{ij} = p^{(s_{ij}/s_m)}$，$s_m = \underset{i,j}{Max} S_{ij} = \underset{i}{Max}(d_i) - \underset{j}{Min}(d_j)$，$p$ 为使用者定义的标度扩展值范围，如 $p = 3$ 或 $p = 7$，本书取 3。

客观判断矩阵 R 任意一列的归一化即为 n 个指标的权重向量 $[w_1, w_2, w_3, \cdots, w_n]^T$

（2）熵值法

设有 m 个待评方案，n 项评价指标，形成原始指标数据矩阵 $X = (x_{ij})_{m \times n}$，对于某项指标 x_j，指标值 x_{ij} 的差距越大，则该指标在综合评价中所起的作用越大；如果某项指标的指标值全部相等，则该指标在综合评价中不起作用。在信息论中，信息熵 $H(x) = -\sum_{i=1}^{n} p(x_i) \ln p(x_i)$ 是系统无序程度的度量，信息是系统有序程度的度量，二者绝对值相等，符号相反。某项指标的指标值变异程度越大，信息熵越小，该指标提供的信息量越大，该指标的权重也应越大；反之，某项指标的指标值变异程度越小，信息熵越大，该指标提供的信息量越小，该指标的权重也越小。所以，可以根据各项指标的值的变异程度，利用信息熵这个工具，计算出各指标的权重，为多指标综合评价提供依据。

用熵值法进行综合评价的步骤是：

① 将各指标同度量化，计算第 j 项指标下第 i 方案指标值的比重 p_{ij}。

$$p_{ij} = \frac{x_{ij}}{\sum_{i=1}^{m} x_{ij}}$$

② 计算第 j 项指标的熵值 e_j。

$$e_j = -k \sum_{i=1}^{m} p_{ij} \ln p_{ij}$$

其中 $k>0$, ln 为自然对数, $e_j \geq 0$ 。如果 x_{ij} 对于给定的 j 全部相等，那么：

$$p_{ij}=\frac{x_{ij}}{\sum_{i=1}^{m}x_{ij}}=\frac{1}{m}$$

此时, e_j 取极大值，即：

$$e_j=-k\sum_{i=1}^{m}\frac{1}{m}\ln\frac{1}{m}=k\ln m$$

若设 $k=\frac{1}{\ln m}$，于是有 $0\leq e_j\leq 1$。

③ 计算第 j 项指标的差异性系数 g_j 。

对于给定的 j , x_{ij} 的差异性越小，则 e_j 越大；当各方案的指标值相差越大时, e_j 越小，该项指标对于方案比较所起的作用越大。定义差异性系数

$$g_j=1-e_j$$

则当 g_j 越大时，指标越重要。

④ 定义权数。

$$a_j=\frac{g_j}{\sum_{j=1}^{n}g_j}$$

⑤ 计算综合经济效益系数 v_i 。

$$v_i=\sum_{j=1}^{n}a_jp_{ij}$$

v_i 为第 i 个方案的综合评价值。

（3）多元统计法

多元统计分析方法主要包括聚类分析法、主成分分析法、因子分析法等。聚类分析法其基本思想是认为所研究的指标（变量）之间存在着程度不同的相似性。根据多个观测指标，将相似度较大的指标聚合在一起，关系密切的聚合到一个小的分类单位，直到所有指标聚合完毕。判别分析法是根据影响研究对象的多种指标，依据一定的判别原则，对研究对象的归属做出判断。主成分分析法是利用降维的思想，把多指标转化为少数几个综合指标的多元统计方法。因子分析法是把一些具有错综复杂关系的变量归结为少数几个综合因子的一种多元统计分析方法。其基本思想是根据研究对象指标相关性大小把变量分组，

使得同组内的指标之间相关性较高，不同组之间相关性较低。组代表基本结构，这个基本结构称为公共因子。掌握这些主要因子就能够对复杂的经济问题进行分析和解释。

（4）灰色模糊综合评价法

灰色模糊综合评判可以理解为在已知信息不充分的前提下，评判具有模糊因素的事物或现象的一种方法，其中“灰色”指信息量少、不充分，属于“量”的概念，而“模糊”指评判信息中具有概念不明确的因素。

第二章 中国海洋经济发展的历程

中国海洋经济发展从新中国成立初期至今已有 60 年历史。60 年间中国经济发展经历了三个时间节点，即 1957 年、1978 年和 2000 年。1957 年中国社会主义改造基本完成，社会主义制度基本建立，1978 年中国改革开放的制度确立，2000 年中国社会主义市场经济体制基本建立。中国海洋经济发展的 60 年，是一个海洋意识不断提升、海洋科技水平不断提高、海洋经济管理体制不断创新、海洋产业快速崛起、海洋资源开发不断深化的过程。本书从管理体制、调控政策、海洋科技发展、海洋产业发展等方面，结合中国宏观经济发展的阶段性特征，将中国的海洋经济大致分为四个阶段，即初期发展、曲折发展期、快速发展期和又好又快发展期。

一、海洋经济的初期发展（1949～1957 年）

从新中国成立初期到 1957 年，是中国海洋经济的初期发展阶段。新中国成立初期，中国作为海洋大国，海洋开发几乎是空白，各种海洋资源都没有得到利用和开发。随着沿海地区经济的恢复性发展，中国的多个海洋产业也呈大幅增长。

（一）分散式的海洋管理

1949 年新中国成立初期至 1957 年，中国海洋管理实行分散式管理方式，即分行业管理的体制。各海洋行业管理部门基本上是各种资源开发部门管理职能向海洋的延伸，尚未建立统一管理海洋事务的综合管理部门。

海洋渔业先后经历了归属农业部、食品工业部、轻工部和商业部四个部门的管理阶段。1956 年全国人大设立中华人民共和国水产部后，海洋渔业归属水产部管理。

港口和海洋运输由交通部管理，其具体负责航运生产、保障航道畅通和负责海上交通安全。1956 年，交通部成立船舶登记局，统一领导国内主要港口船舶检验机构的业务。

中国盐业从分散管理逐步走向统一归口管理。1950 ~ 1953 年，全国盐业的生产、税收、西南西北地区的运销、主要盐场由盐务总局（先属财政部，后划归轻工业部）统一管理。华北、华东、中南和东北的运销工作，则分别由商业部中国盐业公司和东北粮食部门经营。从 1954 年开始，盐务总局既管生产，又管盐的分配调运，以及盐市场总的安排和价格管理。自此，形成了一个统一经营管理全国盐业产、运、销、税的经营管理体制①。

（二）海洋产业管理以行业政策调控为主

分散式海洋管理决定了海洋经济调控以行业政策为主，如颁布实施行业管理的条例和制度，以促进中国海洋产业走向规范化发展的道路。

在海洋渔业方面，1950 年第一届全国渔业会议对渔业的生产组织、统一领导以及鱼价、运销等问题做了规定。为保护沿海渔业资源，1955 年国务院发布了《关于渤海、黄海及东海机轮拖网渔业禁渔区的命令》。该命令划定了渤海、黄海及东海机轮拖网渔业禁渔区，并规定："凡机轮拖网渔业都不得在禁渔区内作业。对违反上述规定的我国机轮，应由公安司令机关会同水产管理机关视具体情况予以警告和没收渔获物等处分，情节严重者得依法没收船只，并给船长或执行船长职务的人员及公司负责人以适当处分。对违反上述规定的外国机轮，应由公安司令机关视具体情况和情节轻重，予以驱逐或暂时扣留。对暂时扣留的船只，应会同水产管理部门及时上报国务院听候处理"。1957 年，中共中央颁布《1956 年到 1957 年全国农业发展纲要修正草案》。其中的第十九条规定：海洋捕捞要实行"争取向深海发展的方针"。为养护渔业资源，1957 年水产部颁布实施了《水产资源繁殖保护暂行条例（草案）》，其中对保护海洋生物资源做了详细规定。

在海洋交通运输方面，初步建立了中国海洋运输和港口管理的政策法规体系。1950 年，中央财经委员会发布《关于同意航务港务管理的指示》，决定在上海、天津、广

① 杨永峰. 中国盐业专营体制改革研究［D］. 江西财经大学学位论文，2009.

州、青岛、大连等地设立区港务管理局，统一负责港务管理。1953 年，中国公布了《中央人民政府交通部海运管理总局海务港务监督工作章程》。该章程规定，在交通部海运管理总局设海务、港务监督室；各大区港务局及各中型港的港务分局也设港务监督室。同年，交通部发布《关于调整海运系统的组织机构和领导关系的指示》，从国家行政管理上建立了统一的海运体系。随着海运业发展，我国海上船舶不断增多，为了加强海上船舶的管理工作，1958 年水产部和交通部发布了《中华人民共和国非机动船海上安全航行暂行规则》。1960 年交通部发布了《船舶登记章程》。

在盐业方面，新中国加强了盐业的集中统一管理。1950 年，政务院发布《关于全国盐务工作的决定》。同年，政务院在第二届盐务会议上做出了《关于执行大盐田收归国有的决定》。

（三）海洋科技起步发展

新中国成立初期，海洋科技从制定规划和海洋调查开始起步。随着渔业、海洋交通运输业和海盐业等传统海洋产业逐步发展，国家调整或组建了几个与水产、海运、制盐相关的院校和研究机构，如 1952 年上海水产学院、山东大学海洋系成立，1957 年水产部组建黄海水产研究所，壮大了中国海洋科技力量。

1956 年，中国政府提出“向科学进军”的口号。1956 年，国家科委制定了《1956 至 1967 年海洋科学发展愿景规划》[①]，该《规划》的编制与实施对我国海洋科技的发展产生了重大影响。该《规划》将“中国海洋的综合调查及其开发方案”列为第七项，共有四个中心议题，即开展中国近海综合调查；建立海洋水文气象预报系统；开展有关海洋生物资源的调查研究；开展有关国防、交通的海洋学问题的研究。

1957 年，在国家科委海洋组统一领导下，多家科研单位合作，在渤海、渤海海峡及北黄海西部进行了多船同步观测，取得了比较系统的海洋资料。1959 年，全国海洋综合调查在四大海区全面展开，1960 年 6 月全部完成。这次全国海洋综合调查取得了中国海洋史上第一批关于中国近海的系统性资料，共获得各种资料报表和原始记录 9.2 万多份，各种图表 7 万多幅，样品和标本 1 万多份。同时，对资料进行了整编，并对中国临近海域的海流、水团、波浪、潮汐、海水化学性质、海底沉积和地貌，以及浮游生物、底栖生物等的时空变化规律，进行了比较全面的分析研究，并于 1964 年陆续出版了《全国海洋综合调查报告》（8 部）、《全国海洋综合调查资料》（10 册）和《全

① 国家海洋局编写．中国海洋政策［M］．北京：海洋出版社，1998：74．

国海洋综合调查图集》（14 册）。通过这次全国海洋普查改变了中国缺乏基本海洋资料的局面，并培养了一大批海洋调查和科技人才，为进一步研究开发利用海洋奠定了基础。

（四）主要海洋产业较快增长

从新中国成立到 1957 年，海洋经济的主要产业包括海洋渔业、海洋交通运输业、海洋盐业和海洋船舶工业，各海洋产业产量都不断提高。

海洋渔业。海洋渔业总产量从 1950 年的 55 万吨增长到 1957 年的 194 万吨，增长了 252%，年均涨幅 17%，其中海洋捕捞产量始终占总产量的 95% 左右，海水养殖产量则很少（见图 2－1）①。

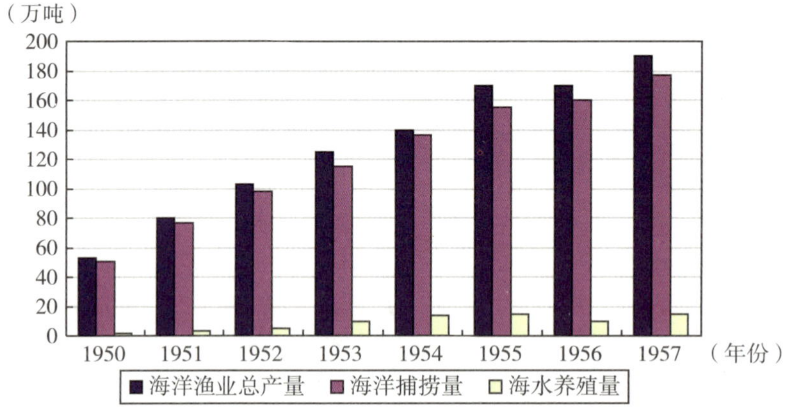

图 2－1　1950～1957 年中国海洋渔业总产量、捕捞量和养殖量

资料来源：《中国海洋统计年鉴（1992）》，海洋出版社。

海洋交通运输业。海洋货运量从 1950 年的 69 万吨增加到 1957 年的 1 223 万吨，年均增长率达到 43.2%，其中，沿海货运量占 95% 左右。远洋运输发展较为缓慢，远洋货运量从 1950 年的 8 万吨增加到 1957 年的 60 万吨，占货运总量比重也由 3% 增长到 5% 左右（见图 2－2）。

海洋盐业。海盐产量占全国原盐总产量的 85% 左右。随着盐田面积增加和技术进

① 中国社会科学院农业经济研究所，农牧渔业部水产局，全国渔业经济研究会编．中国渔业经济 1949～1983 [J]．1984（9）．

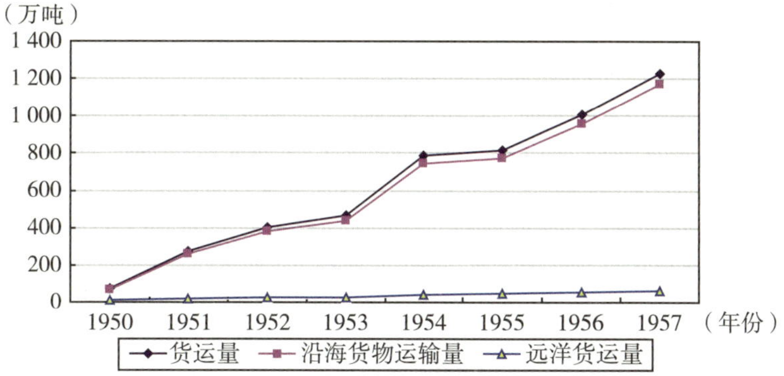

图 2－2　1950～1957 年货运量、沿海货物运输量和远洋货运量

资料来源：《中国海洋统计年鉴（1992）》，海洋出版社。

步，海盐产量不断增加，从 1949 年的 259 万吨到 1957 年的 697. 8 万吨，增长 169. 42%，年均增长 11. 64%。海盐工业总产值由于工业化程度增大而增长较快，从 1949 年的 8 835 万元增加到 1957 年的 26 065 万元，增长 117. 73%，年均增长 9%（见图 2－3）。新中国成立初期，中国已能够生产氯化钾和溴素等盐化工产品。由于需求较大，氯化钾产量从 1949 年的 222 吨增加到 1957 年的 5 846 吨，增幅 2 533%，年均增长率 43. 82%（见图 2－4）。溴素产量从 1949 年的 2 吨增加到 1957 年的 286. 6 吨，年均增长率 73. 61%。

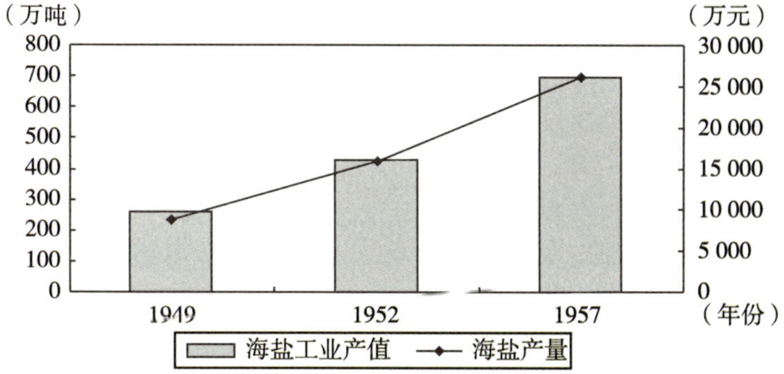

图 2－3　1949～1957 年海盐产量和海盐工业产值

资料来源：《中国海洋统计年鉴（1992）》，海洋出版社。

海洋船舶工业。新中国成立初期，国家对船舶的需求量较大，但技术水平低、基础差等问题制约了海洋船舶业的发展。1952 年共造船 75 艘，16 187 载重吨，工业总产值

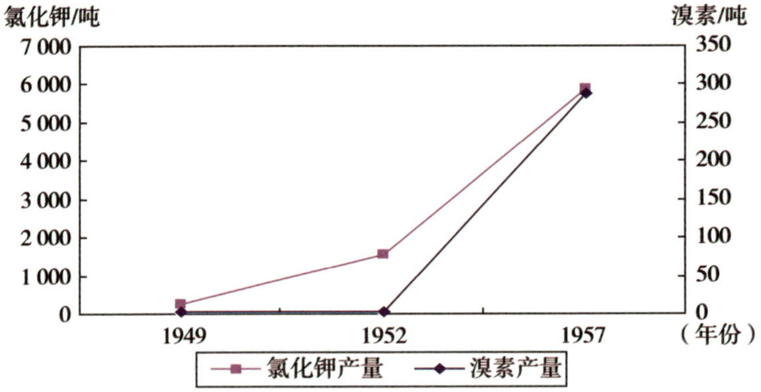

图 2－4　1949～1957 年氯化钾和溴素产量

资料来源：《中国海洋统计年鉴（1992）》，海洋出版社。

7 157 万元，到 1957 年共造船 140 艘，49 070 载重吨，工业总产值 30 107 万元①。

二、海洋经济的曲折发展（1958～1978 年）

从 20 世纪 60 年代到改革开放前，由于国民经济政策导向的失误，海洋产业的发展受到不同程度的影响，海洋经济呈现曲折发展态势。这一时期海洋经济仍处于发展初期阶段，海洋开发活动主要采取直接利用海洋资源的初级生产方式，开发程度较低。

（一）海洋管理向集中方向转变

随着各涉海行业生产的发展，在海洋开发过程中，涉海行业之间的矛盾日益显露。国家为加强对海洋工作的统一领导，1964 年正式成立国家海洋局，其职能是负责统一管理海洋资源和海洋环境调查、资料收集整编和海洋公益服务。国家海洋局的成立标志着中国海洋管理体制向集中统一的方向转变。

各海洋产业仍实行行业管理。1956～1969 年，海洋渔业由水产部管理。1970 年国务院撤销水产部，设立农林部，下设水产局负责海洋渔业管理。海洋盐业由盐务总局负责管理，20 世纪 60 年代后盐务总局隶属商业部负责管理。1980 年后，盐务总局重新隶

① 《中国海洋统计年鉴（1992）》，海洋出版社。

属轻工业部负责管理。海洋交通运输业仍由交通部负责管理。

（二）海洋经济发展仍以行业政策调控为主

国家海洋局成立后，国家开始重视海洋环境保护和海洋资源利用等工作。但由于“文革”开始，海洋行业政策没有得到完善和有效实施。

海洋渔业由于受左的思想影响，渔船增长较快，海洋渔业产量大幅增长，过度捕捞造成海洋渔业资源严重破坏。

海洋运输和港口建设取得了长足进步。1970 年的全国计划工作会议提出了力争到 1975 年远洋运输结束租用外轮的局面。

海水淡化得到重视。1965 年，国家海洋局召开全国第一次海水淡化工作会议，明确了发展海水淡化技术的政策。1967 年，国家科委和国家海洋局共同组织了全国海水淡化研究，海水淡化设备的研制工作全面展开。

（三）海洋科技在曲折中发展

中国海洋科技事业尽管受到“文革”冲击，但仍然取得了可喜成绩。

海洋科研与教育机构得到加强。1959 年 1 月，中国科学院海洋生物研究所改为综合性的海洋研究所，后来又相继成立了中国科学院南海海洋研究所、海军第四海洋研究所等。1960 年，建立了中国科学院东部海洋工作站。1959 年，在山东大学海洋系的基础上成立了山东海洋学院，并建立了上海海运学院。

海洋调查能力显著提升。为改变海洋调查装备的落后局面，国家海洋局积极采取措施，建造或改装海洋调查船，组织海洋仪器会战，引进或研制海洋调查观测仪器设备。到 20 世纪 70 年代末，中国海洋调查船总数已达到 70 余艘，研制和生产的海洋仪器设备已达到 130 多项。中国科学院海洋研究所与天津气象仪器厂仿制了国外定型的两种海流计。研制了颠倒温度表的鉴定装置，试制成海底垂直取样器、采泥器、底栖生物及浮游生物网具，为全国海洋调查提供了必要的手段。

海洋科学研究成果显著。到 1962 年，中国“十二年海洋科学远景规划”的主要目标基本达到，接着编制了第二个海洋科学长远规划。该规划的目标是，继续进行中国海的综合调查，积极为深远海调查准备条件，以解决吃穿用和国防建设中的海洋学问题为研究重点，又要为长远海洋开发技术和海洋学基础理论做准备。随后在第二个海洋科学长远规划的指导下，海洋科学研究取得显著成果。20 世纪 60 年代初期山东海洋学院提出的普遍风浪谱理论，达到当时的国际先进水平。中国科学院海洋研究所在南海表层流的研究中，发现了冬季逆风流动的“南海暖流”。1958 年开始进行海带褐藻胶综合利用的研究，并很快取得了成功，1964 年开始了海带褐藻胶的生产。山东海洋学院建立了中国第一个标准海水工厂，自制了大量的标准海水，供应全国海洋机构使用。

海洋调查取得丰硕成果。1969 年后国家海洋局组织了大范围的渤海冰立体调查观测，基本掌握了渤海严重冰封的发生和变化规律。同时，对渤海海底石油地质和地球物理的调查研究发现，渤海是一个巨大的含油沉积盆地。随后，在渤海相继钻成了中国第一口海上工业油井，建成了中国第一个海上开发油田。国家海洋局先后组织了“南海中部调查”和“东海大陆架调查”。“实验”号调查船多次穿越西沙群岛、中沙群岛、南沙群岛海区，为中国对该海域的管理积累了基本资料。“东海大陆架调查”基本摸清了东海大陆架的延伸状态。中国海洋学家系统地研究了中国近海海洋生物，基本查清了中国近海海洋动植物的种类、资源分布、生态习性和区系特点，以及海洋初级生产力情况，写出了《中国经济海藻志》、《东海鱼类志》、《南海鱼类志》和《中国经济动物志——海产鱼类》等 10 余部有关中国海洋动植物的专著①，奠定了中国现代海洋生物学的基础，有力地推动和支持了中国海洋水产业的发展。

海水淡化技术的研究工作逐步深入。中国海水淡化研究开始于 1958 年海军和中国科学院化学所合作进行的电渗析技术研究。1967 ~ 1969 年国家在中国科学院海洋研究所组织了“全国海水淡化技术大会战”，为反渗透法、电渗析法、蒸馏法等海水淡化技术奠定基础。为推动海水淡化技术的发展，1974 年 12 月召开了全国海水淡化科技工作会议，并制定了相应的发展规划。

（四）主要海洋产业缓慢增长

1958 ~ 1978 年，由于受到国家经济政策失误以及自然灾害等的影响，各海洋产业总体上增长放缓。这一时期，海洋产业仍为海洋渔业、海洋交通运输业、海洋盐业和船舶制造业为主。海洋油气尽管没有规模生产，但已开展了勘探工作。

海洋渔业总产量呈现出在波动中增长的态势。从 1957 年的 193.7 万吨逐渐下降到 1961 年的 143 万吨，其中以海洋捕捞量为主，而海水养殖量所占比重很小。之后，经历国民经济调整时期到 1967 年达到 219 万吨，其后受“文革”影响，小幅度下降后，开始稳定增长，到 1970 年达到 209.7 万吨（见图 2 - 5）。20 世纪 70 年代，海洋渔业资

① 孙志辉. 回顾过去展望未来：中国海洋科技发展 50 年［N］. 科技日报，2006 - 9 - 4.

源开发利用过度，产量一度大幅度增加，但产品质量却大大下降。到 1978 年，海洋捕捞 314. 5 万吨产品中，优质鱼大大减少，而幼鱼、低质鱼和贝藻类则占总产量的一半以上，渔民增产不增收。

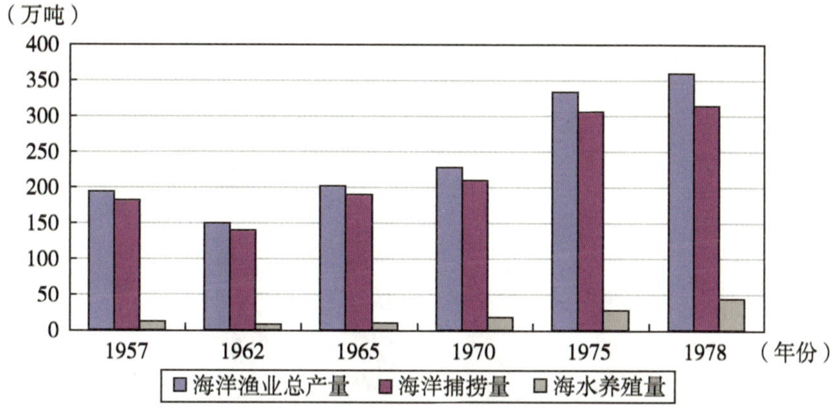

图 2－5　1957～1978 年海洋渔业总产量、海洋捕捞量和海水养殖量

资料来源：《中国海洋统计年鉴（1992）》，海洋出版社。

海洋交通运输业波动较大。1958 年“大跃进”使货运量高增长，从 1957 年的 1 223 万吨增加到 1960 年的 2 852 万吨，随后由于三年自然灾害使得货运量大幅度下降。在实行“调整、巩固、充实、提高”八字方针以后，货运量逐年升高，到 1970 年恢复到 1960 年的水平，而沿海货运量到 1973 年恢复。远洋运输在 20 世纪 70 年代由于中美关系缓和实现高速增长，货运量从 1970 年的 499 万吨增加到 1978 年的 3 695 万吨，年均增长幅度为 24. 8%（见图 2－6）。

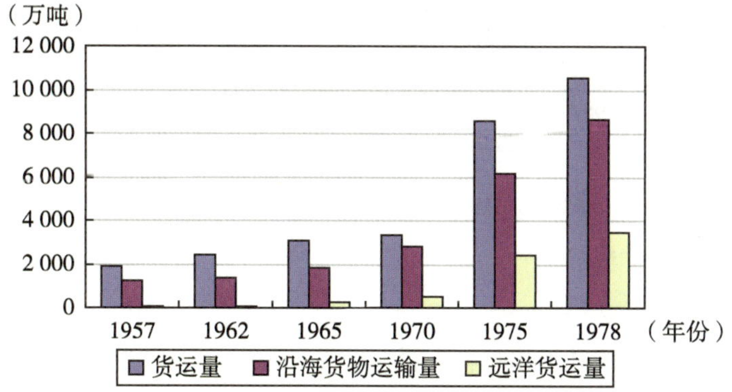

图 2－6　1957～1978 年货运量、沿海货物运输量和远洋货运量

资料来源：《中国海洋统计年鉴（1992）》，海洋出版社。

海盐产量不断增长。从1957年的697.8万吨，增长到1978年的1 546万吨，年均增长3.68%。海盐工业产业产值从1957年的26 065万元增长到1978年的118 455万元，年均增长7.12%（图2－7）。海盐化工中氯化钾产量从1957年的5 846吨，增长到1978年的31 786吨，年均增长8%。溴产量一直增加，从1957年的286.6吨，增加到1978年的2 982吨，年均增长11.23%（图2－8）。

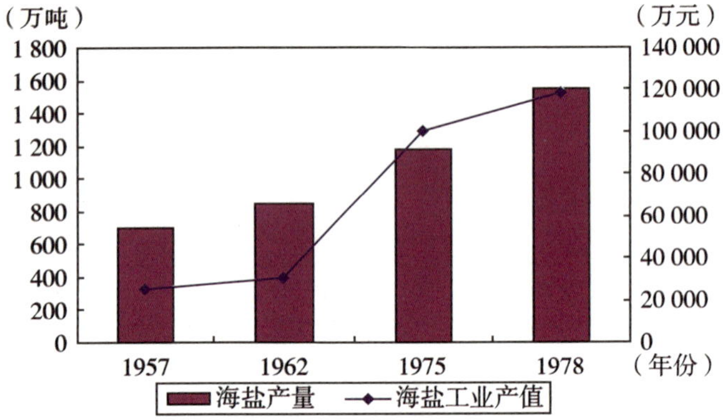

图2－7　1957～1978年海盐产量和海盐工业产值

资料来源：《中国海洋统计年鉴（1992）》，海洋出版社。

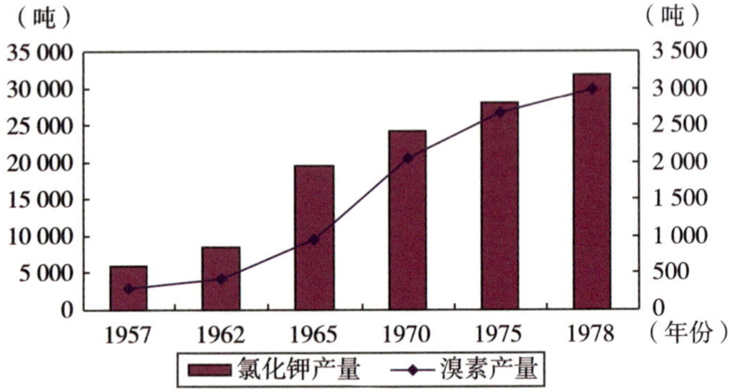

图2－8　1957～1978年氯化钾和溴素产量

资料来源：《中国海洋统计年鉴（1992）》，海洋出版社。

船舶制造业产量回升。受到“大跃进”和自然灾害的影响，需求量波动导致产量波动。1963～1965年进行了3年整顿和调整，船舶的需求量和产量逐步回升。

海洋油气业以勘探工作为主。由于开发成本高以及技术难度大等问题，海洋油气以勘探为主。截至1979年，普查、勘探共完成海洋重力、磁力、人工地震及航空磁力测量线总长47.6万千米，钻井和评价井等141口，发现了海四、埕北和石臼坨油田及一些含油气构造。中国海域勘探发现石油资源量约为451亿吨，天然气资源量约14.1万亿立方米①。

三、海洋经济的快速发展（1979～2000年）

改革开放到21世纪初，是中国海洋经济的快速发展阶段。这一时期，中国海洋综合管理体制不断发展，行业管理政策不断完善，海洋科技水平取得长足进展。由于沿海对外开放水平不断提高，沿海地区区位优势凸显，国内内陆企业和发达国家的产业不断向沿海地区转移，海洋经济以前所未有的速度向前发展。

（一）海洋管理向综合管理迈进

进入20世纪80年代，国家对海洋管理体制开始进行调整。1983年国务院批准的国家海洋局机构改革方案，明确了国家海洋局直接隶属于国务院建制，是国务院管理全国海洋工作的职能部门，主要任务除了负责组织、协调全国海洋工作外，还担负着组织、实施海洋调查、海洋科研、海洋管理和海洋公益服务等四个方面的工作。1988年，国务院批准的国家海洋局职责中确定国家海洋局是国务院管理海洋事务的职能部门，主要职能是综合管理我国管辖海域，实施海洋监测监视，维护我国海洋权益，协调海洋资源合理开发利用、保护海洋环境、会同有关部门建设和管理海洋公共事业及其基础设施。1989年，国家海洋局下达北海、东海和南海分局10个海洋管区和50个海洋监察站的职责，确定海洋管区是所辖海区的海洋综合管理机构。至此，海洋行政四级管理系统基本建成，即由国家海洋局—海区海洋分局—海洋管区—海洋监察站构成。1995年，国务院批准中央机构编制委员会关于《国家海洋局北海、东海、南海分局机构改革方案》，界定了海区海洋管理局与地方海洋机构的管辖区间和管辖边界。1994年，国务院批准国家海洋局职责中规定，国家海洋局在原有职能基础上职能进一步增加，增加的职能主要有海域使用管理、海洋灾害预报等，进一步强化海洋行政管理，加强对海洋资源合理开发利用的监督管理。1998年，国务院批准国家海洋局的基本职能调整为海洋立

① 王诗成．建设海上中国纵横谈［M］．济南：山东友谊出版社，1995．

法、规划和管理三项职能，其基本职责发展为海域使用管理、海洋环境保护、海洋科技、海洋国际合作、海洋减灾防灾以及维护海洋权益六个方面。

地方海洋行政管理体系初步建立。从20世纪80年代开始，国家科委、国家海洋局等5部委联合在全国沿海各省、区、市相继成立了“海岸带调查办公室”，开展全国海岸带和海涂资源综合调查。随后8年，随着各沿海地区海洋调查的深入开展，各沿海地区的“海岸带调查办公室”也逐渐演变为地方政府协调、管理海洋工作的事业部门。1989年，中国第一个厅局级地方海洋机构——海南省海洋局成立，至1991年广东省海洋与水产厅成立，此后全国沿海省（区、市）和计划单列市都相应成立了海洋管理机构。

传统海洋行业管理在不断探索中逐步成熟。国家渔业管理机构不断整合。1994年，农业部设立渔业局，主管中国的渔业工作。海洋渔业，除了国务院划定由农业部渔业局及其所属的渔政监督管理机构监督管理的海域和特定渔业资源渔场外，由毗邻海域的省、自治区、直辖市人民政府渔业行政主管部门监督管理①。港口和海洋交通运输由交通部负责管理。盐业管理施行了改制。1988年7月，轻工业部成立盐业协会和中国盐业总公司，盐业协会负责规划、质量、标志等盐业行业管理工作。中国盐业总公司主要负责盐的生产、分配、调拨计划、运销等经营活动、部分物资供应工作。

（二）海洋综合开发政策起步发展

1978年后，中国海洋开发进入全面发展的新阶段。这一时期，海洋经济问题日益受到国家重视，综合开发规划开始编制和实施。1993年，国家计委、国家科委、国家海洋局联合制定了《全国海洋开发规划》并于1995年经国务院批转。沿海各省也相应地制定了海洋开发规划、海洋产业发展规划、海洋科技开发规划等。1994年中国制定了《中国21世纪议程》，其中将“海洋资源的可持续利用与保护”作为其重要的行动方案。1996年颁布的《中国海洋21世纪议程》，提出了中国海洋事业可持续发展战略，标志着我国海洋经济可持续发展战略的全面实施。海洋可持续发展的基本思路是：有效地维护国家海洋权益，合理地开发利用海洋资源，切实保护海洋生态环境，以发展海洋经济为中心，实现海洋资源、环境的可持续利用和海洋事业的协调发展。

海洋各行业不断完善管理体系。1979年，全国水产工作会议召开，制定了水产业

① 高健，长谷川健二. 中国海洋渔业经济可持续发展的经济组织制度［M］. 上海：上海科学普及出版社，2006.

发展的新方针，概括为："大力保护资源，积极发展养殖，调整近海作业，开辟外海渔场，采用先进技术，加强科学管理，提高产品质量，改善市场供应"。为了规范渔业资源的保护、开发和利用，《中华人民共和国渔业法》于1986年7月1日起施行。1987年国务院办公厅转发农牧渔业部《东、黄、渤海主要渔场鱼汛生产安排和管理的规定》和《关于近海捕捞机动渔船控制指标的意见》，要求严格控制近海渔船的盲目发展。1992年全国远洋渔业工作会议召开，确定了远洋渔业发展的指导思想。在海洋交通运输方面，1983年9月2日，《中华人民共和国海上交通安全法》施行。在海洋石油开发方面，国务院1982年1月公布《中华人民共和国对外合作开采海洋石油资源条例》。在海洋盐业管理方面，1990年国务院颁发了《盐业管理条例》，条例规定，盐资源属于国家所有，国家对盐资源实行保护，并有计划地开发利用，对盐的生产经营实行计划管理。

（三）海洋科技取得长足进展

1977年12月，国家海洋局在全国海洋科学技术规划会议上，明确提出了"查清中国海、进军三大洋、登上南极洲，为在本世纪内实现海洋科学技术现代化而奋斗"的战略目标。此后，海洋科技焕发生机，并取得长足进展。

新建大型海洋综合调查船和专业调查船，调查能力提高。1978～1984年，四艘"向阳红"号远洋综合调查船、"科学1"号海洋地球物理专业船先后建成并投入使用。截止到1984年，我国已经建立起一支拥有165艘不同类型和不同用途的调查船队，总吨位约15万吨，居世界第四位。

联合国内海洋科技力量，组织实施调查专项。从1980年开始国家组织实施了"全国海岸带和海涂资源综合调查"专项，历时7年，完成调查面积35万平方千米。随后又组织了"全国海岛资源综合调查"，基本摸清了我国海岸带、海涂和海岛的自然条件、资源数量以及社会经济状况，为开发利用海岸带和海岛资源提供了科学依据。1984～1995年，中国先后三次组织了大规模的南沙群岛及其邻近海区综合科学考察，较全面地查明了在北纬12°以南、断续线以内南沙群岛72个主要礁体的状况。同期，先后对台湾海峡及邻近海域进行了三次较大规模的海洋环境综合调查。从1983年起中国先后组织了多次太平洋海域多金属结核资源的系统调查，1991年中国获得了15万平方千米的太平洋海底多金属结核开辟区。此后，中国又相继开展了国际海底区域钴结壳和多金属热液硫化物的勘查。中国先后在南极建立了永久科学考察站——长城站和中山站。

海洋科学和应用技术研究方面，硕果累累。物理海洋学研究先后开发了风、浪、流联合作用模式和风、浪、流、潮汐、风暴潮耦合作用数值计算模型。海洋物理学研究进一步发展了浅海声学和深海声学，并在水色遥感的光学基础理论、海洋辐射传播理论等方面取得了大的进展。海洋生物学研究跻身世界先进行列，海洋生物技术成果推动了中国海水养殖业和生物产业的发展。海洋药物科学在药用海洋生物研究和开发、生物活性物质提取等方面取得了一系列应用成果，开发了预防心脑血管病和抗肿瘤的海洋新药。

在应用技术方面，国家高技术发展计划（863 计划）设立了海洋领域，先后研制成功 6 000 米自容式温盐深自记仪、中国第一艘 200 米无人遥控潜水器“海人一号”、第一艘 1 000 米无缆水下机器人“探索者”号等一批海洋技术装备。在西沙建成了中国第一个电渗析海水淡化站。

（四）主要海洋产业快速增长

改革开放以后，海洋渔业、海洋交通运输业、海洋盐业、海洋船舶工业、海洋石油天然气业、滨海旅游业等传统海洋产业出现了大幅度的增长。同时，海洋可再生能源产业开始起步，海水淡化产业有了长足的发展。

海洋渔业总产量稳步高速增长。海洋捕捞量逐年增加，但在 2001 年后开始实现零增长。海水养殖产量在 1996 年之前稳步提高，其后开始大幅度增长（见图 2－9）。

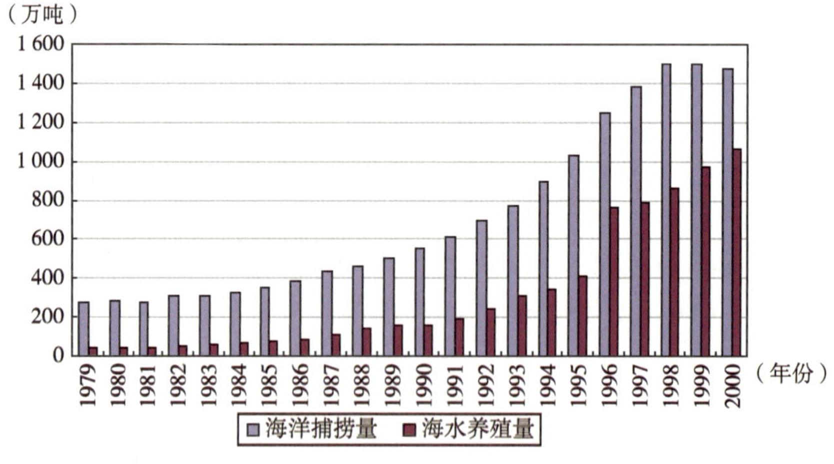

图 2－9　1979～2000 年海洋捕捞量和海水养殖量

资料来源：《中国海洋统计年鉴（1992～2001 年）》，海洋出版社。

海洋交通运输业迅速发展。货运量大幅提高，从 1979 年的 11 113 万吨增长到 2000

年的 53 653 万吨。旅客运量也有所提升，从 1981 年的 1 232 万人增长到 2000 年的 6 380 万人（见图 2－10）。

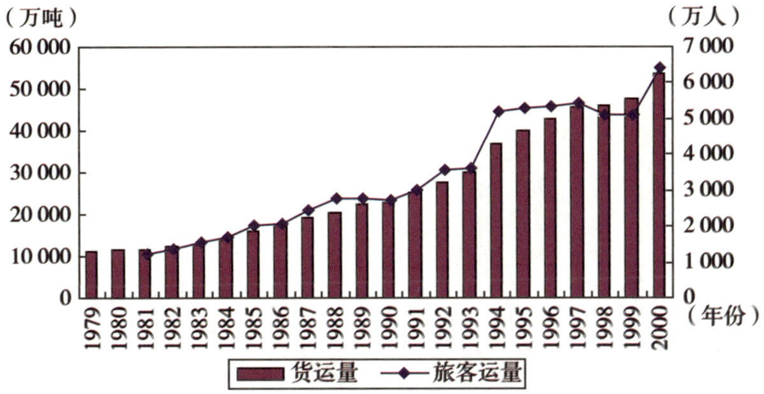

图 2－10　1979～2000 年货运量和旅客运量

资料来源：《中国海洋统计年鉴（1992～2001 年）》，海洋出版社。

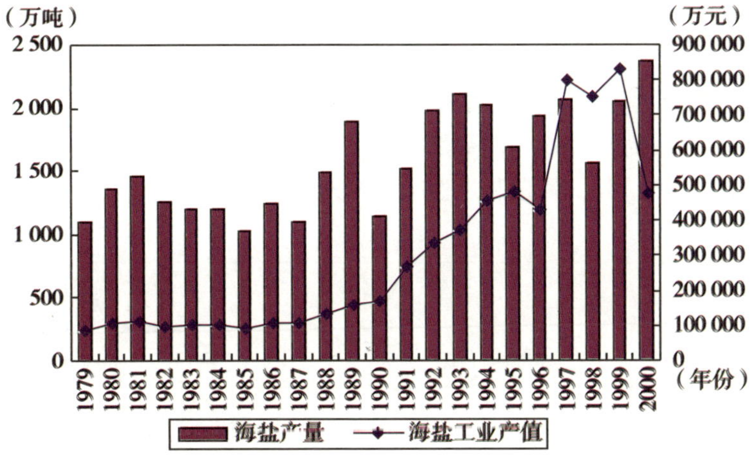

图 2－11　1979～2000 年海盐产量和海盐工业产值

资料来源：《中国海洋统计年鉴（1992～2001 年）》，海洋出版社。

海盐产量不断上升。从 1979 年的 1 100. 2 万吨增长到 2000 年的 2 364. 4 万吨。海盐产值大幅增长，从 1979 年的 84 592 万元增长到 2000 年的 473 540 万元（见图 2－11）。海盐化工中氯化钾从 1979 年的 26 478 吨增长到 2000 年的 35 056 吨。溴产量从 1979 年的 2 368 吨，增加到 2000 年的 55 931 吨。无水硫酸钠从 1979 年的 47 573 吨，增加到2000年的9 297 吨（见图2－12）。

由于国家政策支持，以及国内外需求的拉动，改革开放后海洋油气业进入快速发展轨道（见图2－13）。船舶工业在20世纪90年代中后期发展有所波动（见图2－14）。

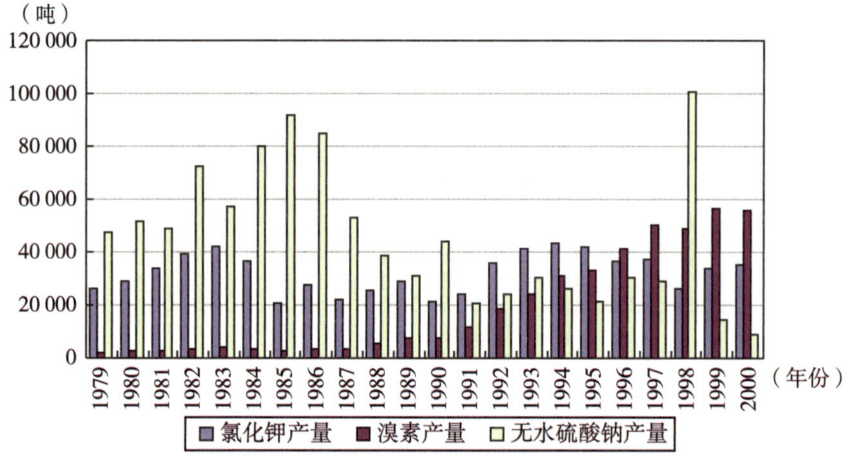

图2－12　1979～2000年海盐化工产量

资料来源：《中国海洋统计年鉴（1992～2001年）》，海洋出版社。

滨海旅游业发展迅速。由于滨海旅游业具有投入少、见效快、无污染、解决就业等优势，在20世纪80年代初期，中国沿海城市纷纷利用滨海旅游资源，开发滨海旅游项目，发展滨海旅游业，滨海旅游业迅速发展（见图2－15）。

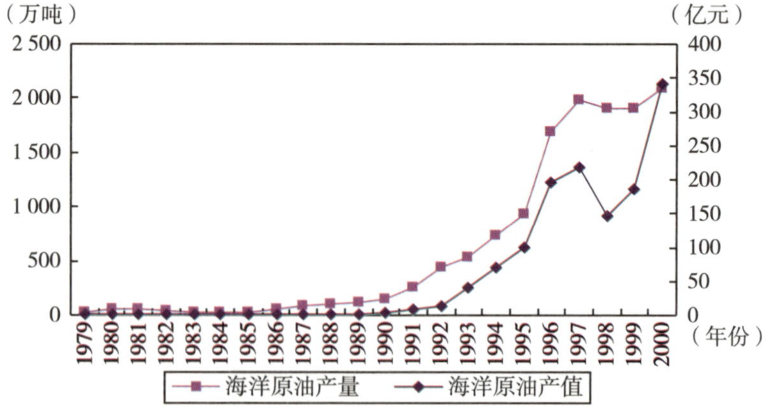

图2－13　1979～2000年海洋原油产量和海洋原油产值

资料来源：《中国海洋统计年鉴（1992～2001年）》，海洋出版社。

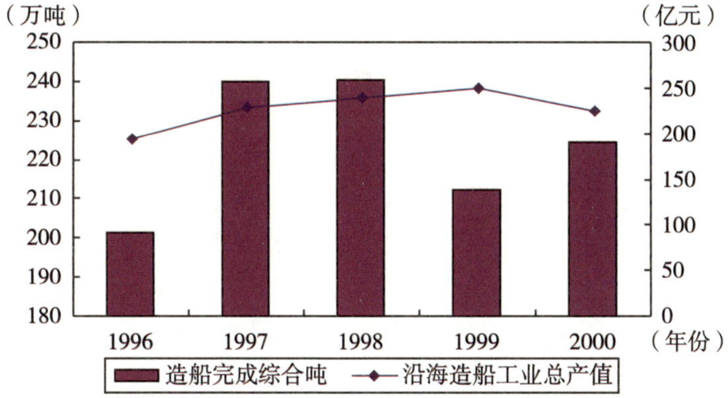

图 2－14　沿海造船完工量和沿海造船工业总产值

资料来源：《中国海洋统计年鉴（1997～2001 年）》，海洋出版社。

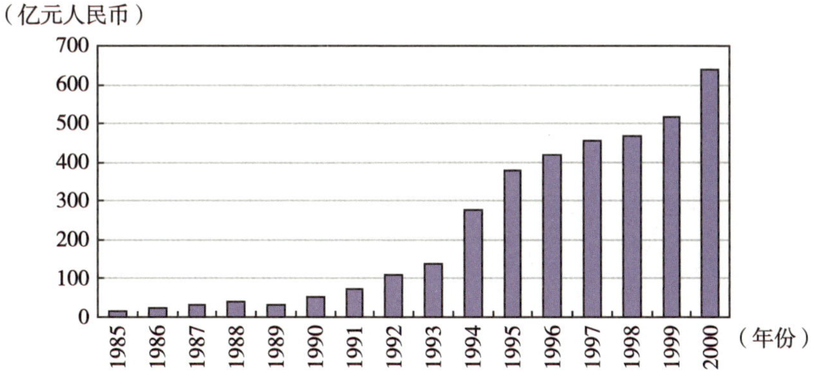

图 2－15　1985～2000 年滨海旅游业外汇收入

资料来源：《中国海洋统计年鉴（1992～2001 年）》，海洋出版社。

海洋新兴产业开始起步发展。1980 年浙江省的江夏潮汐电站第一台机组开始发电，容量 500 千瓦，电站的总规模为 3 200 千瓦，是中国规模最大的潮汐电站。1978 年，中国在浙江舟山海区的水道上曾对 8 千瓦潮流发电机进行了原理性试验。随后，中国又研究建成一座装机 10 千瓦的潮流试验电站。

海水淡化产业取得了长足的进步。西沙永兴岛于 1981 年建成日产 200 立方米的电渗析淡化站并于 1990 年扩建为日产 600 吨。浙江嵊山镇在 1997 年建成日产 500 吨的反渗透海水淡化站。大连长海县在 2000 年建成日产 1 000 吨的海水淡化站[①]。

① 付玉．我国海水淡化产业化发展阶段及特点研究［J］．海洋发展战略研究动态，2009（7）．

四、海洋经济的又好又快发展（2001 年后）

进入 21 世纪，随着科学发展观的树立与实践，海洋经济开始向又好又快的方向转变。人们逐渐认识到海洋资源过度开发带来的后果，越来越关注海洋经济的可持续发展。21 世纪的前 10 年，海洋生产总值年均增长率 16.7%，高于同期国内生产总值增长率。海洋经济第一产业比重下降，海洋第二产业比重增加，战略性新兴产业蓬勃发展。

（一）海洋综合管理体制不断发展

国家海洋行政管理机构综合管理职能增强。进入 21 世纪，随着海洋事业的不断向前发展，国家海洋局的综合管理的职能不断增强。2008 年，国务院批准了国家海洋局新“三定”方案，与 1998 年“三定”方案相比，新“三定”方案对国家海洋局的定位更为明确，最大的亮点是加强海洋战略研究和对海洋事务的综合协调。新“三定”方案将海洋局职责从 7 条增加到 11 条，新增加了海洋经济运行监测、评估及信息发布，海洋领域节能减排和应对气候变化，海岛生态保护和无居民海岛合法使用管理，海水利用和海洋可再生资源的研究、应用与管理，组织实施专项海洋环境安全保障体系的建设和日常运行的管理，在我国管辖海域实施定期维权巡航执法制度等多项重大职能。新“三定”方案规定的国家海洋局加强履行综合协调海洋开发利用的责任，使得中国海洋管理体制向统一方向又迈进了一步。

2013 年国务院机构改革和职能转变方案提出，现国家海洋局及其中国海监、公安部边防海警、农业部中国渔政、海关总署海上缉私警察的队伍和职责，将进行整合，重新组建国家海洋局，由国土资源部管理。设立高层次议事协调机构国家海洋委员会，负责研究制定国家海洋发展战略，统筹协调海洋重大事项。国家海洋委员会的具体工作由国家海洋局承担。国家海洋局的主要职责为拟定海洋发展规划，实施海上维权执法，监督管理海域使用、海洋环境保护等。国家海洋局以中国海警局名义开展海上维权执法，接受公安部业务指导。

沿海地区加快地方海洋行政管理机构改革。沿海 11 个省、市、自治区都已建立海洋与渔业厅（局），负责海洋和渔业的行政管理工作。其中，广西、天津、河北海洋行政管理部门与国土、矿产合并，由省（市）规划局与国土局共同管理。上海海洋局与国家海洋局东海分局实行“一个机构，两块牌子”管理体制。

海洋经济行业管理体制方面也有新发展。2003 年，中国盐业总公司改制成为中盐集团，承担全国盐业专营的生产经营任务。海洋渔业、海洋石油和海洋交通运输业的主管部门仍为农业部、中国海洋石油总公司以及交通部。

（二）海洋经济宏观调控政策不断加强

海洋经济综合规划政策不断加强。2003 年 5 月 19 日，国务院印发了《全国海洋经济发展规划纲要》。这是中国政府为促进海洋经济综合发展而制定的第一个具有宏观指导性的规划。到 2005 年年底，中国沿海 11 个省、直辖市、自治区全部完成了省级海洋经济发展规划的编制工作，并以省委、人民政府文件形式颁布实施。2008 年 9 月，国家海洋局、科技部联合发布了《全国科技兴海规划纲要（2008 ~ 2015 年）》。这是中国首个以科技成果转化和产业化促进海洋经济又好又快发展的规划，是指导未来 5 ~ 10 年中国科技兴海工作的行动指南。进入“十二五”时期，海洋经济的规划管理进一步加强。《国民经济和社会发展第十二个五年规划纲要》首次以专章形式，以海洋经济发展为统领，全面部署了未来 5 ~ 10 年中国海洋事业发展的总体战略。其中，明确提出：坚持陆海统筹，制定和实施海洋发展战略，提高海洋开发、控制、综合管理能力。

2012 年 9 月，国务院批准实施《全国海洋经济发展“十二五”规划》、2013 年国务院批准实施了《国家海洋事业发展“十二五”规划》，为“十二五”海洋经济发展指明方向。

海域使用管理纳入法制化和规范化轨道。2001 年 10 月《中华人民共和国海域使用管理法》（下称《海域法》）颁布。《海域法》规定，海域属于国家所有，国务院代表国家行使海域所有权。国家实行海洋功能区划制度。海域使用必须符合海洋功能区划，国家实行海域有偿使用制度，单位和个人使用海域，应当按照国务院的规定缴纳海域使用金。《海域法》的颁布实施是强化海洋综合管理的关键措施，是推进中国海洋综合管理法制化的显著标志，为中国海洋经济的科学规范发展创造了良好的有利条件。2002 年 9 月国家海洋局发布了《全国海洋功能区划》，这是中国实施的第一部全国性海洋功能区划，是规范管辖海域开发利用和保护活动的重要科学依据。2012 年 4 月国务院正式批准了《全国海洋功能区划（2011 - 2020）》，新一轮海洋功能区划的实施，使得海域使用走向更加规范化的道路，促进了海洋经济的可持续发展。

海洋经济行业管理政策不断完善。海洋渔业主要围绕渔业资源保护出台政策，具体主要是加强了渔船管理、制定渔民转产转业的相关制度。2001 年 1 月，农业部下发了《关于实施清理、取缔“三无”船舶通告有关事项的通知》，要求各地渔业部门整顿

“三无”和“三证不齐”渔船，全面加强渔船管理。2002 年 6 月国务院对沿海渔民转产转业政策做出重要决定。2002 年 8 月，财政部办公厅、农业部办公厅联合颁发《海洋捕捞渔民转产转业转向资金使用管理暂行规定》。在海洋交通运输业方面，2002 年 1 月《中华人民共和国国际海运条例》施行。2004 年 1 月《中华人民共和国港口法》开始实施。在其他海洋资源管理方面，管理政策措施也相继出台。2003 年 7 月《无居民海岛保护与利用管理规定》正式实施。2005 年 8 月国家发改委、国家海洋局、财政部正式颁布实施《海水利用专项规划》。进入“十二五”，促进海洋产业发展的专项规划陆续出台。2011 年 9 月，国家发改委、科技部、工业和信息化部和国家能源局四部委下发《海洋工程装备产业创新发展战略（2011 ~ 2020 年)》，这是高端装备制造中的第一个战略性新兴产业中长期规划。2012 年 2 月，工信部等部委发布《海洋工程装备制造业中长期发展规划（2011 ~ 2020 年)》。2012 年 9 月 25 日，国家海洋局印发了《关于促进海水淡化产业发展的意见》。2012 年 2 月 13 日，国家海洋局发布《国际海域资源调查与开发“十二五”规划》，对我国大洋工作和深海科技发展进行了部署和谋划。

（三）海洋科技飞速发展亮点频出

中国海洋科技飞速发展，海洋科技实力显著增强，在部分领域达到国际先进水平，获国家奖励成果、论文和专利数量明显提高，海洋科技创新条件和环境明显改善①。

海洋调查观测能力显著增强。中国海洋调查正向世界先进行列迈进，调查范围已从海岸带、近海拓展到三大洋和南、北极海域。初步摸清了中国近海海洋环境变化状况，构建了中国“数字海洋”基础信息框架；在中国南海北部海域成功钻探获取天然气水合物实物样品，证实了南海海域具有巨大的天然气水合物资源远景；开展了中国首次大洋环球考察，共发现 17 处新的海底热液活动区，占全世界发现海底热液活动区的近 1/10，国际海底资源调查技术体系初步形成；广泛参与了“国际大洋探索计划（IO-DP)”航次调查和科学研究工作，主持开展了南海海域的调查航次；完成了人类首次从地面到达南极冰盖最高点的科考活动，建立了南极地区海拔最高的昆仑站；在中国第四次北极科学考察中，首次实现抵达北极点。海洋观测能力显著提高，成功发射了海洋 1B 卫星，投入使用了高频地波雷达、海底观测设备、Argo 浮标等，开始走向从空中、海面、水层到海底的立体综合观测阶段。

---

① 参考《国家“十二五”海洋科学和技术发展规划纲要》，国家海洋局、科技部、教育部和国家自然科学基金委等 2011 年 9 月 17 日联合发布。

海洋科学研究水平稳步提高。围绕海洋环境、海洋资源和生态及全球气候变化等热点问题，取得一系列具有世界水平的研究成果。提出了海浪－环流耦合理论和数值计算模型；构建了我国近海生态系统动力学理论体系、中国边缘海形成演化理论的基本框架；揭示了东海大规模赤潮潜在危害性及危害机理，提出了宏观调控措施和治理技术；建立了鱼虾贝抗病力和免疫遗传特性的理论基础，完成了牡蛎、半滑舌鳎全基因组测序和遗传图谱绘制；揭示了冰穹 A 是南极冰盖的起源地及其早期演化过程和气候历史情景；发现了大洋碳储库的长期性，证明了热带驱动和碳循环对古气候演变的重要性；海洋初级生产力结构及微型生物生态学研究取得重要进展。

海洋技术创新取得新突破。围绕提高近海资源利用水平和深海战略性资源的储备，研发了一批重大技术和装备，促进了中国海洋技术从近浅海向深远海的战略性转移。自行设计、自主集成研制的“蛟龙号”深海载人潜水器完成 7 000 米级海试。一批近海、深水油气田和大洋海底固体矿产资源勘探开发关键技术与重大装备已投入应用，3 000 米半潜式钻井平台等大型海洋工程装备研制取得突破；攻克了一批海洋药物、生物制品研究开发以及水产品加工与质量安全控制关键技术，海洋生物功能基因研究进入世界先进行列；初步构建起海水直接利用—淡化—化学资源利用的产业链技术体系；潮汐能、波浪能发电技术开始示范运行，海上风能发电技术实现商业化应用；研发了一批海洋环境实时监测仪器和系统，初步形成了专属经济区及西太平洋海洋环境立体综合监测与监控的技术能力；海洋环境预报范围初步实现从近海、西北太平洋向全球和重要海上通道的拓展，精细化海洋灾害预警报技术、海上突发事故应急预报技术和海洋灾害风险评估技术得到示范应用。“十一五”共发布海洋国家标准和行业标准 86 项，专利申请比“十五”增加了 47.3%，专利授权增加了 70.9%。

海洋科技能力建设跃上新台阶。海洋科技投入显著增加，极大地提高了海洋科技创新的软硬件水平。启动了国家深海基地建设工作，新增 6 个国家重点实验室，形成覆盖 9 个学科领域的国家（重点）实验室网络；海洋科学与技术国家实验室建设得以推进；新增国家工程技术中心 3 个、国家野外科学观测研究台站 4 个、涉海部委重点实验室 16 个、海洋科学考察和调查船 4 艘；大型科研设备装备全面更新升级。

海洋科技支撑经济发展能力显著提高。海洋科技与经济结合日趋紧密，初步建成产学研紧密结合的全国科技兴海技术支撑体系框架。沿海地区纷纷发布本地区的科技兴海发展规划，国家、地方和企业形成了科技合力，建设了一批国家和地区的科技兴海示范基地，实施了一批示范工程，壮大了一批海洋龙头企业，培植了一批海洋中小型高科技企业和海洋战略性新兴产业技术创新联盟。海洋科技成果的转化与产业化步伐明显加快，海洋科技对海洋经济的贡献率达到 54.5%。海洋高技术产业在海洋经济中所占比重逐年增加，加快了传统产业的升级改造，促进了海洋高端船舶装备制造、海洋石油勘探和海洋医药等核心技术的突破；保持了海洋战略性新兴产业快速培育和发展的势头，产值年均增速达20%以上，带动就业数十万人。海洋科技对海洋开发、海洋保护和海洋管理的支撑服务能力显著提升。

（四）海洋生态环境保护工作得以加强

21世纪以来，随着沿海地区经济高速发展，陆源污染和海洋资源的开发活动成为影响中国海洋生态环境质量的主要因素。中国高度重视海洋环境保护，尤其在海洋保护区建设、海洋灾害、海洋生态保护、海岛保护等领域加强了保护管理力度。

中国2000年起施行新修订的《中华人民共和国海洋环境保护法》。随后，沿海省、直辖市、自治区先后制定并颁布了针对省辖海域的海洋环境保护条例或办法。2012年10月，国家海洋局印发了《关于建立渤海海洋生态红线制度的若干意见》。

在海洋保护区方面，国家海洋局于2005年颁布实施《海洋特别保护区管理办法》，2010年进行了修订。新《海洋特别保护区管理办法》根据地理区位、资源环境状况、海洋开发利用现状和社会经济发展的需要，将海洋特别保护区分为海洋特殊地理条件保护区、海洋生态保护区、海洋公园和海洋资源保护区四类。截至2011年底，中国共建立了各级各类海洋自然保护区200多个。2011年5月，中国设立了首批7处国家级海洋公园。

在海洋灾害管理方面，加强了应急管理。国家海洋局分别于2004年和2006年制定颁布了《海洋石油勘探开发溢油事故应急预案》和《海上石油勘探开发溢油应急响应执行程序》。2009年国家海洋局制定颁布了《赤潮灾害应急预案》及《风暴潮、海浪、海啸和海冰灾害应急预案》。

在海洋生态保护方面，渔业水域生态修复已是各沿海省市一项常态工作。沿海各地海洋渔业管理部门每年都进行增殖放流，并不定期投放人工鱼礁。山东等省市每年从省财政拨付专款用于人工鱼礁建设，河北省专门制定了《河北省水产局人工鱼礁管理办法》，广东等省市则将人工鱼礁建设作为重要内容写入海洋环境保护规划中。

海岛保护得到中央和地方各级政府的高度重视。2009年12月《中华人民共和国海岛保护法》颁布实施，2012年4月国家海洋局正式公布实施《全国海岛保护规划》。山东、江苏、浙江、福建等省都编制了本地区的海岛保护规划，对本省的海岛保护做出了安排。

海洋生态文明建设得到重视。2012年9月，国家海洋局印发《海洋生态文明示范区建设管理暂行办法》（国海发 2012［44］号）。《暂行办法》是根据党中央、国务院关于生态文明建设的总体部署，为推进海洋生态文明建设，规范海洋生态文明示范区建设工作而制定的，适用于国家级海洋生态文明示范区的申报、建设、考核、验收和管理。2013 年 2 月，国家海洋局向沿海各省、自治区、直辖市及计划单列市人民政府办公厅下发《关于开展“海洋生态文明示范区”建设工作的意见》（国海发 2012［3］号），明确了海洋生态文明示范区建设的指导思想、基本原则和总体目标：坚持生态文明理念，引导沿海地区正确处理经济发展与海洋生态环境保护的关系，推动沿海地区发展方式的转变和海洋生态文明建设。坚持“统筹兼顾，科学引领、以人为本、公众参与、先行先试”原则，力争到“十二五”末建成 10 个 ~15 个国家级海洋生态文明示范区。该意见明确了海洋生态文明示范区建设的 4 项主要任务，即优化沿海地区产业结构，转变发展方式；加强污染物入海排放管控，改善海洋环境质量；强化海洋生态保护与建设，维护海洋生态安全；培育海洋生态文明意识，树立海洋生态文明理念。根据《关于开展“海洋生态文明示范区”建设工作的意见》、《海洋生态文明示范区建设管理暂行办法》等文件要求，国家海洋局确定首批 12 个国家及海洋生态文明建设示范区，包括：山东省的威海市、日照市、长岛县；浙江省的象山县、玉环县、洞头县；福建省的厦门市、晋江市、东山县；广东省：珠海横琴新区、徐闻县、南澳县。

（五）主要海洋产业持续快速增长

从 2000 年开始，进入海洋经济统计范围的主要海洋产业由 7 个扩大到 12 个。新增 5 个新兴产业：海洋化工、海洋生物医药、海洋电力、海水利用、海洋工程建筑。2000 ~2011 年，中国各主要海洋产业总体呈持续增长态势。

1. 海洋传统产业平稳快速增长

2000 ~2011 年期间，海洋渔业、海洋船舶工业、海洋油气业、海洋盐业等海洋传统产业的增加值占海洋产业增加值的比重在 30% 以上。

海洋渔业总体保持平稳发展。2012 年，海洋渔业实现增加值 3 652 亿元，与 2000 年相比，年均增长 7.66%。养殖产量连续 11 年超过捕捞产量，连续 20 年居世界首位，占世界总产量的 70%，占全国农业总产值的 10.5%。

海洋盐业生产量始终居世界第一位。由于国内工业盐需求低迷，中国海盐产量增长缓慢，但产量近 10 年来始终保持世界第一位。2012 年，中国海盐全年实现增加值 74 亿元，与 2000 年相比年均增长 9.38%。

海洋船舶工业成就斐然。2007 年中国造船完工量占世界市场份额达 23%，首次超过 20%，造船完工量超过日本。目前，中国船舶工业牢牢占据世界主流船舶市场。尽管海洋船舶工业受 2008 年国际金融危机影响，新接订单量较往年有所减少，但总体仍保持较快增长。2012 年实现增加值 1 331 亿元，与 2000 年相比年均增长 27.49%。

海洋油气业取得重大进展。在努力提高勘探和开采能力方针指导下，中国近海油气勘探中取得重大进展。2000～2011 年，中国每年勘探获得近 20 个商业及潜在商业发现。全海域地质研究工作取得的勘探实践和地质研究成果表明，我国全海域从浅层到深层、从浅水到深水都有巨大的资源潜力。10 多年中，除 2008 年受国际油价大幅波动影响，海洋油气业有所回落，总体保持快速增长。2012 年，中海洋油气业实现增加值 1 570 亿元，与 2000 年相比年均增长 16.17%。

2. 海洋新兴产业呈现良好发展势头

海水利用业实现产业化。海水利用实现了重大技术突破，经济成本下降。在海水循环冷却技术方面，成功实施了电力或化工行业万吨级海水循环冷却技术工程示范，实现了以海水代替淡水作为工业循环冷却水并降低运行成本 50%，并且比海水直流冷却减少温排水 95%。在海水淡化方面，反渗透法、蒸馏法等主流海水淡化关键技术均取得重大突破，完成了具有自主知识产权的 3 000 立方米/日低温多效海水淡化工程和 5 000 立方米/日反渗透海水淡化工程。目前，我国海水利用技术已基本成熟，具备产业化发展的条件。

海洋生物医药业发展迅速。已有 7 个海洋药物获国家批准生产，另外，省级批准的海洋药物约有 15 个，全国生产海洋药物的企业有 20 多家。海洋药物研究发展迅速，已知药用海洋生物约有 1 000 种，分离得到天然产物数百个，制成单方药物 20 多种，复方中成药近 200 种，持有卫“健”字文号并投产的海洋保健食品超过 300 种。2011 年，海洋生物医药业增加值 172 亿元，与 2005 年相比年均增长 19.49%。

海洋电力业成长较快，其中海上风力发电发展迅速，已有突破性进展，海上风力发电成为未来发展的重点。2007 年国内首个经国家发改委核准的海上风电场——上海东海大桥 10 万海上风电场项目开工建设，2009 年建成投产。目前，中国已经拥有沿海风力发电场近 20 个，并网发电的主要有南澳风力发电场、大连横山风电场、山东长岛风电场等。

3. 海洋服务业总体保持快速增长

海洋交通运输业总体保持快速发展，但由于 2008 年受金融危机影响，增速放缓。

2012 年海洋交通运输业实现增加值 4 802 亿元，与 2000 年相比，海洋交通运输业增加值年均增长 23.08%。

滨海旅游业呈现强劲增长势头，旅游市场持续扩大。2012 年，中国滨海旅游业实现增加值 6 972 亿元，与 2000 年相比，年均增长 28.30%。除了 2008 年，受南方雨雪冰冻灾害及国际金融危机等影响，滨海旅游业发展与上年保持基本持平外，其他年份都保持强劲增长势头。

4. 地方海洋经济发展各具优势和特色

进入 21 世纪，中国沿海省市充分利用本地区优势海洋资源，海洋经济规模不断扩大。沿海地区海洋经济总量增长迅速，绝大多数沿海地区海洋生产总值年均增速在 10% 以上。山东、广东、上海、浙江、江苏、天津成为劳动海洋经济增长的主要地区。2010 年，6 个省的海洋生产总值占全国海洋生产总值的比重超过 85%。各沿海地区海洋经济发展中都形成了自身的优势海洋产业。沿海地区海洋产业辐射关联效应显著，通过辐射和关联效应，沿海地区海洋产业链不断延伸，海洋相关产业迅速发展。

辽宁省沿海经济带开发战略得以进一步强化推进。2009 年国务院通过《辽宁沿海经济带发展规划》，其中确定了辽宁“五点一线”沿海经济带发展战略。《辽宁海洋经济发展“十二五”规划》进一步确定了辽宁海洋经济围绕沿海“五点一线”发展的战略。辽宁海洋经济发展带的不断推进，不仅将为海洋经济的发展开辟出更为广阔的空间，而且必将为老工业基地的振兴以及全省经济社会又好又快发展起到重要的推动与支撑作用。

河北省以沧州海洋化工业、唐山临港重化工业、秦皇岛滨海旅游为主导特点的区域海洋经济布局已逐步形成。曹妃甸新区作为环渤海重要核心发展区，以“打造国际一流、国内领先的海水综合利用示范基地，海水利用循环经济产业示范区，建设世界级重化工基地”为定位，将进一步增强河北省海洋经济在全国的竞争力。

天津市海洋经济对地区经济发展贡献显著。“十一五”期间，天津市海洋生产总值占地区生产总值的比重均达到 30% 以上，明显高于其他沿海省（自治区、直辖市）。天津市的海洋油气业在国内具有领先优势。2010 年，天津市海洋原油产量 2 916.46 万吨，居全国沿海地区首位。

山东海洋经济总量在全国名列前茅。2010 年，山东省海洋生产总值 7 074.5 亿元，仅次于广东省。山东省的海洋渔业、海洋盐业、海洋化工业居全国领先地位。2010 年山东省的海水养殖产量 396.3 万吨、海盐产量 2 273.05 万吨、海洋化工产品产量 634.9 万吨，都居沿海地区第一位。山东省海洋生物医药技术领先，中国海洋大学的“海洋特征寡糖的制备技术与应用开发”获得2009年度国家技术发明一等奖，该技术为中国海洋制药业的兴起与发展奠定了坚实的基础。

江苏省海洋船舶工业、海洋风电站突飞猛进。2010年，江苏省造船完工量2 300万综合吨，占全国市场份额的35.1%，稳居全国榜首。截至2010年年底，海洋风能发电装机总容量达150万千瓦，年发电量达25.5亿千瓦时，风力发电机、高速齿轮箱等关键部件产量约占全国的50%。

上海市的海洋船舶工业和交通运输业在全国领先。上海完成全国年造船完工量和货运量的1/4，完成全国集装箱运量的60%，吞吐量的25%左右。

浙江省海洋捕捞、海洋矿业、滨海旅游在国内领先。2010年，浙江省海洋捕捞产量282万吨、海洋矿业产量4 001.53万吨、沿海城市国内旅游人数16 879万人次，在全国沿海地区中均居第一位。海洋交通运输业发达，宁波—舟山港跻身全球第二大综合港、第八大集装箱港。海水淡化运行规模9.35万吨/日，居全国首位。

福建省海岸线总长3 324千米，居全国第二位。沿海面积大于500平方米的岛屿1 546个，居全国第二位。海洋资源丰富，拥有“渔、港、景、油、能”五大优势资源，发展潜力巨大。2010年，福建省海洋生产总值3 680亿元，在全国居第四位。

广东省海洋经济总量保持全国领先，2010年广东省实现海洋生产总值8 291亿元，占全省生产总值的18%，占全国海洋生产总值的21.6%，连续16年居全国首位。广东省在海洋天然气、海洋交通运输业等多个产业领域处于国内优势地位。2010年，广东省海洋天然气产量61.24亿立方米、沿海港口货物吞吐量10.53亿吨、旅客吞吐量2 109万人次，在全国沿海地区处于首位。

广西海洋资源丰富，海洋生态环境良好，海洋经济发展潜力巨大。广西的港口资源、旅游资源、滩涂资源和海洋生物资源等有很大的开发潜力。此外，广西拥有国内少有的能达到一类海水质量标准的近海海域。

海南省是中国海洋面积最大的省份，授权管辖海域总面积达到200万平方千米。海洋资源丰富，海洋生态环境优良。海南“国际旅游岛”上升为国家战略以来，充分发挥区位、生态和热带岛屿的优势，滨海旅游业发展较快。滨海旅游由过去单一的观光旅游向游艇、海钓等海滩休闲、水上运动旅游等多元化旅游模式转变，接待游客人数和旅游收入均有大幅提高。

第三章　海洋经济发展的形势分析

进入21世纪，在适应国情的海洋政策指引下，中国海洋经济取得了令人瞩目的发展成就。进入“十二五”时期，中国海洋经济面临着新的发展形势。党和国家的高度重视、国内海洋科技水平的提升、国内社会环境的不断向好以及海洋经济发展已具有相当规模等都为新时期中国海洋经济创造了有利的发展条件。因此，积极借鉴国外海洋经济发展的先进经验，并正确地认识当前中国海洋经济发展面临的国内外形势成为科学制定海洋经济发展政策的重要前提。

一、世界海洋经济发展的特点和趋势

进入21世纪，世界主要沿海国家纷纷建立或加强海洋综合管理机构，制定和实施法律、法规规范本国的海洋经济发展，将发展海洋经济作为国家的长期发展战略。在国家海洋战略和规划的推动下，沿海国家海洋经济呈现以下特点和趋势。

（一）政府统筹协调海洋产业发展

美国政府设立由总统直接领导的国家海洋委员会。进入21世纪，美国政府为了提高海洋经济的竞争力，出台了一系列新政策，采取了一系列新行动。2003年和2004年，皮尤海洋委员会和美国国会海洋政策委员会先后公布《规划美国海洋事业的航程》和《21世纪海洋蓝图》两份国家政策报告。报告中向美国政府提出了200多项建议，以加强从联邦政府到沿海各州、地方各级政府、产业和利益集团之间的统筹协调，为海洋经济发展创造一个清洁、安全和可持续的良好海洋环境。2004 年，美国公布《美国海洋行动计划》，其中围绕 6 个主题领域，计划实施 88 个行动，其中确定要求“加强海洋工作的领导和合作”、“支撑海洋运输”、“管理海岸带及其水域”等方面的行动。2010 年 7 月，美国公布了新的《国家海洋政策》，其中提出对美国的沿海及海洋进行综合的空间规划管理①，目的是通过一种广泛的、具有适应性和综合性的、以生态系统为基础的、透明的空间规划管理过程，确认不同形式或不同类型开发活动的最适宜开展的区域，提高多样化开发利用活动的兼容性，减少矛盾冲突，减轻人类开发活动对海洋生态系统的负面影响，保护和保全海洋生态系统的服务功能和自然恢复力，实现经济、环境安全和社会目标。

日本 2006 年 12 月制定了《海洋政策大纲——寻求新的海洋立国》，于 2007 年 4 月通过了《海洋基本法》。根据《海洋基本法》规定设立的综合政策本部，是综合、全面处理海洋事务的专职机构。《海洋基本法》指出了日本今后应重点处理的 12 个领域的海洋问题：推进资源的开发与利用，保护海洋环境，推进专属经济区内资源开发活动，确保海上运输竞争力，确保海洋安全，推进海洋调查，研发海洋科技，振兴海洋产业与强化国际竞争力，实施沿海岸综合管理，有效利用与保护离开陆地的岛屿。日本内阁于 2008 年 3 月 8 日通过了《海洋基本计划》，特别指出了针对海洋领域的具体政策和措施。

英国政府于 2011 年 9 月发布了《英国海洋产业增长战略》，该报告明确提出了未来重点发展的四大海洋产业是海洋休闲产业、装备产业、商贸产业和海洋可再生能源产业。到 2020 年，英国海洋产业增长的战略目标是：在高科技产品、集成系统、全球范围内的服务和高附加值等方面引领全球，并为英国的经济、环境和社会福祉做出贡献；海洋装备产业出口高技术集成系统和一流海洋装备；海洋商贸产业引领全球市场；海洋休闲产业为全球快速增长的中产阶级提供质量和信誉俱佳的休闲服务；近岸海洋可再生能源产业实现对英国能源供应的保障。

澳大利亚成立了国家海洋部长委员会，主要由澳大利亚联邦政府涉海部门的首脑组成，其职责主要就国家海洋管理问题进行建设性研究。1998 年，澳大利亚成立了国家海洋办公室，作为国家海洋部长委员会的办事机构，负责实施海洋规划，协调各涉海部门的矛盾，加强对海洋开发的统一领导。

---

① Interim Framework for Effective Coastal and Marine Spatial Planning president obama's Ocean Policy Task Force, on Devember 14. 2009.

（二）增加投入促进海洋高技术产业化

发达海洋国家在海洋科技领域投入巨额资金，且每年以4%左右的速度增加，促进海洋高技术产业化。

美国在2000年8月通过的《2000年海洋法》中第九章阐述了强有力的经费保障是实施新的国家海洋政策的关键，而财政拨款是海洋经济的重要经费来源。美国每年投入海洋开发上的预算为500亿美元以上①。2004年，美国计划建立“海洋政策信托基金”，加大资金投入，基金每年有50亿美元资金，其中30亿美元将用于联邦海洋资源保护政策制定及实施的项目，10亿美元用于各州有关海洋资源保护政策的项目，10亿美元用于土地和水资源保护，以及历史遗产的保护。美国政府还通过稳定经费及实行永久性的研究开发减免税的办法加强各大学的科研能力。为了支持海洋研究产生更多的创新成果，在《21世纪海洋蓝图》政策报告中明确建议：美国海洋研究经费应从目前占联邦科研经费总预算的不足3.5%，提高到7%，海洋基础研究经费投入至少提高1倍，达到每年15亿美元。以后视国家经济实力，逐年增加。

20世纪90年代，日本政府用于海洋方面的总投资占国民生产总值的0.35%以上，海洋开发研究经费年均增长率达到3.2%；1991~2000年的年均增长率高达7.8%。进入21世纪以来，海洋开发研究经费呈逐年增长趋势。日本每年仅用于海洋生物技术研究院和海洋科学技术中心的海洋药物开发研究经费就达1亿多美元②。

2007年10月10日欧盟通过了《欧洲海洋综合政策》及《行动计划》，指出“加大对海洋研究与技术的投入。发展能在保护环境的同时又能促进海洋产业繁荣的环境友好型技术，使欧洲的海洋产业，例如，蓝色生物技术产业、海洋可再生能源产业、水下技术与装备产业以及海洋水产养殖业等迈入世界先进行列”。

2008年6月，英国自然环境研究委员会（NERC）发布了《2025年海洋科技计划》③。英国自然环境研究委员会（NERC）将在2007~2012年向该计划提供大约1.2亿英镑的科研经费。该计划中的“海洋基金提案”将允许英国各大学及其合作伙伴申请经费。

加拿大政府加强海洋科技开发的预算分配，2003年拨款近8亿加元（1美元约合

① 李莉，周广颖，司徒毕然．美国、日本金融支持循环海洋经济发展的成功经验和借鉴［J］．生态经济，2009（2）：88-91．

② 我国海洋生物医药产业还需加快发展步伐［N］．中国海洋报，2005-2-28．

③ 宋国明．英国海洋资源与产业管理［J］．国土资源报，2010（4）．

1.36 加元），作为海洋科技开发经费。

（三）普及海洋教育和海洋知识

美国以“教育是未来的基础”为口号，推进海洋基础教育。《美国海洋行动计划》提出将“促进海洋的终生教育”作为美国21世纪国民海洋意识建设的重要政策。美国在海洋政策中用了较大篇幅阐述了海洋教育对加强全国海洋意识的重要性，主张加大高等海洋教育和中小学海洋教育投入，呼吁联邦政府涉海机构加大对海洋教育的投资和重视。

日本在2008年实施的《海洋基本计划》中提出，为了有效地实施协调发展的海洋政策，在加大海洋人才培养力度的同时，提高市民对海洋科学的关心度也非常必要。应以学校教育为主，通过各种场合，加强对海洋管理及利用的宣传，提高全体国民的海洋意识及海洋知识，加深对海洋的理解。

（四）大力发展循环海洋经济

美国是最早开展海洋循环经济相关理论和方法研究的国家之一。早在2000年8月美国就已通过了《2000年海洋法》，在该法律的第九部分中，阐述了强有力的经费保障是实施新的国家海洋政策的关键，而财政拨款是海洋经济和海洋循环经济发展的重要经费来源。

日本的《循环型社会形成推进基本法》对循环经济发展中必要的财政措施做出了相应规定。2004年，日本政府投入环境保护总经费为2.58万亿日元，虽然比上年预算减少了6%，但用于推进海洋资源、海洋能源循环利用的经费有增无减，达到4 130亿日元，比上年增长3.3%。日本政府对用于海洋循环经济发展的支持拨款主要用于两个用途：一方面，加大拨款来大力推进那些与物质形态变化、化石燃料枯竭、信息共享化等相适应的海洋空间利用，并开发只有在深水和有冰海域才存在的石油和天然气，推进风力发电等无污染自然资源的利用以及废弃物能源的回收和利用等。另一方面，利用财政拨款充实、强化和完善海洋监测系统，以便进一步加强海洋环境保护和海洋循环经济的发展。

（五）建立海洋综合管理制度

21世纪海洋管理的范围由近海扩展到远洋，由一国管理扩展到全球合作。管理内容由各种开发利用活动扩展到自然生态系统保护。管理方式在强调利用法律手段的同时，更多地使用经济培训和宣传教育手段。2006 年 3 月，在联合国秘书长所作的 2005 年度海洋和海洋法的年度报告中，阐述了基于生态系统的海洋开发方式，并呼吁各国尽快创造条件实施基于生态循环经济系统的海洋开发模式。基于生态系统的海洋循环经济是未来的发展大趋势，是海洋开发的理想模式。根据 2006 年“海洋、海岸与岛屿全球会议”统计，全世界约有 100 个沿海国制定了海洋综合管理计划并实施了海洋综合管理。沿海国海洋综合管理主要特征包括建立海洋综合管理机构、完善海洋领域的法律法规以及统一海上执法力量等。

沿海发达国家纷纷建立综合海洋管理机构。如美国在 2000 年成立了“海洋政策委员会”。2004 年在环境质量委员会设立（内阁）海洋政策委员会。俄罗斯于 2004 年成立了由政府总理、国防部长及各涉海部门高级官员组成的海洋委员会，该委员会的设立可以充分协调各部门对海洋资源、海洋战略、海洋军事、海洋国防、海洋外交和海洋交通等领域的有效管理。加拿大在 20 世纪 90 年代初确立了渔业和海洋部作为管理和协调全国海洋事务的主管部门，统一负责全国的海洋管理工作。

沿海国高度重视海洋立法及规划的制定。美国制定的海洋领域法律法规多于世界任何国家。1972 年颁布的《海岸带管理法》是世界上第一部综合性海岸带法。2000 年通过了《海洋法》，为美国在 21 世纪出台的新海洋政策奠定法律基础。2008 年通过了《近海与海洋综合观测法》。美国进入 21 世纪颁布多部综合海洋管理方面的规划，如 2002 年颁布的《海岸警备队国土安全战略》，2003 年颁布的《2003 ~ 2008 年战略计划》，2006 年提交了《让海洋更绚丽——海洋政策改革优先计划》，2008 年制定了《海洋与大气局战略计划》（2009 ~ 2014 年），2009 年制定了《有效海洋空间规划框架》。日本与海洋开发有关的法律达 107 部，包括《领海法》、《专属经济区》、《海洋水产资源开发促进法》等。澳大利亚重视海洋法制建设工作，其领海、大陆架、专属经济区等基本法律均已建立，此外，对海洋开发活动制定的法律包括有水下土地法、海洋保护法、海岸带管理法、大陆架法等。

统一海上执法机构。美国建有统一海洋执法队伍，海上执法主要由海岸警备队负责，海上执法非常严格。加拿大建有统一的海上执法机构——海岸警备队，由海洋与渔业部领导和管理，主要负责海上交通安全与通信保障、搜寻和救助、海上溢油的应急处理和船队的管理。

二、海洋经济发展的宏观政策环境

21 世纪的前 10 年是党中央、国务院高度重视海洋事业的 10 年，在此期间，中国的海洋发展战略、规划、法制建设等均被提升到前所未有的高度。经过 10 多年的努力，中国海洋战略研究稳步开展，海洋规划体系初步形成，海洋法律法规体系逐步完善，为海洋经济的快速发展奠定了基础、指明了方向、创造了良好的发展环境和条件。

（一）党和国家高度重视海洋经济发展

自党的十六大明确提出实施海洋开发战略以来，海洋经济发展已成为党和国家关注的重要问题，海洋经济已经摆到党和国家的重要议事日程。近年来，党和国家领导人先后就海洋经济发展做出过一系列重要的批示。

2012 年 3 月 6 日，习近平同志到浙江代表团驻地看望两会代表时指出，要从战略高度大力发展海洋经济，加快浙江海洋经济发展示范区和舟山群岛新区建设。要深化“山海协作工程”，加快形成山区与平原、欠发达地区与发达地区经济社会协调发展的发展格局。

2009 年 4 月，胡锦涛同志视察山东时强调指出：“要大力发展海洋经济，科学开发海洋资源，培育海洋优势产业，打造山东半岛蓝色经济区”。2009 年 10 月，再次视察山东时他强调要建设好山东半岛蓝色经济区。2011 年 8 月 15 日，胡锦涛总书记在视察广东工作时做出了“要按照国家批准的《广东海洋经济综合试验区发展规划》，合理开发利用海洋资源，努力打造海洋经济强省”的重要指示。

2012 年 6 月 11 日，胡锦涛同志在中国科学院第十六次院士大会、中国工程院第十一次院士大会上发表重要讲话。他要求，“发展海洋战略高技术，提高我国海洋经济水平，保护海洋航运安全，开发深海资源”。

2012 年 6 月 24 日，李克强同志庆祝蛟龙号载人潜水器成功突破 7000 米的贺信中指出：“蛟龙号载人潜水器成功到达 7000 米水深，实现了深海技术发展的新突破和重大跨越，这标志着我国海底载人科学研究和资源勘探能力达到国际领先水平，意义十分重大，谨向参加蛟龙号研制和海试的所有人员，表示热烈祝贺和诚挚问候。希望你们再接再厉，严谨求实，拼搏奉献，圆满完成各项海试任务，为我国建设海洋强国和创新型国家不断做出新贡献。”

2012年4月5日，温家宝同志在福建考察时指出：中国既是一个陆地大国，也是一个海洋大国，在海洋上有广泛的战略利益，历史上也拥有过优秀灿烂的海洋文明。但是海洋的现状令人十分担忧。我国国民的海洋意识不够强，海洋经济发展相对滞后，海洋生态环境、海洋权益保护、海域管理等都面临着严峻的挑战。纵观古今中外的历史，我深切感到，疏远海洋的民族往往会走向封闭和落后。中国历史上实行过海禁政策和闭关锁国政策，这是我们落后的重要原因。现在，我们推进全方位对外开放战略，就不能只有大陆意识，没有海洋意识。在“十二五”规划中，我们专门辟出了一章阐述“推进海洋经济发展”，提出要“制定和实施海洋发展战略”。这是我们国家在战略思想上的重大转变。

2012年8月24～25日，温家宝同志在广东考察时指出：“广东要充分发挥优势，加快实施海洋开发战略，在坚持科学、节约、集约利用海洋资源的前提下大力发展海洋经济，培育新的经济增长点。”

（二）国内宏观经济形势持续向好

中国经济多年来保持平稳较快发展，总体形势积极向好（图3－1、图3－2），为海洋经济提供了有力的财政支持。2012年，全年国内生产总值519 322亿元，比上年增长7.8%。其中，第一产业增加值47 712亿元，增长4.5%；第二产业增加值220 592亿元，增长10.6%；第三产业增加值203 260亿元，增长8.9%。

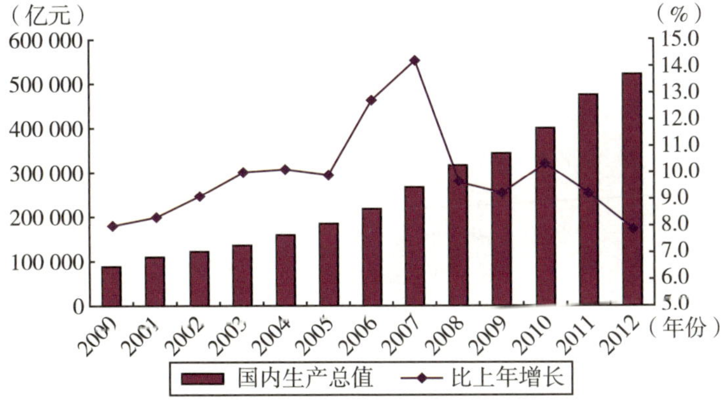

图3－1　2000～2011年国内生产总值与增长速度

资料来源：《国民经济和社会发展统计公报（2000～2012年）》，国家统计局。

沿海地方是中国经济最发达地区，雄厚的经济实力为海洋经济发展提供了良好的经济基础。沿海地区经济多年来保持较快增长势头（表3－1）。中国沿海地区的发展水平

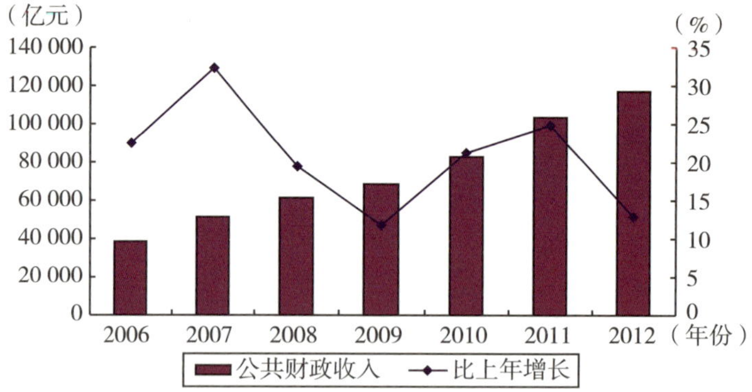

图 3－2　2006～2011 年公共财政收入与增长速度

资料来源：《国民经济和社会发展统计公报（2006～2012 年）》，国家统计局。

要远远高于其他地区，成为中国经济最发达的地区。目前，中国沿海地区以占全国 40% 的人口，创造了全国 60% 的地区生产总值，58% 的第二产业增加值，57% 的第三产业增加值，人均地区生产总值为 23 697 元，是全国平均水平的 1.7 倍。强大的国民经济和沿海经济实力为海洋经济发展提供了较强的保障。

表 3－1　2006～2011 年沿海省、直辖市、自治区地区生产总值增长率

单位：%

年份	天津	河北	辽宁	上海	江苏	浙江	福建	山东	广东	广西	海南
2006	14.4	13.2	13.8	12.0	14.9	13.6	13.4	14.7	14.1	13.5	12.5
2007	15.1	12.9	11.4	13.3	14.8	14.5	15.1	14.3	14.5	14.9	14.5
2008	16.5	10.1	14.5	9.7	12.5	10.1	13.0	12.1	10.1	12.8	9.8
2009	16.5	10.0	13.1	8.2	12.4	8.9	12.0	11.9	9.5	13.9	11.7
2010	17.4	12.2	14.1	9.9	12.6	11.8	13.8	12.5	12.2	14.2	15.8
2011	16.4	11.3	12.1	8.2	11.0	9.0	12.2	10.9	10.0	12.3	12.0
2012	13.8	9.6	9.5	7.5	10.1	8.0	11.4	9.8	8.2	11.3	9.1

资料来源：11 个沿海省、直辖市、自治区 2006～2012 年《国民经济和社会发展统计公报》。

（三）法律法规为海洋经济发展保驾护航

自 20 世纪 90 年代以来，中国将海洋资源开发作为国家发展战略的重要内容，把发

展海洋经济作为振兴经济的重大举措，对海洋资源开发、环境保护、海洋管理等投入逐步加大。为规范海洋开发活动，保护海洋环境，实现海洋经济可持续发展，国家先后颁布实施了《海洋环境保护法》、《海上交通安全法》、《渔业法》、《海域使用管理法》、《海岛保护法》、《矿产资源法》等近三十部涉海法律法规。有关海洋开发管理方面的法律法规的不断丰富完善，为海洋经济创造了良好的社会条件。

（四）系列规划促进海洋经济科学发展

进入21世纪以来，在连续三个五年规划中，党中央、国务院对中国海洋经济发展进行了总体部署。“十五”规划期，党的十六大提出了“实施海洋开发”。“十一五”期间，党的十七大提出“发展海洋产业”。进入“十二五”时期，《中华人民共和国国民经济和社会发展第十二个五年规划纲要》中提出了“发展海洋经济”的百字方针。刚刚闭幕的党的十八大明确提出了“提高海洋资源开发能力，发展海洋经济，保护海洋生态环境，坚决维护国家海洋权益，建设海洋强国”的战略部署，发展海洋经济成为未来中国建设海洋强国战略的重要组成部分。

国民经济和社会发展“十二五”规划颁布实施后，有关涉海、部门的规划也陆续出台。到2012年年底，已有《全国海洋经济发展“十二五”规划》、《全国渔业发展第十二个五年规划》、《“十二五”生物技术发展规划》、《交通运输“十二五”发展规划》、《关于促进沿海港口健康持续发展的意见》、《海洋工程装备制造业中长期发展规划》、《“十二五”可再生能源发展规划》、《海水淡化科技发展“十二五”专项规划》、《“十二五”国家战略性新兴产业发展规划》等9部涉海行业规划正式颁布实施，涉及行业包括海洋渔业、海洋交通运输业、海洋装备制造业、海洋可再生能源业、海水利用业等。

四个沿海地区的海洋经济发展试点规划上升为国家层面的发展战略，分别是《山东半岛蓝色经济发展规划》、《浙江海洋经济发展示范区规划》、《广东海洋经济综合试验区发展规划》以及《福建海峡蓝色经济试验区发展规划》。其他7个沿海地区也分别颁布实施了本地区“十二五”海洋经济发展规划，如河北省发布的《海洋科技及产业“十二五”发展规划》、江苏省发布的《“十二五”海洋经济发展规划》等。

（五）社会各界关注海洋经济发展

近些年来，社会各界关心海洋、热爱海洋的人越来越多。每年“两会”期间，人大代表、政协委员提出的有关加强海洋工作的提案和议案数量都呈现出逐年上升的趋势。近年来，全国人大、民主党派的领导等都先后到国家海洋局视察，听取工作汇报，并分别向中央就加强海洋和海岛管理，理顺体制等问题提出重要建议，得到了总书记、总理的及时批示；全国政协、民主党派的同志又主动提出要把调研主题放在海洋上，向中央提出进一步加强海洋工作的建议。各大新闻媒体对海洋工作的关注也不断升温。每年新华社、人民日报、《求是》杂志等主流媒体就刊登海洋方面的稿件200篇以上，中央电视台播出新闻近100条，大大地提高了海洋工作的社会影响力。所有这些，都为海洋工作在新的历史起点上得以又好又快地发展奠定了坚实的社会基础。

三、海洋科技发展水平快速提升

新中国成立至今，海洋科技取得了辉煌的成果，已基本形成了面向经济建设主战场、发展高新技术和加强基础研究三个层次的战略格局，形成了比较完整的海洋科学研究与技术开发体系。具备了从太空、高空、海面、海水层、海底到地壳的多学科综合海洋调查观测能力，基本实现了“查清中国海，进军三大洋，登上南极洲”的宏伟夙愿。特别是“十一五”及“十二五”的前两年，中国海洋科技取得了一系列重大进展，在支撑和引领海洋经济发展中起到了重要作用。

（一）海洋科技力量不断发展壮大

1. 科技队伍建设

随着海洋经济发展对海洋科学技术人才需求不断增大，海洋机构数量和科研人员素质有了很大提高。2010年，全国海洋科研机构数总计181个。从事科技活动人员29 676人，与2005年相比，增加了1倍以上。按行业分，海洋科研机构中从事海洋基础科学研究的104个，从事海洋工程技术研究的65个，从事海洋信息服务业的9个，从事技术服务的3个，分别占海洋科研机构总数的47.33%、47.41%、2.98%和2.28%。从事科技活动人员按学历分，拥有博士学位的4 599人，占16.49%，拥有硕士学位的2 281人，占7.69%，拥有本科学位的10 277人，占34.63%，大专及其他的共计14 830人，占50%。从事科技活动人员按职称分，拥有高级职称的人员10 398人，占总数的37.28%（见表3－2）。

表 3－2　　2010 年中国海洋科研行业及人员类型结构

行业	机构数（个）	科技活动人员（人）	从事科技活动人员的学历结构					从事科技活动人员的职称结构		
			博士	硕士	本科	大专生	其他	高级职称	中级职称	其他
基础科研	104	14 047	3 539	—	4 307	1 616	5 627	4 732	2 448	104
工程技术	65	14 069	1 797	2 046	5 206	1 952	4 946	4 360	3 174	65
信息服务	9	883	55	191	420	133	305	271	82	9
技术服务	3	677	27	189	344	50	201	196	198	3
合计	181	29 676	5 418	2 281	10 277	3 751	11 079	9 559	5 902	181

注：表中数据根据《中国海洋统计年鉴（2011）》整理而得。

2. 经费投入

近年来，国家对海洋科学研究的经费投入不断增长，海洋科研机构的收入逐年增长。2006～2010 年，中国海洋科研机构科技经费收入增长 42 倍，年均增长近 113%。2010 年，海洋科研机构科技经费收入总计 1 955.08 亿元，是上年的 12 倍多。北京、上海、山东的海洋科研机构收入最多，三个地区的海洋科研机构的收入总和占海洋科研机构总收入比重达到 60% 以上（见表 3－3）。

表 3－3　　2010 年中国分地区海洋科研机构经费收入情况

地　区	科研机构收入总额（亿元）	地　区	科研机构收入总额（亿元）
北京	781.31	福建	43.68
天津	159.71	山东	188.97
河北	11.02	广东	153.22

续表

地 区	科研机构收入总额（亿元）	地 区	科研机构收入总额（亿元）
辽宁	86.28	广西	7.63
上海	226.21	海南	4.18
江苏	132.08	其他	75.11
浙江	85.65	合计	1 955.08

注：表中数据根据《中国海洋统计年鉴（2011）》整理而得。

3. 科技成果

“十一五”期间，全国各类海洋科研课题数量大幅度提升。2010 年，全国共完成海洋科研课题 13 446 项，是 2005 年的 3 倍以上，其中基础研究 3 140 项，是 2005 年的 4.7 倍；应用研究类课题 3 497 项，是 2005 年近 4 倍；试验发展类课题 2 838 项，是 2005 年的 2.8 倍；成果应用类课题 1 359 项，是 2005 年的 2 倍多；科技服务类课题 2 668 项，是 2005 年的 2.85 倍。发表海洋科技论文共 14 296 篇，出版科技著作 254 种。各类专利申请受理 3 829 项，专利授权 1 482 项，海洋科技发明专利拥有数达到 6 750 项（见表 3－4）。

表 3－4　2010 年中国海洋科技成果情况

分类	科技课题						科技成果		科技专利		
	合计	基础研究（项）	应用研究（项）	试验发展（项）	成果应用（项）	科技服务（项）	科技论文（篇）	科技著作（种）	专利申请受理（件）	专利授权（件）	拥有发明专利总数（件）
基础科研	9 906	3 052	3 157	1 687	656	1 354	9 750	134	1 153	658	1 981
工程技术	3 352	52	339	1 134	690	1 137	4 187	116	2 655	815	4 755
信息服务	119	0	0	6	0	113	275	4	0	0	0
技术服务	89	0	1	11	13	64	84	0	21	9	14
合计	13 466	3 104	3 497	2 838	1 359	2 668	14 296	254	3 829	1 482	6 750

注：表中数据根据《中国海洋统计年鉴（2011）》整理而得。

（二）海洋调查能力显著提高

1. “近海海洋环境调查与综合评价”（“908 专项”）成果丰硕

“908 专项”是国务院于 2003 年 9 月批准立项、国家海洋局具体组织实施的一项中国海洋发展史上投入最大、调查要素最多、任务涉及部门最广的海洋环境基础和评价工作。该专项确定了突出发展海洋经济的主题，立足于为国家决策服务，为经济建设服务，为海洋管理服务的宗旨。其总体目标是摸清中国 21 世纪初期的海洋家底，掌握海洋为国民经济和社会发展提供的支撑和承载能力，了解海洋资源的可持续利用潜力，规划和优化海洋生产力布局；为全面建设小康社会、保障海洋经济和沿海地区的可持续发展、维护国家海洋安全和可持续的海洋利益提供基础依据。

到 2012 年，“908 专项”的所有任务包括调查任务、评价任务、“数字海洋”信息基础框架建设、成果集成任务、沿海省市专项任务等均全面完成。“908 专项”的海洋空间资源调查首次获取高精度实测数据，海洋环境综合调查首次获得准同步、全覆盖的近海海洋环境基础数据，首次查明近海海洋可再生能源潜力，全面掌握中国海域使用现状及变化，查明了中国近海海洋生物的种类、数量、分布及生态特征，近海海底地形地貌调查发现了新的重要地貌现象，数字海洋信息基础框架建设使中国海洋信息化工作迈上新台阶。“908 专项”中的海洋经济和产业调查得出结论中国海洋经济仍将保持 8% 左右的发展势头，海洋灾害分布调查得出结论风暴潮（含近岸浪）是中国最严重的海洋灾害。

2. 极地科学考察成绩显著

中国的南极科学考察始于 20 世纪 80 年代，北极科学考察始于 20 世纪末期，自 1984 年以来，中国已经成功进行了 28 次南极科学考察，5 次北极科学考察，形成了由国家海洋局组织、全国有关部门、单位共同参与的极地科研工作体系。中国已全面加入了国际极地条约和有关组织。目前，中国极地科学考察能力已跨上新台阶，形成了“一船四站一基地”战略格局，即形成了以“雪龙”船、南极“长城站”、“中山站”、“昆仑站”，北极“黄河站”和极地考察国内基地为主体的南北极考察战略格局和基础平台。

3. 大洋科学考察成就突出

中国在近20年来的大洋矿产资源研究开发方面取得了累累硕果。在国家“大洋专项”的支持下，大洋开发研究紧密结合国际海底区域活动态势，以资源为核心，在多金属结核、富钴结壳、热液硫化物、生物基因等资源调查以及环境评价与科学研究等领域开展了系列工作，取得丰硕成果。目前，我国已经成功完成27个航次的大洋科学考察任务。

（三）涉海重大海洋科技专项成果显著

在海洋基础科研领域，到2011年年底，中国已批准的“973计划”中涉海项目共计30项。“973计划”涉海项目以满足国家防灾减灾、海洋环境、海洋资源、海防安全等方面的需求为基本出发点，涵盖了物理海洋、海洋生物、海洋化学、海洋地质等重点学科，项目的实施增强了中国海洋科学原始创新的能力和解决面向国家需求的重大科学问题能力，推动了中国海洋科学基础理论的源头创新，引领了中国海洋高技术发展，科技中国海洋经济、社会发展提供有力的科学支撑。

海洋公益性行业科研专项有力地促进了中国海洋科技的发展。自2006年国家财政专门设立了海洋公益性行业科研专项以来，到2012年年底，中国共计设立211项，总经费共计约17.35亿元。海洋公益性行业科研专项实施5年来，在海洋灾害、海水养殖病害防治、海水养殖新品种培育、海洋新药研制等领域取得丰硕的科研成果。

（四）海洋高技术取得多项突破性进展

经过多年努力，中国在深海技术、海水资源的开发利用技术、海洋生物技术、海洋油气资源勘查和开发技术等海洋高技术领域取得了跨越式的发展，海洋资源的开发能力显著提升。

1. 海洋探测与监视技术

目前，中国已突破一批海洋监测的关键技术，初步形成关键海洋监测技术的研发和生产能力，并逐步向深海观测和海底观测方向发展。

在浮标、潜标以及海洋卫星应用方面取得长足进展。中国Argo计划自2002年年初组织实施以来，已经在西北太平洋和印度洋海域布放了138个Argo剖面浮标，其中目前有83个浮标仍在海上正常工作。2011年1月7日，中国在西太平洋海域成功布放

6 100 米深海测流潜标，这是中国迄今在大洋成功布放的最深观测潜标。6 100 米潜标的成功布放对中国大洋观测潜标设计、投放技术的发展，大洋潜标观测网建设，提供了宝贵的经验①。

初步形成了遥感观测技术体系。2012 年 3 月 2 日，中国自主研制的首颗海洋动力环境探测卫星——“海洋二号”卫星正式交付使用，其观测数据将对大洋渔业资源开发、全球气候变化研究等发挥重要作用。“海洋二号”卫星是我国第一颗海洋动力环境卫星，集主、被动微波遥感器于一体，具有高精度测轨、定轨能力与全天候、全天时、全球探测能力。其主要使命是监测和调查海洋环境，获得包括海面风场、浪高、海流、海面温度等多种海洋动力环境参数，可直接为灾害性海况预警预报提供实测数据。

建立了几个区域性的海洋环境立体监测系统。自“九五”以来，中国已在渤海、东海长江口海域、南海珠江口海域以及南海深水区、台湾海峡及毗邻海域，建设了区域性海洋环境立体监测示范试验系统，显著提高了中国的区域性海洋观测能力。

跻身世界深海探测领域前列。中国已经成为世界上能够制造深潜器的少数国家之一。2012 年 6 月 30 日，中国自行设计、自主集成研制的“蛟龙”号载人潜水器 7 000 米级海试圆满、超额完成了 2012 年的海试预定的全部试验任务，最大下潜深度达到 7 062 米。此次海试创造了中国载人深潜的新纪录，实现了中国深海技术发展的新突破和重大跨越，标志着中国深海载人技术达到国际领先水平，使中国具备了在全球 99. 8% 的海洋深处开展科学研究、资源勘探的能力。

2. 海洋生物技术

在国家“863 计划”等相关计划的支持下，中国的海洋生物技术取得了很大的进步。近年来，在海洋生物基因和海洋药物开发方面都取得重要突破，为海水养殖物种的良种化、工程化及健康养殖和海洋药物的开发，做出了重要贡献。

近海渔业技术长足发展。主要发展了虾、蟹、鲍、海参等名贵水产品的养殖技术，如“黄海 1 号”中国对虾新品种在多个地区推广养殖，“大连 1 号”杂交鲍养殖从北方推广到南方等。同时，渔场环境和渔况速报技术、现代渔业技术等都有长足的进展。

海水养殖病害防治与控制技术研究不断深化。重要海洋病源微生物致病机理研究不断深入，以疫苗为核心的免疫防治技术朝着安全、高效和多效价的方向发展，以药物为核心的化学疗法则主要向安全无毒的绿色渔药研发。除了疫苗和药物，各种形式的养殖生态系统控制技术也被用于病害控制中。

---

① “中国在西太平洋成功布放 6 100 米最深观测潜标”，人民网，2011 年 1 月 8 日。

海洋药物开发技术取得了显著进步。在药物的前期研究方面，发现的新化合物在国际上所占份额呈逐年增加的趋势，在国际上占有重要位置。发现了新的海洋生物功能基因几百个，申请有关的海洋生物功能基因发明专利上百个。

3. 海洋探查与资源开发技术

在海洋探查与资源开发技术方面，经过多年努力，中国在海洋油气与矿产资源勘探开发技术、海水淡化与综合利用技术、海洋能开发利用技术等领域都取得了突破性进展。

浅海油气资源勘查与评估技术已经成熟，也已具备了深海油气资源勘探能力。在深海油气资源的调查和评估技术方面也取得了卓越成果。

深水半潜式钻井平台的研究和制造方面取得突破性进展，获得国际同行业的认可。2011 年 5 月 23 日，中国海洋工程制造业标志性工程、国家科技重大专项标志性装备之一——3 000 米深水半潜式钻井平台“海洋石油 981”，顺利交付给中国海洋石油总公司，标志着中国海洋油气开采开始由大陆架向深海进军。

经过十余年的发展，中国已建立起适合本国海域特点的天然气水合物综合探测系统，为国家天然气水合物资源勘查和钻获实物样品提供了目标优选、保真取芯等核心技术，并逐步建立了国内天然气水合物技术创新团队。

在国家“863 计划”的支持下，中国大洋矿产资源勘查、海底环境探测和成像技术取得长足进步，成功研发一批大洋固体矿产资源成矿环境复位、实时、可视探测及保真采样技术以及海底异常条件下的探测技术。2003 年，中国成功研制 6 000 米海底有缆观测与采样电视抓斗系统。2010 年 9 月 28 日 ~ 10 月上旬，“大洋一号”船在中国东沙海域 1 740 米水深海底成功获取深孔岩芯样品，并创造了 15.7 米的深孔纪录。深钻试验在国内是首次，填补了中国深钻领域的空白，标志着中国在各大洋的海底矿区将会获得更加准确的资源调查资料①。

经过近 40 年的科技攻关和工程示范，中国海水淡化技术已日趋成熟，反渗透、低温多效等海水淡化关键技术取得重大突破，反渗透膜实现了产业化。海水淡化产业基本形成，海水淡化成本不断下降（人民币 5 ~ 7 元/立方米）。海水淡化设计能力不断提高，人才队伍不断壮大，已成为世界少数几个掌握海水淡化先进技术的国家之一，为大规模应用打下了良好基础。中国已形成了海水循环冷却的自主成套技术和产品，并进入了10 万吨海水循环冷却示范工程阶段。

在海洋可再生能源领域，中国已取得了重大进展，部分技术领域已形成一定的产业

① 李晓兰．“大洋一号”船首次成功实现海底深孔钻探［J］．海洋石油，2010（4）．

规模。2010 年 7 月 6 日，中国首座大型海上风电场——上海东大桥 100 兆瓦海上风电场全部机组并网发电。2012 年 2 月，中国自主研发设计制造的 6 兆瓦海上风力发电机组在江苏连云港成功下线，这是目前国内单机功率最大的风力发电机组。潮汐能技术是中国海洋可再生能源开发利用技术中较为成熟的，并且居于世界领先地位。目前，世界第三大潮汐能电站——江夏潮汐电站仍正常运转，并于 2009 年发电量创下历史新高。2010 年，中国第一座万千瓦级潮汐能电站——三门县健跳港潮汐电站开工建设，规划容量 2 万千瓦，静态总投资 6.8 亿元，建成后将成为中国规模最大的潮汐能电站①。中国波浪能发电技术基本成熟，正处于商业化工程示范试验阶段。2009 年 6 月，中国研制建造的世界首座综合利用太阳能、风能、波浪能的可再生能源电站，在广东珠江口的珠海担杆岛初步建成投产②。中国的潮流能发电技术基本上与世界同步，并通过多年科研攻关，已经形成了部分特色产品。

四、海洋经济自身发展能力不断提高

过去的 10 多年，中国海洋经济取得了巨大成就。海洋经济快速发展，2012 年海洋生产总值达到 45 570 亿元，与 2001 年的 8 327 亿元相比，年均增长 16.7%。2011 年海洋生产总值占 GDP 比重达到 9.7%。海洋产业结构和布局不断优化，海洋新兴产业发展较快，海洋经济自身发展能力不断加强。

（一）海洋传统产业始终占据重要地位

2001～2011 年期间，海洋渔业、海洋船舶工业、海洋油气业、海洋盐业增加值占海洋产业增加值比重始终保持在 30% 以上。海洋渔业保持总体平稳增长，增加值年均增长 6%。捕捞产量已实现连年下降，海水养殖产量连续多年超过捕捞产量，已连续 20 年居世界首位，远洋捕捞产量持续上升。目前，中国船舶工业已占据世界主流船舶市场。2012 年中国船舶工业全年实现增加值 1 437 亿元，与 2001 年相比年均增长 31%。海洋油气产业总体保持高速增长，2011 年实现产业增加值 1 730 亿元，与 2001 年相比年均增长 20.11%。海洋盐业生产量始终居世界第一位。

---

① 三门健跳港将建造万千瓦级潮汐电站 国内最大［N］. 台州日报，2010－9－29.

② 世界首座海岛可再生能源电站投产——综合利用太阳能、风能、波浪能［J］. 华北电力技术，2009（6）.

（二）海洋新兴产业展现出强大的生命力

目前，中国在科技兴海战略的促进下，海洋新兴产业布局初步形成，海洋水产品高效增养殖业、海洋生物医药业、海水利用业、海洋装备制造业等初步形成了规模。

据统计，中国海洋新兴产业年均增长率超过28%①。海水淡化产业成本不断下降，中国已成为世界少数几个掌握海水淡化先进技术的国家之一。“蛟龙”号载人潜水器7 000米级海试的成功，实现了中国深海技术发展的重大跨越。3 000 米深水半潜式钻井平台“海洋石油 981”已交付使用，标志着中国海洋油气开采开始由大陆架向深海进军。

海洋新兴产业形成了多个具有产业优势的集聚区。北京是中国海洋新兴产业研发的重要集聚地。大连在海水利用业、高端海洋信息服务业方面具有优势。天津在海水淡化与装备制造、海洋化工、海洋信息技术等方面发展较快。山东烟台、东营在海水健康养殖和生态养殖方面具有技术优势，并形成了较强的研发优势和产业规模。青岛在海洋药物研发和产业化方面国内领先，在船舶制造、港口物流、现代渔业、海洋新能源开发、海洋化工等多方面优势突出。上海、无锡、舟山、宁波在海洋装备制造业方面已形成各具特色的集聚区。厦门—漳州地区、深圳等在海洋药物和生物制品研发及产业化方面初步集聚。广州在海洋新能源开发、大洋资源开发和现代海洋服务业等领域具有较大优势。此外，天津、山东、江苏、浙江、广东沿海已形成了相当规模的海洋新能源产业。杭州和大连成为中国“一南一北”海水利用产业强势集聚地区。舟山是中国重要的船舶修造基地和全国最大的远洋渔业中心（见表3－5）。

表3－5　我国海洋高技术产业发展的区域集聚情况

产业类型	主要产业内容与分布	产业集聚地区
海洋生物育种与健康养殖业	海洋生物育种、海水健康养殖和生态养殖	烟台、东营
海洋药物和生物制品业	海洋药物、生物制品	北京、上海、青岛、深圳、厦门等
海水利用业	1. 海水淡化：天津、山东、杭州 2. 海水冷却：大中沿海城市火电厂和化工厂 3. 海水化工：天津、河北、山东	天津、大连、青岛、杭州

① 数据摘自《我国海洋高技术产业发展战略研究综合报告》，中国科学院地学部咨询报告，2010年1月。

续表

产业类型	主要产业内容与分布	产业集聚地区
海洋可再生能源业	1. 潮汐电站：浙江江厦、海山潮汐电站；山东乳山白沙口潮汐电站等 2. 海上风电：上海东海大桥，江苏、浙江、山东沿海	天津、山东、江苏、浙江、广东
海洋工程装备制造业		上海、青岛
海洋现代服务业		大连、宁波、天津、上海、广州、舟山
深海资源开发业		上海、青岛、无锡

（三）海洋服务业增长迅速

海洋交通运输业总体保持快速发展，增加值年均增长 20% 以上。滨海旅游业呈现强劲增长势头，年均增长 25% 以上。

海洋交通运输业尽管近年来受国内外宏观经济环境影响，虽然增速持续放缓，但总体保持快速发展，增加值年均达到 20% 以上。2012 年海洋交通运输业增加值 4 802 亿元，比上年增长 6.5%。滨海旅游业是中国海洋经济的支柱产业和主导产业之一。多年来，其产业增加值始终位居前列，呈现强劲增长势头，年均增长 25% 以上。2012 年滨海旅游实现产业增加值 6 972 亿元，比上年增长 9.5%。同时，邮轮游艇、休闲渔业、海洋文化、涉海金融及航运服务业等一批新型服务业态加快发展，已成为近年来海洋经济发展的新亮点。

第四章　海洋经济发展的资源基础

中国位于亚洲东部，太平洋西岸，是一个陆海兼备的大国。东南两面分别是渤海、黄海、东海和南海四大边缘海。中国大陆岸线 18 000 千米，主张管辖海域 300 万平方千米，面积大于 500 平方米的海岛 7 300 多个，海岛陆域总面积近 8 万平方千米，海岛岸线总长 14 000 多千米。中国海域南北跨越 38 个纬度，兼有热带、亚热带、温带海洋特征，蕴藏着丰富的海洋资源。

一、国家管辖海域内的海洋资源

根据《公约》的规定，中国对其内水、领海、专属经济区和大陆架等管辖海域内的资源具有专属开发利用权，此外，中国还可以参与开发利用公海和国际海底区域等国家管辖范围以外海域的海洋资源。

（一）海洋生物资源

中国海域是全球海洋生物多样性最丰富的近海海域之一。海洋生物的空间分布由南向北逐渐递减；由海岸线向外海递减；由海底向海面垂直方向递减；生物密度近海高、远海低。

海洋生物资源的种类繁多，鱼类是构成海洋生物资源的主体。气候、水文、地形等生境的多样性孕育了中国近海丰富的海洋生物。根据 20 世纪 90 年代的调查统计，中国近海鱼类有 1 694 种，其中，黄海、渤海鱼类有 250 多种，东海有 600 余种，南海有

1 000余种。中国近海经济利用价值较大的鱼类有150多种，重要的捕捞对象有带鱼、鲜、鱿、鳗、大黄鱼、小黄鱼、蝶、鲳、鲐、红鱼、金线鱼、鳍、沙丁鱼、盆鱼、河豚等；具有经济价值的软体动物有鱿鱼、乌贼、鲍鱼、扇贝、章鱼等；节足动物有对虾、青虾、龙虾、毛虾、鹰爪虾、锯缘青蟹、梭子蟹等；棘皮动物有海胆、棘参、梅花参；腔肠动物有海蜇等①。

渤海海区入海河流众多，为多种渔业资源提供了重要的产卵和育肥场所需要的自然条件，也成就了渤海“鱼、虾摇篮”的美誉。渤海的渔业资源主要以生命周期短、食性低的对虾、毛虾、鹰爪虾、梭子蟹、褐虾、海蜇等为主，这类渔获的产量占渤海海区总渔获量的72%～75%；中上层鱼类主要包括鲐、鲳、蓝点马鲛、鳓、青鳞、梭鱼、斑鲫等，底层、近底层的渔获主要包括带鱼、梅童鱼、黄姑、小黄鱼、叫姑鱼、鳐、鲆、鲈、鲽、舌鳎等。总渔获中，鱼类占15%～20%。另外，渔获中还有少量的头足类生物。

黄海是冬季多种鱼虾类越冬的场所。东海渔业资源丰富，资源的品种和数量都比较多。黄海近岸海区多产带鱼、大黄鱼、小黄鱼、鲳、鳕、鳓、牙鲆、高眼鲽、鲅、鲐、太平洋鲱鱼、对虾、鹰爪虾、毛虾、乌贼等。

东海海区历史上年产量在10万吨以上的种类有鲐、带鱼、大黄鱼、小黄鱼和绿鳍马面鲀共5种，单鱼种高产品种数量居四大海区之首。东海海区渔获物的主要构成以底层和近底层暖温性资源种类为主，能够占到海区渔获总量的30%左右，其次是中上层鱼类，占到海区渔获总量的20%左右。2000～2005年底拖网渔业资源的常规监测结果表明，东海区底拖网渔业资源利用结构正在向低值和低营养层次鱼种转化，主要经济鱼种的平均单位捕捞力量渔获量不断下降，生物学特征未见明显好转，而渔获物中幼鱼比例不断上升，渔业资源总体状况仍然存在继续衰退趋势②。秋冬汛以带鱼和小黄鱼为主体的捕捞群体近年来以当龄鱼为主，资源群体亲鱼量处于相对缺乏的状态③。

南海海区气温较高，浮游生物繁殖快，鱼虾种类繁多，是中国重要的热带鱼场。南海海区的渔业资源以底层鱼类为主，其捕获量占到南海总渔获量的50%以上，但是，其中大部分单一鱼种的捕获数量都不足总渔获量的1%，捕获量相对较多的有海鳗、狗母鱼、鲱鲤、银方头鱼、长尾打眼鲷等；中上层鱼类的产量占到南海总渔获量的30%左右，其中占有较大比重的有金色小沙丁鱼、小公鱼等；虾、蟹和头足类生物在南海海

① 中国自然资源丛书编撰委员会．中国自然资源丛书：渔业卷［M］．北京：中国环境科学出版社，1995．以及张晓泉．中国海洋渔业资源资产产权制度的变迁与变革研究［D］．中国海洋大学博士学位论文，2009：29－31．

② 林龙山，程家骅，凌建忠．东海区底拖网渔业资源变动分析［J］．海洋渔业，2007，29（4）：371－374．

③ 严利平，李建生，凌建忠，林龙山，李圣法．东海区海洋渔业资源近况浅析，浙江海洋学院学报（自然科学版）［J］．2005，24（4）：303－307．

区总渔获物中所占的比例较小，分别为 5.5% 和 2% 左右，虾类主要有日本对虾、短沟对虾、长毛对虾、龙虾等。

由于过度捕捞、近海污染等影响，近海渔业资源衰退严重。1997 ~ 2000 年底拖渔网调查结果显示，渤、黄海生物仅剩 180 种，东海也只有 602 种，海洋生物物种的种类分别减少 40% 和 30% 。

中国近海渔业资源主要分布在渤海、黄海、东海和南海的各个渔场①，最大持续渔获量大约在 750 万吨②。

表 4 – 1　　中国海洋渔场分布

序号	渔场	地理位置	主要产鱼种	状况
1	辽东湾渔场	渤海 38°30′N 以北，面积约 11 520 平方海里	小黄鱼、带鱼、对虾、海蜇、毛虾、棱子蟹、马鲛鱼、黄姑鱼、真鲷、梅童、青鳞鱼、鳓鱼、鲅鱼	捕捞过度，资源已开始衰退
2	滦河口渔场	渤海滦河口外，面积约 3 600 平方海里	小黄鱼、带鱼、对虾、海蜇、毛虾、棱子蟹、马鲛鱼、黄姑鱼、真鲷、梅童、青鳞鱼、鳓鱼、鲅鱼	20 世纪 80 年代后资源枯竭
3	渤海湾渔场	渤海 119°00′N 以西，面积约 3 600 平方海里	小黄鱼、带鱼、对虾、海蜇、毛虾、棱子蟹、马鲛鱼、黄姑鱼、真鲷、梅童、青鳞鱼、鳓鱼、鲅鱼	定置网和近岸网具作业
4	莱州湾渔场	渤海 38° 30′ N 以南，黄河口海域	小型鱼类、虾蛄、梭子蟹、毛虾	资源枯竭
5	海洋湾渔场	黄海北部	鳀鱼、玉筋鱼、细纹金狮子鱼	重要的产卵场所
6	海东渔场	海洋岛渔场东部，面积约 4 320 平方海里	鳀鱼、玉筋鱼、木叶蝶等	
7	烟威渔场	山东半岛北部，38°30′N 以南，面积约 7 200 平方海里	鳀鱼、细纹狮子鱼、小黄鱼、绒杜父鱼、鲐鱼、鲆鲽类、鳕鱼、马鲛鱼、对虾、叫姑鱼、黄姑鱼、带鱼、真鲷、对虾、鹰爪虾	

① 渤海、黄海、东海和南海的各个渔场资料引自中国自然资源丛书编撰委员会. 中国自然资源丛书：渔业卷 [M]. 北京：中国环境科学出版社，1995；张晓泉. 中国海洋渔业资源资产产权制度的变迁与变革研究 [D]. 中国海洋大学博士学位论文，2009：29 – 31.

② 仇奔波. 中国的海洋渔场及海洋渔业可持续发展 [J]. 地理教学. 2002 (12)：5 – 8.

续表

序号	渔场	地理位置	主要产鱼种	状况
8	威东渔场	烟威渔场东部，面积约2880平方海里	细纹狮子鱼	
9	石岛渔场	黄海中部（122～124°E，36～38°N）	鳀鱼，鲱、鲆鲽类、鲐、马鲛、鳓、小黄鱼、黄姑鱼、鳕、带鱼、对虾、枪乌贼	多种经济鱼虾类北上、南下进行产卵、索饵、越冬洄游的必经之地，北方海区主要渔场之一
10	石东渔场	石岛渔场以东海域	细纹狮子鱼、绒杜父鱼、高眼鲽、玉筋鱼	
11	青海渔场	山东半岛南部，35°30′N以北，122°00′以西，面积4 320平方海里	鳀鱼、银鲳、斑鰶、高眼鲽、鲐、马鲛、鳓、小黄鱼、白姑鱼、鲈鱼、带鱼、对虾、青鳞鱼	
12	海州湾渔场	黄海南部范围为34°00′～35°30′N，121°30′E以西，面积为7 900平方海里	鲮鱼、鮸鱼、鳓、小黄鱼、白姑鱼、鲈鱼、带鱼、毛虾、黄鲫、鲅鱼、金乌贼	近年来由于资源保护不力，已形不成渔场
13	连青石渔场	黄海南部海域	带鱼、蓝点马鲛、鲐鱼、对虾、鱿鱼、黄姑鱼、小黄鱼	
14	连东渔场	濒临韩国西海岸，范围为34°00′～36°00′N，124°00′E以东	鳀鱼、玉筋鱼、绵鳚色球层、高眼鲽、小黄鱼、鮟鱇	以前有韩国渔船从事围网、张网、流网和延绳钓等作业
15	吕泗渔场	黄海西南部范围为32°00′～34°00′N，122°30′E以西海域，面积约9 000平方海里		产量越来越低，鱼龄越来越小
16	大沙渔场和沙外渔场	吕泗渔场的东侧，其范围为32°00′～34°00′N，122°30′～125°00′E，面积约为15 100平方海里	海鳗、小黄鱼、带鱼、黄姑鱼、鲳鱼、鳓鱼、蓝点马鲛、鲐、鲹、太平洋褶柔鱼、剑尖枪乌贼和虾类等	

续表

序号	渔场	地理位置	主要产鱼种	状况
17	长江口、舟山渔场及江外、舟外渔场	长江口外，钱塘江口外	鱼类365种。其中属暖水性鱼类占49.3%，暖温性鱼类占47.5%，冷温性鱼类占3.2%；虾类60种；蟹类11种；海栖哺乳动物20余种；贝类134种；海藻类154种	中国渔业资源最丰富，产量最高的渔场
18	鱼山、温台渔场及鱼外、温外渔场	浙江省中部、南部沿海	带鱼、大黄鱼、绿鳍马面鲀、白姑鱼、鲳鱼、鳓鱼、金线鱼、方头鱼和鲐鲹鱼、乌贼	
19	闽东、闽中、台北渔场及闽外渔场	福建省北部、中部沿海、台湾省东北部	带鱼、大黄鱼、大眼鲷、绿鳍马面鲀、白姑鱼、鲳鱼、鳓鱼、蓝点马鲛、竹荚鱼 海鳗、鲨、蓝园鲹、鲐鱼、乌贼、剑尖枪乌贼、黄鳍马面鲀等	对拖网、单拖网、灯光围网、底层流刺网、灯光敷网和钓等
20	闽南、台湾浅滩渔场及台东渔场渔场	福建省南部	金枪鱼、青干金枪鱼、舵鲣、脂眼鲱、绒纹单刺鲀、鲷类、蛇鲻、带鱼、金色小沙丁鱼、大眼鲷、白姑鱼、乌鲳、鳓鱼、蓝点马鲛、竹荚鱼、鲐鱼、蓝园鲹、四长棘鲷、中国枪乌贼和虾蟹类等	单拖、围网、流刺网、钓和灯光敷网
21	台湾浅滩渔场	位于22°00′~24°30′N，117°30′~121°30′E，面积约为9500平方海里	金枪鱼、青干金枪鱼、舵鲣、脂眼鲱、绒纹单刺鲀、鲷类、蛇鲻、带鱼、金色小沙丁鱼、大眼鲷、白姑鱼、乌鲳、鳓鱼、蓝点马鲛、竹荚鱼、鲐鱼、蓝园鲹、四长棘鲷、中国枪乌贼和虾蟹类等	单拖、围网、流刺网、钓和灯光敷网
22	台湾南部渔场	位于19°30′~22°00′N，118°00′~122°00′E		中上层和礁盘鱼类资源丰富，适合于多种钓业生产
23	粤东渔场	位于22°00′~24°30′N，114°00′~118°00′E	蓝圆鲹、竹荚鱼、大眼鲷、中国枪乌贼等	蓝圆鲹、竹荚鱼、大眼鲷、中国枪乌贼等
24	东沙渔场	位于19°30′~22°00′N，114°00′~118°00′E	瓦氏软鱼、脂眼双鳍鲳、竹荚鱼、深水金线鱼、长肢近对虾、拟须对虾等	东沙群岛附近海域适于围、刺、钓作业

续表

序号	渔场	地理位置	主要产鱼种	状况
25	珠江口渔场	南海北部位于 20°45′~23°15′N，112°00′~116°00′E，面积约 74 300 平方千米	蓝圆鲹、金色小沙丁鱼、黄鲷、圆腹鲱、鲐、竹荚鱼和深水金线鱼	中国南海近海的重要渔场之一，是拖网、拖虾、围网、刺、钓作业渔场
26	粤西及海南岛东北部渔场	粤西及海南岛东北部	蓝圆鲹、深水金线鱼、黄鳍马面鲀	中国南海近海的重要渔场之一，是拖网、拖虾、围网、刺、钓作业渔场
27	海南岛东南部渔场	海南岛东南部	蓝圆鲹、颌圆鲹、黄鲷、竹夹鱼、深水金线鱼等	是拖网、拖虾、围网、刺、钓作业渔场
28	北部湾北部渔场	北部湾北部	鲐鱼、长尾大眼鲷、中国枪乌贼	是拖网、拖虾、围网、刺、钓作业渔场
29	北部湾南部及海南岛西南部渔场	北部湾南部及海南岛西南部	金线鱼、大眼鲷、蓝点马鲛、乌鲳、带鱼等	是拖网、拖虾、围网、刺、钓作业渔场
30	中沙东部渔场	中沙东部	南海重要渔场，盛产金带梅鲷、旗鱼、箭鱼、金枪鱼等多种水产	金枪鱼延钓鳑、刺、钓作业渔场
31	西、中沙渔场	中沙群岛西北部、西沙群岛南部	金枪鱼、马鲛鱼、红鱼、鲣鱼、飞鱼、鲨鱼、石斑鱼、金带梅鲷、旗鱼、箭鱼	金枪鱼延钓鳑、刺、钓作业渔场
32	西沙西部渔场	西沙西部		是拖网作业渔场、金枪鱼延绳钓渔场

续表

序号	渔场	地理位置	主要产鱼种	状况
33	南沙东北部渔场	南沙东北部	南沙群岛位于东经109°30′~117°50′，北纬3°40′~11°55′，由大大小小200多个岛礁沙洲滩组成，其中多数不具备适宜人类居住的自然环境。 鱼类有褐梅鲷（石青鱼）、真鲹（吉尾鱼）、斑条魣（吹鱼）及金枪鱼类等；贝类有乌蹄螺、砗磲；爬行动物有海龟、玳瑁；棘皮动物中有梅花参（菠萝参）、二斑参（白尼参）、黑尼参（乌圆参）、蛇月参（赤瓜参）、黑狗参（黑参）等	金枪鱼延绳钓鱼场、底层延绳钓、手钓作业渔场
34	南沙西北部渔场	南沙西北部		金枪鱼延绳钓鱼场、底层延绳钓、手钓作业渔场
35	南沙中北部渔场	南沙中北部		金枪鱼延绳钓鱼场、底层延绳钓、手钓作业渔场
36	南沙东部渔场	南沙东部		鲨鱼延钓、手钓、刺网和采捕作业
37	南沙中部渔场	南沙中部		鲨鱼延钓、手钓、底层延绳钓渔场作业
38	南沙中南部渔场	南沙中南部		鲨鱼延钓作业渔场
39	南沙南部渔场	南沙南部		拖网作业、鲨鱼延钓作业渔场
40	南沙西部渔场	南沙西部		底拖网作业鱼场、金枪鱼延绳钓渔场
41	南沙中西部渔场	南沙中西部		底拖网作业鱼场、金枪鱼延绳钓渔场
42	南沙西南部渔场	南沙西南部		陆架水域，底拖网作业渔场

资料来源：国家农业科学数据共享中心渔业科学数据分中心，海洋渔场生态特征数据库，http：//fisherv. agridata. cn/grade3. asp？ st = 11si&id = A040105。

除鱼类外，贝类和藻类也是重要的海洋生物资源。世界上现存贝类11万多种，中国已知的贝类约4 000种，其中相当大一部分是海洋贝类。中国是世界上进行海洋贝类人工育苗规模最大、数量最多的国家，以扇贝、牡蛎、鲍为主要养殖品种。中国藻类植物约有1万余种，分为十门，其中绿藻类、褐藻类、红藻类、蓝藻类作为药用的种类最多①。

（二）海洋矿产资源

海洋矿产资源主要包括海洋油气、滨海砂矿及天然气水合物等。

海洋油气。中国是环太平洋油气带主要分布区之一，海岸带和浅海大陆架埋藏着丰富的油气资源。大陆架海区含油气盆地面积近70万平方千米，约有300个可供勘探的沉积盆地，大中型新生代沉积盆地18个，其中大型含油气盆地10个，它们是：渤海盆地、北黄海盆地、南黄海盆地、东海盆地、台湾西部盆地、南海珠江口盆地、琼东南盆地、北部湾盆地、莺歌海盆地和台湾浅滩盆地。除上述近岸海域外，在中国近海还发现了冲绳、台西、管事滩北、中建岛西、巴拉望西北、礼乐太平、曾母暗沙等含油气的沉积盆地。

根据2005年国土资源部、国家发展和改革委员会联合组织的第三次油气资源评价初步结果，中国近海海洋石油资源量246亿吨，占全国石油资源总量的22.9%；海洋天然气资源量15.79万亿立方米，占全国天然气资源总量的29%。南海是著名的海洋油气资源区，含能聚集油气的地质构造200多个，油气田180个。经初步估计，整个南海的石油地质储量为230亿～300亿吨，约占中国总资源量的1/3。

滨海砂矿。滨海砂矿资源是指在砂质海岸或近岸海底开采的金属砂矿和非金属砂矿，主要品种有铁砂矿、锡石砂矿、砂金和稀有金属砂矿、金刚石砂矿以及非金属建筑材料等。中国入海河流携带的含矿物质多，东部地区因受多次地壳运动，岩浆活动频繁，形成了丰富的金属和非金属矿藏。这些含矿岩石风化后的碎屑物就近入海，在海流、潮流作用下，在海岸带沉积形成矿种多、资源丰富的砂矿带。

中国海滨砂矿以海积砂矿为主，其次为海河混合堆积砂矿。海滨砂矿主要可分为8个成矿带，如海南岛东部海滨带、粤西南海滨带、雷州半岛东部海滨带、粤闽海滨带、山东半岛海滨带、辽东半岛海滨带、广西海滨带和台湾北部及西部海滨带等。中国海洋矿床和储量分布均不平衡，南多北少，广东、海南、福建三省的砂矿储量占全国滨海砂矿总储量的90%以上。特别是广东海滨砂矿资源非常丰富，其储量在全国居首位②。

---

① 吴文惠，许剑锋，刘克海，包斌．海洋生物资源的新内涵及其研究与利用［J］．科技创新导报，2009（10）：98－99．

② 于婷婷，张斌．浅议海洋矿产资源的可持续发展［J］．海洋开发与管理，2009（2）：21－24；崔木花，董普，左海凤．中国海洋矿产资源的现状浅析［J］．海洋开发与管理，2005（5）：16－21．

中国近岸滨海矿种多达65种，各类砂矿床191个，其中多数为非金属砂矿。已探明具有工业储量的有钛铁矿、金红石、锆石、磷钇矿、独居石、磁铁矿、砂锡矿、铬铁矿等13个。

天然气水合物。天然气水合物是一种潜力大、可供开发的新型能源，是甲烷和水分子在高压低温条件下结晶形成的固态化合物，可以直接被点燃，因此又形象地称为“可燃冰”。它主要分布于200～600米水深的洋底，即在近海的大陆架、有厚沉积物覆盖的深海海盆。中国东海陆坡、南海北部陆坡、台湾省东北和东南海域、冲绳海槽、东沙陆坡和南沙海槽等地均有水合物产出的良好地质条件①。国土资源部于1999年开始启动天然气水合物的海上勘察工作，目前已在南海140平方千米的海域圈定了11块矿区，天然气水合物探明储量达194亿吨油当量。

（三）滨海旅游资源

滨海旅游资源包括滨海自然风光、历史文化遗址、海上活动空间等，是旅游业发展的重要物质基础。

中国漫长的海岸线上有多样化的海岸形态、悠久的海洋开发历史留下了众多历史文化景点。据统计，中国海滨旅游景点大约有1 500多处，有名的滨海沙滩100多处，其中最重要的有国务院公布的16个国家历史文化名城，25处国家重点风景名胜区，130处全国重点文物保护单位，以及几十处国家海洋、海岸带自然保护区。这些景点大多数分布在长江口以南②。

旅游资源的空间布局以及沿海经济发展的格局使中国的滨海旅游形成了以沿海城市为依托的发展格局，并在空间上形成了环渤海、长三角、珠三角和海南岛四大滨海旅游带。环渤海滨海旅游带以大连、秦皇岛、青岛为中心，是中国北方海滨的代表。该区冬无严寒、夏无酷暑，是夏季海滨度假的热点区域。长三角滨海旅游带以上海为中心，辅以连云港、宁波、杭州、南京、苏州等旅游名城，共同构成陆海相连、人文景观和自然景观相融的滨海旅游带。珠江三角洲地区是中国经济最发达的地区之一，也是滨海旅游最发达的区域。该地区滨海旅游资源丰富多样，已形成以香港、澳门、广州、深圳、珠海、汕头、湛江、北海等城市为依托的旅游带。海南

① 于婷婷，张斌．浅议海洋矿产资源的可持续发展［J］．海洋开发与管理，2009（2）：21－24；崔木花，董普，左海凤．中国海洋矿产资源的现状浅析［J］．海洋开发与管理，2005（5）：16－21.

② 天津市海洋局国家海洋博物馆筹建办公室，中国滨海旅游资源，http：//www. tjoa. gov. cn/textContent. aspx? cid＝4638&tid＝114，2012年8月27日访问。

岛是中国最著名的滨海旅游区，拥有堪称世界级的热带滨海旅游资源。海南省正在努力将其建设成为国际旅游岛。

中国沿海重要的滨海旅游城市有大连、秦皇岛、烟台、威海、青岛、连云港、上海、福州、厦门、汕头、广州、湛江、北海、三亚、香港、澳门等。最近几年，对海岛旅游资源的开发步伐明显加快。浙江舟山群岛、福建的东山岛、广东的海陵岛、广西的涠洲岛等都已经成为重要的旅游目的地。

（四）海洋能资源

海洋能也称海洋可再生能源，是海洋资源的一种形式，包括潮流能、潮汐能、波浪能、海水温差能和海水盐差能等。自 2005 年开始，国家海洋局组织领导进行的“中国近海海洋综合调查”（908）专项中，设有海洋能资源调查和评价专题。目前尚未公布调查成果。根据施伟勇等的研究，中国沿海海洋能蕴藏情况总体如下①。

对中国沿海单坝址可开发装机容量大于 200 千瓦的 426 个海湾和河口坝址的调查统计，中国沿岸的潮汐能资源可开发总装机容量为 21 796 兆瓦，年发电量为 62.4 千兆瓦。中国沿岸的潮汐能资源主要集中在东海沿岸，又以福建、浙江两省沿岸最多。从能量密度和港湾的地质条件来看，中国的潮汐能资源开发条件以福建、浙江沿岸最好，其次是辽东半岛南岸东侧、山东半岛南岸北侧和广西东部等岸段。这些地区潮差较大，为基岩港湾海岸，海岸曲折多海湾，具有潮汐电站建设的良好条件。

根据大陆沿岸 55 个海洋站波浪观测资料的理论推算，全国沿岸的波浪能资源平均理论功率为 12.843 兆瓦。由于海洋站位置所限，中国海洋波浪能实际理论功率应大于上述波浪能资源理论功率。波浪能资源地域分布很不均匀，以台湾省沿岸最多。中国沿岸的波功率密度总体较低，波浪能开发成本较高。中国近海及毗邻海域的波浪能理论总功率约为 574 千兆瓦。

根据对中国沿岸 130 个海峡、水道的计算统计，潮流能资源理论平均功率为13.95 兆瓦。中国沿岸的潮流能资源在各省沿岸的分布，以浙江沿岸最多，理论平均功率为 7.090 兆瓦，占全国总量的 41.9%。杭州湾和舟山群岛海域是全国潮流能功率密度最高的海域，并且该区海域资源丰富，开发条件优越。

中国近海及毗邻海域的温差能资源 90% 以上分布在南海，其次是东海。南海由于

① 施伟勇，王传昆，沈家法. 中国的海洋能资源及其开发前景展望［J］. 太阳能学报，2011，32（6）：913－923.

纬度低、水深、海域广阔等原因，温差能资源丰富。黄海、东海、南海的温差能资源储量为 $14.63\times10^{18}\sim15.19\times10^{18}$ 千·焦耳。南海温差能理论储量为 $12.96\times10^{18}\sim13.84\times10^{18}$ 千·焦耳。

利用中国江河入海水量资料计算，全国沿岸盐差能资源理论储量约为 3.58×10^{15} 千·焦耳，理论功率约为 114 千兆瓦。若取可开发其中的 10%，则全国沿岸盐差能可开发装机容量约为 11.4 兆瓦。全国盐差能资源主要分布在长江口及其以南大江河入海口沿岸。其中以长江口最多，可开发装机容量为 7 022 兆瓦，占全国总量的 61.84%；珠江口为2 203 兆瓦，占全国总量的 19.40%；合计占全国总量的 81.24%。

海上风能是清洁的可再生能源，主要用于海上发电，为海岛、海上油气田的生活、生产等提供电力。中国海上风能资源丰富，海上可开发风能资源约 7.5 亿千瓦，且主要分布在东南沿海地区，具有风电开发利用的良好市场和巨大资源潜力。

随着科学技术的进步，海洋能资源形式有所扩大。海洋生物质能源利用技术日臻成熟，利用海藻制氢或制成柴油等，已成为世界海洋生物能源利用的发展方向之一。

（五）海岛资源

中国是海洋大国，海岛众多。按海区分布统计，渤海区内海岛数量占总数的 4%，黄海区占 5%，东海区占 66%，南海区占 25%。按离岸距离统计，距大陆岸线 10 千米之内的海岛数量占总数的 70%，10～100 千米的占总数的 27%，100 千米之外的占总数的 3%。中国海岛广布温带、亚热带和热带海域，生物种类繁多，不同区域海岛的岛体、海岸线、沙滩、植被、淡水和周边海域的各种生物群落和非生物环境共同形成了各具特色、相对独立的海岛生态系统，一些海岛还具有红树林、珊瑚礁等特殊生境；海岛及其周边海域自然资源丰富，有港口、渔业、旅游、油气、生物、海水、海洋能等优势资源和潜在资源。

海洋岛屿及其周边海域生物资源比较丰富，种类繁多。海岛潮间带及近岛海域宽阔，是多种鱼、虾、贝、藻的产卵、育仔、索饵场和栖息在地，有着大量可供食用、药物和宜于增养殖的经济水产生物资源。

岛陆生物资源的种类比较丰富，近岸岛上有植物约 2 000 种，其中有 1 000 种以上有药用价值，但资源量较小，能形成一定数量和规模的仅有 200 种左右。海岛上的动物以鸟类最多，估计有 400 种左右，其中 80% 是候鸟或旅鸟。在福建以南，特别是海南岛屿周围有丰富的红树林和珊瑚礁资源。

森林资源、土地资源、矿产资源也是海岛重要的资源类别。另外，也有些位于亚热带和温带的海岛，深水水域广阔，岸线曲折漫长，形成的一些岬角和海湾，可做港口开发利用。海洋岛屿还有巨大的旅游资源开发的潜力。

（六）海洋空间资源

海洋空间资源包括海洋水体、水面及其上覆空间、海床、底土。它和土地资源一样，是进行海洋开发利用的载体。海洋空间可以为人类的生存活动提供广阔的空间。按利用目的，海洋空间可用作生产场所，贮藏场所，交通运输设施，居住及娱乐场所，军事基地等①。典型的海洋空间利用方式包括围填海造地、海水养殖、建设港口码头、设立航道、建设海上度假休闲娱乐设施，建设海上仓储基地等。

重要的海洋空间资源包括滩涂湿地、海湾、浅海水域和水道等。中国潮间带滩涂面积约2.2万平方千米，水深在6米以内的浅海水域面积约2.7万平方千米②，其中浅海、滩涂和港湾在内的海水可养殖面积为2.5万平方千米③。中国大陆沿岸有大于10平方千米的海湾150多个，面积在5平方千米以上的海湾200个左右。以面积反映中国近海海湾的大致分布，山东、广东、辽宁居前三位，江苏和广西为最少。

（七）海水资源

海洋水体是地球上最大的连续矿体，是重要的海洋资源。通过海水淡化提取淡水已经成为中东等缺水地区重要的淡水来源。海水中有80种天然元素，含量较高的有氧、氢、氯、钠、镁、硫、钙和钾。海水制盐、卤水综合利用、海水制镁、海水制溴、海水提钾、海水提碘、海水提铀等，在很大程度上可以弥补陆域资源的不足。

海水中含有的淡水成分是提供淡水资源的新途径。根据国际脱盐协会的统计，至2011年6月，世界上超过150个国家在利用海水淡化技术，形成规模的海水淡化厂超过15 988座，总海水淡化能力超过6 650万吨/日，为3亿人提供了各种形式的淡化海水服务。大型海水淡化厂都分布在阿联酋、沙特阿拉伯和以色列，其中最大的海水淡化厂日处理淡水能力超过100万吨。海水利用中，市政用水占63%，工业和电力用水约占30%。

中国的海水淡化规模快速增长，海水淡化技术日趋成熟。“十一五”期间，我国海

① 杨大海．海洋空间资源可持续开发利用对策研究——以大连为例［J］．海洋开发与管理，2008（1）：29－32．

② 何文珊．中国滨海湿地［M］．北京：中国林业出版社，2008．

③《中国海洋统计年鉴（2010）》，海洋出版社，2011：95．

水淡化能力以每年接近70%的速度增长，至2011年9月，中国的海水淡化总规模已达到日产66万吨，包括工程设备、折旧、运行维护等在内的全制水成本已经可以控制在6元人民币/吨。

二、国家管辖海域外的海洋资源

国家管辖外海域资源是指赋存于公海及“区域”的资源。《联合国海洋法公约》（以下简称《公约》），对国家管辖外海洋资源开发利用做了相应规定，用以维护公海或“区域”海洋资源的可持续利用。依《公约》规定，国际海底区域及其资源是人类共同继承财产，是世界各国可利用的资源。除《公约》外，还有一些国际海洋法律、公约及文书涉及国家管辖外海域资源的开发利用与管理，如《生物多样性公约》等。目前广受关注的国家管辖范围以外海域的资源包括公海的渔业资源、国际海底区域的多金属结核、富钴结壳、多金属硫化物、天然气水合物以及深海生物基因资源等。

（一）多金属结核

多金属结核广泛分布于水深4 000～6 000米的海底，含有70多种元素。其中镍、钴、铜、锰的平均质量分数分别为1.3%、0.22%、2%和25%，分别高出陆上相应资源量的几十倍到几千倍。由于采用的方法和资料数据的不同，对全球洋底多金属结核资源量的精确计算十分困难，其结果相差很大。人们至今引用最多的数据仍然是：全球大洋底多金属结核资源总量为3万亿吨，有商业开采潜力的多金属结核资源量达750亿吨。多金属结核在三大洋的分布极不均匀。大西洋的多金属结核分布十分有限。印度洋的多金属结核分布较大西洋广泛。太平洋是多金属结核分布最广泛、经济价值最高的地区。太平洋结核的分布呈带状，有东北太平洋海盆、中太平洋海盆、南太平洋、东南太平洋海盆等分布区。其中位于东北太平洋海盆内克拉里昂、克里帕顿两层断裂之间的地区是结核经济价值最高的地区①。

2001年5月22日，中国大洋协会取得位于太平洋的7.5万平方千米的矿区多金属结核资源的专属勘探权，并且在多金属结核进入商业开采时具有优先开发权。矿区内约有4.2亿吨干结核资源量，其中含11 175万吨锰、406万吨铜、514万吨镍、98万

① 高威，马佳珍．深海资源概述［J］．金属世界，2011（1）：22－23.

吨钴。

（二）富钴结壳

富钴结壳分布在水深800～4 000米的海山、海坡上。富钴结壳金属钴含量可高达2%，是陆地含钴矿床的20倍；贵金属铂含量也相当于陆上含铂量的80倍。富钴结壳矿床的潜在资源量达10亿吨。结壳还是其他许多金属和稀土元素的重要潜在来源，如钛、铈、镍、铂、锰、磷、铊、碲、锆、钨、铋和钼。钴结壳主要分布在海山区。目前调查表明太平洋、印度洋和大西洋都有富钴结壳聚集。富钴结壳最大的聚集地在太平洋近赤道带西段。

20世纪80年代以来，富钴结壳一直是海洋矿产资源勘探的热点。中国于90年代中期开始进行富钴结壳调查。2012年，向国际海底管理局递交了在西太平洋的富钴结壳专属勘探区申请。

（三）热液硫化物

海底热液硫化物是继大洋多金属结核、富钴结壳后的另一种新的海底重金属矿产资源。海底热液硫化物主要为结晶矿物组分，富含多种金属和稀有金属。科学家们发现海底热液硫化物矿床主要出现在海底构造活动的部位，即大洋中脊、弧后盆地和板内火山，主要分布在太平洋、大西洋及红海，资源总量初步估计可达4亿吨。海底热液硫化物其主要组成有铜、铅、锌、铁和贵金属银、金、钴、镍、铂等。

热液硫化物具有巨大的潜在经济价值和良好的开发前景，其赋存的环境对于人类认识海洋具有很高的科研价值。有研究认为对热液硫化物的开采可能早于对多金属结核。中国“大洋一号”在太平洋和印度洋发现了多处具有商业开采价值的多金属硫化物矿区。2011年7月20日，国际海底管理局理事会核准了“中国大洋矿产资源研究开发协会”提交的西南印度洋多金属硫化物勘探区申请，使中国在西南印度洋获得了一块面积约1万平方千米的具有专属勘探权和优先开采权的海底矿区。

（四）远洋渔业资源

远洋渔业资源是指在公海和别国专属经济区内可供捕捞的渔业资源。据联合国粮农组织和日本水产厅推算，世界海洋鱼类和贝类最大持续渔获量在1.5亿～1.8亿吨。目前，世界海洋渔业产量大约为1亿吨。从总体上来看，世界海洋渔业资源潜力还较大。

中国对公海渔业资源的利用比较欠缺。以金枪鱼为例，世界远洋渔业年总产量约800万吨，其中高经济价值的鱼类——大洋性金枪鱼就达411万吨。中国大陆对公海金枪鱼资源的利用仅为11万吨左右。

除常规的渔业资源外，还有一些资源丰富的渔业新资源，可以满足人类对蛋白质的需求。南极磷虾是地球上资源量最大的单种生物之一。据估算，其生物量为6.5亿～10亿吨，保守估计总量可达2.5亿～6亿吨。由于南极生态系统的脆弱性，南极海洋生物资源养护委员会（CCAMLR）认为，在不影响南极生态系统条件下的最大捕捞量应为400万～600万吨①。目前世界总捕捞量仅为十几万吨。南极磷虾资源具有巨大的开发和利用潜力。在世界海洋渔业资源普遍衰退的背景下，南极磷虾资源日益受到世界各国关注。

中国的远洋渔业自1985年发展以来，已取得了显著的成绩。目前，已拥有1 700艘的远洋渔业渔船遍布于世界三大洋作业，年产量近100万吨。农业部于2010年首次组织实施了南极磷虾探捕，捕捞磷虾1 846吨，并对南极磷虾渔场资源、气象环境、渔具渔法、加工利用、生物学特性等方面进行了初步研究。

（五）深海生物基因资源

国家管辖海域外的生物基因资源目前主要指深海热液喷口周围的生物群落资源，或称为深海热泉生物群落资源。深海热泉生物群落广泛存在于大洋中脊，其依靠化学自营维持生存与繁衍，而不是传统的光合作用，构成了独特的生态系统。热泉生物群落在生物学研究、揭示生命的起源与拓展生命的生存空间等方面有着重要的学术价值。深海生物群落独特的基因还孕育着广泛而重要的应用价值和商业前景，在新型医药开发、基因疗法、工业应用以及环境保护等方面具有广泛的应用价值②。

除了上述几种资源外，深海中还有许多有重要潜在价值的资源，如磷酸盐、深海黏土和碳酸盐、海水中的溶解矿物资源等。

---

① 陈雪忠，徐兆礼，黄洪亮. 南极磷虾资源利用现状与中国的开发策略分析［J］. 中国水产科学，2009，16（3）：451－458.

② 张鸿翔，赵千钧，郭琳. 深海热泉生物——人类的基因资源宝库［J］. 地球科学进展，2002，17（6）.

第五章　中国海洋经济发展的现状

过去几年，中国海洋经济得到全面发展。海洋经济规模不断扩大，海洋产业结构持续优化，空间发展格局初步形成，产业集聚进一步提高。《国民经济和社会发展第十二个五年规划纲要》对海洋经济进行总体部署。目前，海洋经济进入新的发展阶段，发展海洋经济成为社会共识。

一、海洋经济持续快速发展

在海洋开发建设和相关政策的共同推动下，海洋经济实现平稳、较快增长。海洋产出规模、海洋产业结构、涉海就业均取得了明显的成绩，海洋经济已经成为国民经济重要的组成部分和新的增长点。

（一）经济总量

《中国海洋经济统计公报》数字显示，2012 年中国海洋生产总值突破 5 万亿大关，达到 50 087 亿元，较上年增长 7.9%。海洋经济在国民经济中的比重也不断上升，从 2001 年的 8.7% 上升至目前的 9.6%。

（二）产业结构

中国海洋经济结构呈现“三、二、一”的格局。第一产业比重较低，第二产业、

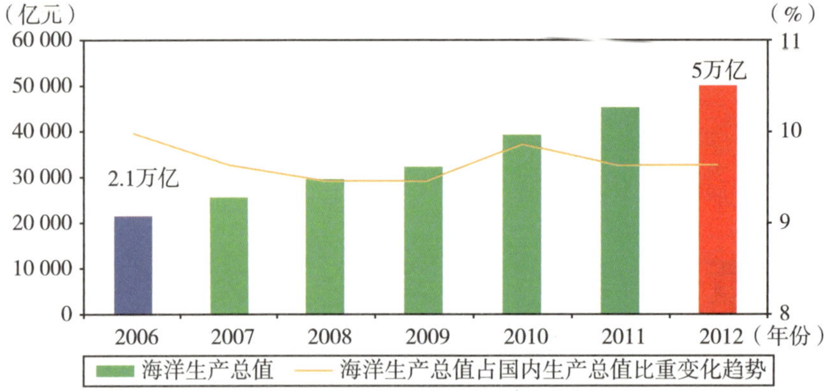

图 5－1　海洋生产总值变化情况

数据来源：《中国海洋统计年鉴》（2011）、《中国海洋经济统计公报》（2012）。

第三产业比重较高。2012 年，中国海洋第一产业增加值 2 683 亿元，第二产业增加值 22 982 亿元，第三产业增加值 24 422 亿元。海洋第一、第二、第三产业增加值占海洋生产总值的比重分别为 5.3%、45.9%、48.8%。从历史数据的变化情况看，海洋第一产业增加值比重在不断下降。

除了传统的三次产业划分方式，还可根据产业关联程度将海洋经济活动划分为海洋产业和海洋相关产业。我国海洋相关产业在海洋经济中具有重要地位，其产值规模与海洋产业相比约为 4∶6。2012 年海洋产业增加值 29 397 亿元，海洋相关产业增加值 20 690亿元，海洋相关产业占海洋生产总值的比重有所提高。

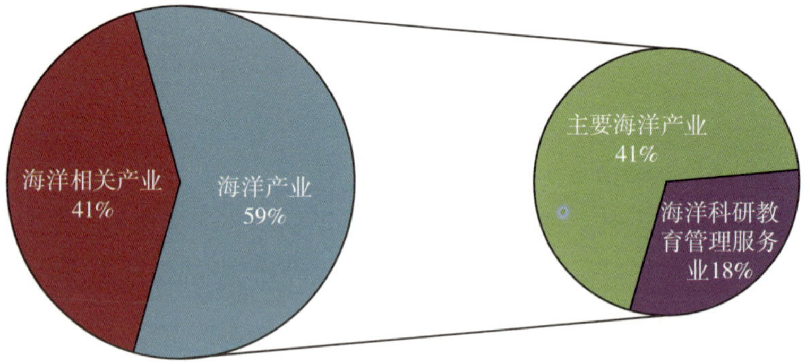

图 5－2　海洋产业的构成

（三）就业规模

随着海洋经济的发展以及海洋产业体系的逐步完善，涉海就业人数不断增加，在地区就业总人口中的比例不断攀升。海洋经济的发展对我国沿海地区就业的贡献越来越大。

2001年沿海地区涉海就业2 107.6万人，占地区就业总人口的8.1%；2010年沿海地区就业3 350.8万人，占地区就业人员的比重达到10.1%。从各地涉海就业规模情况看，广东就业规模最大，达到803.4万人，其次是山东，达到508.6万人；从涉海就业占当地就业的比例情况看，天津最高，为32.5%，其次是海南，达到28.7%。此外，福建、山东、辽宁涉海就业比例也相对较高[①]。

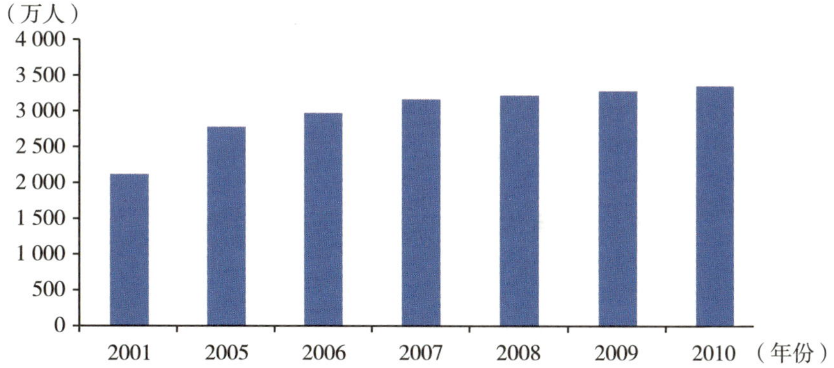

图5－3　涉海就业人口变化情况

资料来源：《中国海洋统计年鉴（2006、2007、2008、2009、2011）》，海洋出版社。

2010年主要海洋产业吸纳就业1 142.2万人，占所有涉海产业就业人员的34.08%。主要海洋产业中，对就业贡献较大的是海洋渔业及相关产业，吸纳就业553.2万人，滨海旅游业吸纳就业124.4万人，海洋交通运输业吸纳就业80.7万人，海洋工程建筑业吸纳就业61.6万人，海洋船舶业吸纳就业32.7万人[②]。而海洋生物医药、滨海砂矿、海洋电力、海水利用业吸纳就业人员相对较少，平均不到1万人。

海洋经济开发的热潮还在继续，海洋教育和科技的发展还在进行。预计未来，海洋建筑工程行业、海洋渔业、海洋油气业等部分传统产业以及海洋电力业、海洋生物医

①② 《中国海洋统计年鉴（2011）》，海洋出版社。

药、海水利用等新兴产业吸纳就业的能力将进一步加强；海洋科技人才的比重也会有大幅度的提高。

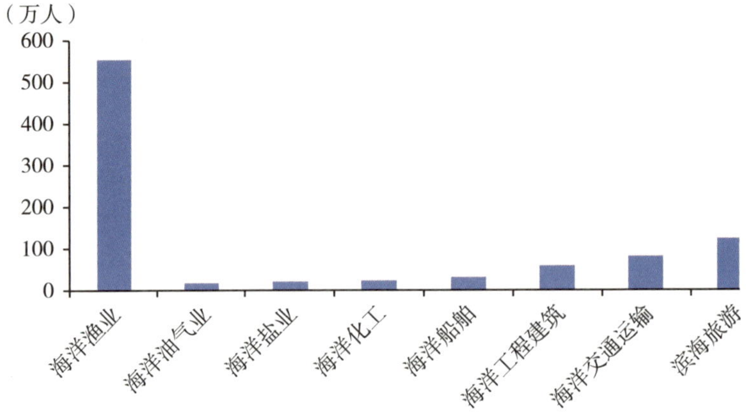

图 5-4　部分主要海洋产业就业规模比较

资料来源：《中国海洋统计年鉴（2011）》，海洋出版社。

二、海洋产业规模不断壮大

中国海洋产业走出了一条快速发展、不断壮大的道路。从构成单一的海洋渔业、海洋盐业发展到以交通运输、滨海旅游、海洋油气、海洋船舶为主导，以海洋电力、海水利用、海洋工程建筑、生物医药、海洋科教服务等为重要支撑的、优势突出相对完整、传统产业与新兴产业共同发展的产业体系。

（一）海洋传统产业

根据 2012 年海洋经济统计公报的数据显示，中国海洋产业增加值前 5 名分别是滨海旅游业（6 972 亿元）、海洋交通运输业（4 802 亿元）、海洋渔业（3 652 亿元）、海洋油气业（1 570 亿元）和海洋船舶业（1 331 亿元）。这五大产业的增加值占到整个海洋生产总值的 37%，是中国海洋经济的传统产业。

1. 海洋渔业

海洋渔业是海洋经济的传统产业，也是支柱产业。统计数字显示，2010年全国海水产品产量2 797.5万吨，其中海洋捕捞产量1 203.59万吨，海水养殖产量1 482.3万吨。就产品结构而言，海洋捕捞产品以鱼类和甲壳类为主，海水养殖产品以贝类、甲壳类为主。

近海捕捞量稳中有降。中国主要在渤海、黄海、东海、南海进行海洋捕捞作业。获渔量最高在东海，约461.9万吨，渤海最少，约106.9万吨。近海捕捞主要以拖网、刺网和张网为主，三种捕捞方式占总捕捞量的70%以上。捕获的经济鱼类主要是带鱼、鲐鱼、鲅鱼；甲壳类主要是梭子蟹、虾蛄；头足类主要是鱿鱼。

海水养殖面积逐年增加。2010年海水养殖面积达到208万公顷，较上年增加22万公顷。其中海上养殖面积114万公顷，滩涂养殖面积65万公顷。养殖产量合计1 482万吨，其中鱼类以鲈鱼、大黄鱼、鲆鱼为主，甲壳类主要以南美白对虾、青蟹、梭子蟹为主，贝类主要以蛤、扇贝为主。

远洋渔业产量稳步提高。2010年中国远洋渔业总产量达到111.6万吨，产值119.2亿元，较上年分别增长14.2%、32%。其中运回国内60.5万吨，境外出售51万吨。远洋捕捞以金枪鱼和鱿鱼为主，分别为16万吨和36.7万吨。发展远洋渔业的地区主要是福建、辽宁、浙江和山东。中国新渔场开发和公海渔业资源利用能力提升明显，南极磷虾探捕工作稳步推进。

自从我国在渤海、黄海、东海、南海海区逐步实行伏季休渔制度至今，在缓解过度开发捕捞渔业资源、遏制海洋生态恶化、增加海洋生物种群数量等方面取得了显著成绩，保障了全国海洋渔业的平稳增长。

2. 海洋交通运输业

宏观经济环境对海洋运输业的影响是显著的。由于全球金融危机和欧洲债务危机的持续发酵，中国航运企业经营困难，部分企业出现巨额亏损。2012年，中国海洋交通运输业增长速度继续下滑，全年实现产业增加值4 802亿元。

加入世贸组织后，我国对外贸易快速增长，海洋交通运输业也迎来新的发展阶段，涌现出了一批具有世界影响力海运公司和国际性的、区域性的枢纽港。2010年数据显示，当年世界十大集装箱港口中，上海、深圳、广州、宁波—舟山、青岛港位列其中，占据五席，上海港首次以2 906.9万标准箱的成绩超越新加坡港2 843.08万标准箱，排名世界第一。

表 5－1　　国内十大集装箱港口吞吐量（TEU）增同比幅变化　　单位：%

	港名	2010 年增幅	2011 年增幅	2012 年 1～8 月同比增幅	总体增幅变化
1	上海港	16.26	9.3	1.4	降
2	深圳港	23.34	0.3	1.2	降
3	宁波—舟山港	25.14	11.7	8.7	降
4	广州港	12.30	13.4	3.1	降
5	青岛港	17.04	8.9	11.2	降中有增
6	天津港	15.84	14.08	6.4	降
7	厦门港	24.34	10.9	12.2	降中有增
8	大连港	14.54	22.09	26	增
9	连云港港	25.41	25.32	1.2	降
10	营口港	31.55	20.8	17.2	降

中国海洋交通运输业在“十五”、“十一五”时期的跨越式发展得益于中国加入世界贸易组织后对外贸易的快速发展。大量的矿石、石油等原材料商品源源不断地从全球输入到中国，而各种纺织品、器械、电子产品则从中国输出到世界各地。中国沿海地区的港口码头如雨后春笋般涌现，航运企业也获益颇丰。但是建立在这种发展模式上的交通运输行业也极易受到外部经济环境的影响。金融危机对主要依靠国内市场的国内航运影响较小，而对主要依赖对外贸易的国际航运的影响较为严重。受国际金融危机和欧债危机持续影响，中国对外贸易形势依然不容乐观。通过 2012 年 1～8 月的相关数据的分析不难发现，国内十大集装箱港口的吞吐量的增长出现明显放缓，这表明了目前航运业所面临的困境。

3. 滨海旅游业

滨海旅游业依托海岸带、海岛及海洋各种景观资源，是我国海洋经济的主导产业之一。多年来，其产业增加值始终位居前列，是沿海地区财政的重要来源，是吸纳就业的主要力量。2012 年滨海旅游实现产业增加值 6 972 亿元，比上年增长 9.5%，约占全国主要海洋生产总值的三成。

2009 年中国沿海城市接纳旅游人数超过 9.1 亿人次。上海、浙江、山东、广东接待量均突破 1 亿人次。沿海城市中接待国外游客人次最高的是深圳，为 1 020 万人次；获得旅游外汇收入最高的是上海，约为 63 亿美元，深圳为 31.5 亿美元。

中国在发展滨海旅游方面进行了大胆的探索。2009 年年底国务院发布《关于推进海南国际旅游岛建设发展的若干意见》，提出将海南建成为国际旅游岛，在融资、财税、土地、开放政策予以倾斜。这是第一个依靠海岛旅游为主导战略的国家级区域规划，也体现了滨海旅游在国民经济和地方发展中的重大作用。

滨海旅游业属于海洋服务业，在经济统计中归属为第三产业，无论是产业规模还是发展速度，在中国海洋经济中都具有较高水平和地位。然而，中国滨海旅游业也存在诸多问题。例如，虽然滨海旅游业产值逐年增加，但新兴的、现代化的服务比重增长缓慢，传统的一般性的服务依旧是滨海旅游业的主要门类。从整体来看，中国滨海旅游业与国外发达国家日新月异的“新型旅游业”相比存在较大差距。“十二五”时期，滨海旅游业需在丰富服务类型、拓展价值链条、提高服务层次、培育新的增长点方面进行探索，走“新型滨海旅游”的发展道路。

4. 海洋船舶工业

海洋船舶工业是海洋制造业中的核心产业。海洋船舶和工程装备的生产水平直接体现了海洋科技的发展水平，标志着一国海洋开发能力。中国海洋船舶制造业在产出规模上处于世界领先水平。特别是三大传统船型的手持订单量、完工量、新接订单量与韩国、日本等国同处世界第一梯队。近些年，中国企业不断提高产品质量和科技含量，积极发展高附加值船舶及海工产品，在设计、关键部件和设备上取得长足进步，打破欧美发达国家对关键技术和设备的垄断，实现部分国产化或完全国产化。在高附加值船舶方面，有 17.5 万吨级好望角型散货船、38.8 万吨级大型矿砂船（VLOC）、30 万吨超大型油船（VLCC）、1 万 TEU 集装箱船、14.7 万立方米液化天然气（LNG）船。中国海洋船舶工业年增加值已达千亿元规模，2012 年产业实现增加值 1 331 亿元。

虽然海洋船舶工业无论在产值规模和产业结构方面均取得了较大的成就，但船舶工业同海洋交通运输行业相同，都属于外向型产业，易受外部经济环境影响。2012 年，全国造船完工量为 6021 万载重吨，同比下降 21.4%；新接船舶订单量为 2041 万载重吨，同比下降 43.6%；截至 12 月底，手持船舶订单量为 1.0695 亿载重吨，比 2011 年底下降 28.7%。按载重吨计，造船完工量、新接订单量、手持订单量分别占世界市场份额的 40.7%、43.6%、41.5%①。

为了在新的形势下继续保持船舶工业的快速发展，提高行业竞争力，国家于 2009 年颁布《船舶工业调整和振兴规划》，并在 2012 年的“‘十二五’国家战略性新兴产业

① 资料来源：中国船舶在线。

发展规划”中将海洋工程装备制造业列入其中。当前船舶工业深度调整，机遇与挑战并存，部分从事传统船舶修造的中小船舶企业将被市场淘汰，而产品高端、工艺先进、技术见长的企业将会迎来发展机遇。

5. 海洋石油和天然气业

随着海洋装备技术的发展，中国海洋油气业也经历了有无到有，由单一的资源开采到上下游产业综合发展的历程。截至2010年，中国已在国内建成82个海上油气田，年产量达到5 000万吨，占石油总产量的1/4。海外经营活动也成为中国海洋石油和天然气产业发展的重要支撑力量。中国油气企业在印度尼西亚、澳大利亚、尼日利亚和其他国家的油气区块持有权益。2012年海洋油气业实现增加值1 570亿元。

海洋油气业有着广阔的发展前景。世界原油价格以及国内需求持续增长使得海洋油气业处于难得历史机遇期。中国在管辖海域拥有丰富的油气资源，以往受制于人才、技术、设备瓶颈，未能充分加以利用。近些年油气企业在资源勘探、开发、环境保护方面的全方位突破，缩小了与世界先进水平的差距，提高了生产能力，同时广泛地参与国际合作，以全球视野谋求中国海洋油气业的新突破。

6. 海洋工程建筑业

海洋工程建筑业是在海上、海底和海岸所进行的用于海洋生产、交通、娱乐、防护等用途的建筑工程施工及准备活动，包括海港建筑、滨海电站建筑、海岸堤坝建筑、海底隧道桥梁建筑、海上油气田陆地终端及处理设施建造、海底线路管道和设备安装。近几年沿海地区基础设施建设步伐不断加快，跨海桥梁和海底隧道建设比较活跃，极大地刺激了海洋工程建筑业的蓬勃发展。2012年海洋工程建筑业保持平稳增长，新开工项目和在建工程稳步推进，产业实现增加值1 075亿元，比上年增长12.7%。

7. 海洋化工业

海洋化工包括海盐化工、海水化工、海藻化工及海洋石油化工。近些年中国海洋化工产品产量有所下降，海洋化工的产品产量约为1 000万吨。其中山东产量较高，占到全国产量的一半左右。目前，一些有条件的省份发挥沿海地区海洋油气和盐卤资源丰富的优势，依靠当地科技和龙头企业，加快发展海洋油气、盐卤资源加工和盐精细化工，建立了一批海洋化工项目，初步形成了海洋化工的产业集聚。2012年，海洋化工业实现增加值784亿元，较上年增长17.4%。

8. 海洋盐业

海洋盐业是我国传统海洋产业，通常以海水和海滨地下卤水为原料，经过化卤、蒸发、洗涤、粉碎、干燥、筛分等工序，加工制成系列盐制品。随着沿海地区工业和城镇建设用地需求的不断增加，盐田数量和面积有所缩减，海洋盐业受到一定的影响。2010年海盐产量3 286.6万吨，较2009年小幅回落。“十一五”期间，我国海盐产业保持基本平稳。

9. 海洋矿业

海洋矿业系指滨海金属砂矿、滨海土沙石、海底地热、煤矿开采和深海采矿等采选活动。大多海洋矿砂属不可再生资源，海洋相关部门对海洋矿砂开采活动进行规范、管理，对破坏海岸带的开发行为进行严格处罚。2010年我国海洋矿砂开采量出现了较大幅度的减少。全年开采3 422.5万吨。中国海洋矿砂产量最高的是浙江省，一般年份的产量都在全国总产量的70% ~90%。2012年海洋矿业实现增加值61亿元。

（二）海洋新兴产业

海洋新兴产业主要包括海水利用、海洋生物医药、海洋电力、海洋高端装备制造、海洋生物育种与健康养殖，以及现代海洋服务业等。目前，我国海洋新兴产业发展步入快车道，在海洋经济中的比重不断提升。

1. 海水利用业

海水利用是利用海水的各种方式的统称，按产业类型划分，现阶段我国海水利用活动包含三类方式：一是海水淡化利用，系指脱除海水中盐分以获得淡水的工艺过程，主要有高压反渗透、低温多效蒸馏、多级闪蒸、电渗析等获得淡水的方式；二是海水直接利用，系指以海水直接替代淡水的工艺过程，主要有工业冷却用水、民用直接冲厕的大生活用水、烟气海水脱硫用水等；三是海水化学资源利用，系指从海水中获取多种化学元素、化学品及其深加工产品的工艺过程，主要有海水制盐，海水提钾、提溴、提镁、提锂等。

在《海水利用专项规划》指导下，沿海各地相继建立起一批海水利用示范工程和项目。目前，我国海水淡化与综合利用技术趋于成熟，海水淡化成本接近国际先进国家海水淡化水平，一批据有自主知识产权的海水淡化设备已经出口到印度尼西亚等国家，一批海水淡化项目相继在天津、青岛、厦门、河北、广东等沿海省市投产运营，部分海岛利用海水来解决岛上的人畜生活用水短缺问题。

近期我国沿海地区在建、拟建电厂项目几乎全部配套建设海水淡化装置，充分体现了国家推进节能减排、发展循环经济等政策的引导和驱动作用。2012 年国家出台了新的海水利用领域的政策措施，① 未来海水利用业的发展将围绕海水利用产业亟须解决的大规模海水利用工程技术、关键装备的国产化等关键问题，全面提高我国海水利用技术水平和市场竞争力，通过海水利用科技创新和产业发展，提升海水利用在海洋经济中的贡献度。2012 年，全国海水利用业实现增加值 11 亿元，比上年增长 4%。

2. 海洋药物和生物制品业

海洋药物与生物制品业以海洋生物资源为研发对象，以海洋生物技术为主导技术，以海洋药物为主导产品，包括海洋创新药物、生物医用材料、功能食品等大的产业体系。海洋生物资源是巨大的天然医药宝库，随着陆地资源的日渐枯竭，现已成为最具新药开发潜力的领域，成为国际业内关注的热点。由于在国际生物医药市场存有巨大的利益空间，所以其发展速度和前景明显优于其他高技术产业，因此被世界各国视为 21 世纪最具发展前途的朝阳产业。

经过改革开放 30 多年的发展，海洋生物医药产业已经跃升为我国高新技术产业发展重点、海洋经济发展的热点。我国沿海地区从事海洋天然药物研究的机构和成产企业多达数百家。产品包括活性钙、活性肽、牛磺酸、葡萄糖酸钙、深海鱼油、深海鱼钙、DHA、深海鱼氨基酸胶囊、液体钙、卵磷脂、甲壳素、角鲨烯、儿童鱼油等。初步核算，2012 年中国海洋生物医药业全年实现增加值 172 亿元。

近年来，我国海洋生物医药研究逐步走向规范化，形成了一批海洋生物技术和海洋药物研究中心。沿海地区从事海洋天然药物研究的机构多达数十家。山东、广东、江苏、福建等海洋大省纷纷加大了对海洋生物医药产业的投入，将其作为蓝色经济的主要增长点加速推动。

3. 海洋可再生能源业

海洋可再生能源业主要源于海洋可再生能源的发现和应用，包括海洋潮汐能、波浪能、海流能、温差能、盐差能、海洋生物质能和海上风能等。由于开发利用海洋可再生

---

① 《关于加快发展海水淡化产业的意见》（国办发［2012］13 号）、《海水淡化产业发展“十二五”规划》（发改环资［2012］3867 号）、《海水淡化科技发展“十二五”专项规划》国务院办公厅 2012 年 8 月下发。

能源具有不占耕地、无须移民、不会诱发次生灾害等优点，极有可能在未来发展成具有重大意义的战略性海洋新兴产业。目前，潮汐能、海上风能设备及发电领域已经形成产业化生产。

“十一五”时期，国家出台《可再生能源法》、《电网企业全额收购可再生能源电量监管办法》、《节能发电调度办法》等，在电价、费用、并网方面制定了明确的实施细则。在国家、地方各种鼓励清洁能源开发政策推动下，可再生能源电力业发展迅猛，特别是风电得到快速发展，截至2012年6月中国并网风电5 258万千瓦。在此背景下，中国海上风电也进入快速发展阶段，正向规模风电场的方向迈进。2012年海洋电力业实现增加值70亿元，比上年增长14.3%。

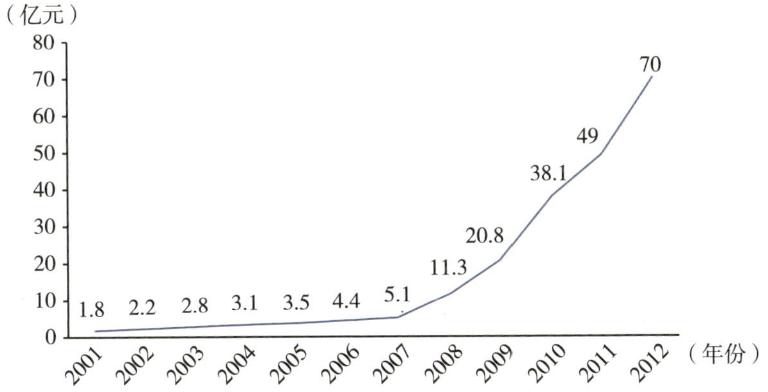

图5－5　海洋可再生能源业增加值变化（2001～2010年）

资料来源：《中国海洋统计年鉴（2011）》、《中国海洋经济统计公报》（2011、2012）。

4. 海洋工程装备制造业

海洋工程装备是人类进行海洋及海洋资源研究、开发、利用与保护的工具，是海洋技术水平的集成体现，它具有品种繁多、系统复杂、技术含量高、综合性强的特点。海洋高端装备包括海洋探测设备、海洋资源开采设备等。

通过863等国家计划“九五”、“十五”、“十一五”期间的持续支持，现已在资源勘探开发装备、水下运载装备、作业装备方面具有一定的研发能力。水下作业装备方面，中国先后研制成功了工作深度从几十米到数千米的多种深潜器；在海洋工程船方面，我国现已具备生产30万吨浮式生产储油轮（FPSO）、3 050米深水钻井平台、400英尺自升悬臂式钻井平台、圆筒式海洋钻井平台的能力，并在开发研制过程中，通过引进消化吸收国外先进技术，培养了一批专业人才。

尽管我国的海上资源开发、水下运载及其作业技术有了突破性的进展，但是与世界先进国家相比，我国的深海技术和装备技术水平尚有一定差距，尤其是在装备和技术体系的建设方面差距较大，大量关键核心装备与技术依然依赖进口，引进中存在着技术封锁和贸易壁垒。海洋装备制造的水平直接关系到一国开发、利用、保护海洋资源，维护海洋权益的能力，对国民经济和国家安全具有重大战略意义。但该产业技术门槛高、投资风险大，需要国家制定专门的政策措施加以扶持。

5. 海洋生物育种和健康养殖

海洋生物育种和健康养殖是指综合利用现代育种技术、养殖技术和疾病防控技术，培育高产优质新品种，并实施健康、环保的养殖模式。欧美、日本等水产养殖业先进国家，其水产养殖品种大多是经过遗传改良的优良品种，工艺上已实现了高度集约化、精细化的封闭式循环水养殖，疾病预防逐步杜绝化学投入品的使用。海洋健康养殖关系到食品安全、渔民增收，是富民、惠民工程。国家在2009年发布了100个农业主导品种和10项主推技术，其中渔业主导品种10个，主推技术7项，包括：海水池塘健康养殖技术、网箱无公害养殖技术、水产养殖水质综合调控技术、盐碱地生态养殖技术、海水池塘健康养殖技术、海水工厂化健康养殖技术、兼具节水和安全功能的池塘养殖技术。依靠技术的提升和管理水平的改善，过去几年，中国海洋生物育种与健康养殖业取得长足发展。

6. 现代海洋服务业

现代海洋服务业系指依托现代信息技术、现代海洋技术和现代管理方法而发展起来的海洋服务业。究其产生根源，一是海洋产业社会分工发展；二是信息技术、现代管理方法对海洋传统服务业的改造。现代海洋服务业涉及海洋生产活动的方方面面，主要有：（1）现代海洋生产性服务业。面向海洋生产活动，紧密围绕四大海洋产业①，包括海洋气象信息服务、海洋环境预报、海洋环境危机处理、海洋搜救、海洋生物资源及矿产资源勘查定位、海洋工程维护、海洋电子信息与软件、海洋金融与保险、海洋商务旅游、海洋产业科技支撑②等；（2）现代海洋社会性服务业。面向民生，服务大众。包括海洋公益性环境服务、海洋公益性气象服务、海洋科学科考与调查、海洋教育、海洋管理、海洋科普与文化传播。

---

① 包括：海洋渔业综合服务、海洋资源勘探，海洋交通运输、滨海旅游。

② 包括：海洋技术研发、技术推广、工业设计。

服务业是国民经济的重要组成部分，比重份额直接体现一国经济发展水平与发展程度。加快服务业特别是具有高附加值、高技术含量的现代服务业的发展对调整产业结构、转变经济增长方式、缓解能源资源短缺、升级“中国制造”水平、提升国家综合竞争力具有重大战略意义。海洋是地球最大的物质空间，特殊的高温、高压、高盐、超深、低光照环境使得海洋科技也具有相对的特殊性。现代海洋服务业基于最前沿、最精尖的海洋技术，体现了海洋产业的最新成果，是现代服务业的重要组成。目前世界一些发达国家服务业增加值占国内生产总值达到80%以上。2001～2008年，中国海洋科研教育管理服务业、滨海旅游业、交通运输业年均增速都在两位数，远高于其他海洋产业。这一动态变化符合经济向服务经济转型的趋势。

（三）产业发展比较

1. 产业规模

依据产业增加值规模从大到小排序，依次是滨海旅游业、交通运输业、海洋渔业、海洋油气业、海洋船舶工业、海洋工程建筑业、海洋化工业、海洋生物医药业、海洋盐业、海洋矿业、海洋电力业以及海水利用业。

近十年，主要海洋产业增加值规模均有不同程度的提高，但海洋经济主导产业的基本格局并未发生改变。滨海旅游业、海洋交通运输业和海洋渔业依旧是海洋经济最重要的三个部门，合计增加值占到主要海洋产业增加值的70%以上。海洋油气业、海洋船舶工业、海洋建筑工程业是海洋经济的中坚力量。预计在不久的将来，海洋油气业及海洋船舶工业将超过海洋渔业，进入第一梯队。

2. 产出增速

海洋渔业增长平缓；海洋矿业、海洋盐业等传统资源型产业年产出起伏较大，且产品价格具有波动性，增幅不一。

海洋交通运输业和滨海旅游业发展平稳，除个别年份出现回落外，均保持10%左右的增长速度。

海洋电力业、海洋生物医药发展速度较快，部分年份增长超过50%，个别年份增长超过100%；海水利用业在新兴产业中增长相对稳定，增速有加快的趋势。

海洋油气业、海洋船舶工业、海洋化工业受国内外市场及经济形势影响，起伏较大，高速增长和负增长的情况均有出现。

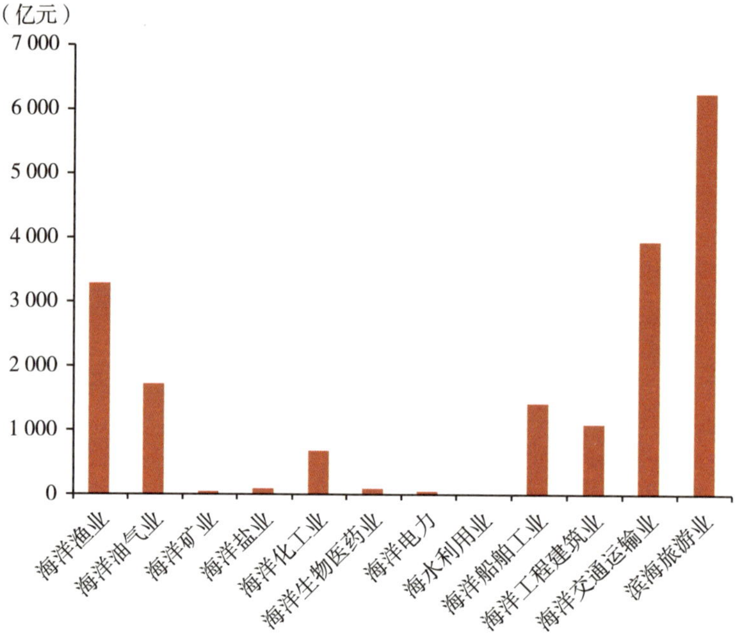

图 5－6　海洋产业规模比较

资料来源：《中国海洋统计年鉴（2011）》，海洋出版社。

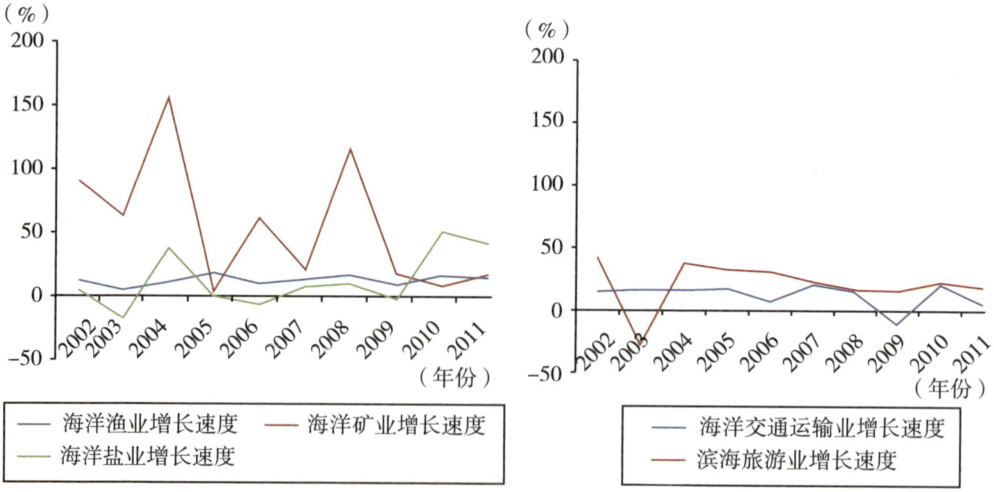

图 5－7　海洋产业增长比较（1）

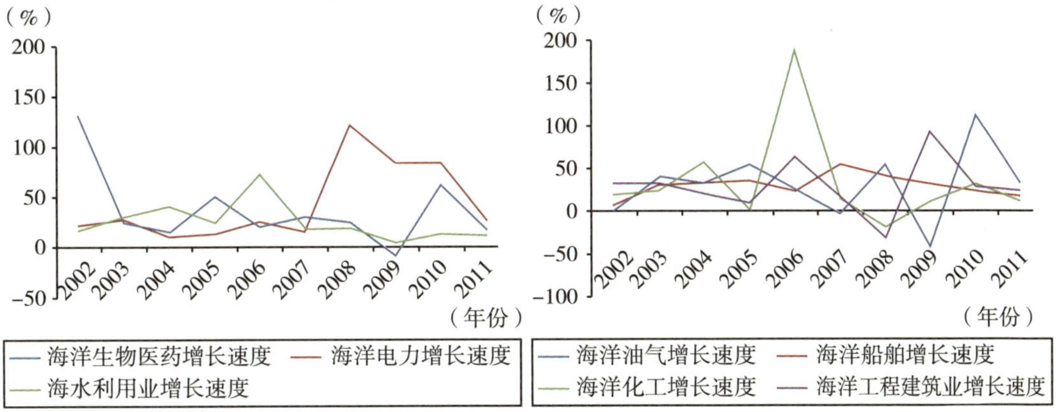

图 5－8　海洋产业增长比较（2）

资料来源：《中国海洋统计年鉴（2011）》，海洋出版社。

总体而言，传统的海洋渔业、交通运输业、滨海旅游发展平稳，增长温和；海洋新兴产业增长速度较快，但增速不稳；资源型、制造型海洋产业受市场和外部环境影响极大，增速波动较大且出现负增长。

3. 产出效益

通过对主要海洋产业的内部比较，结果显示，资源利用型产业如渔业、海洋矿业、海洋盐业产出效率较低；制造型海洋产业如海洋化工业、海洋船舶业产出效率保持在

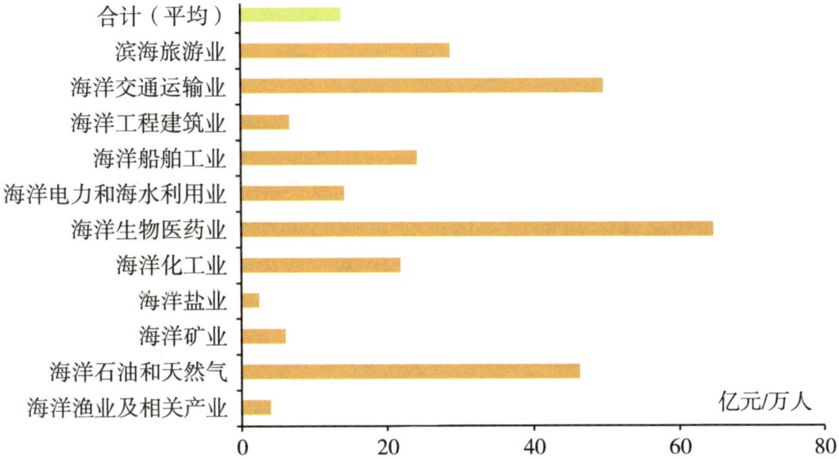

图 5－9　海洋主要产业产出效益比较

资料来源：《中国海洋统计年鉴（2011）》，海洋出版社。

20亿元/万人水平，处于第二梯队；服务型海洋产业和海洋新兴产业产出效益较高。需要说明的是，海洋石油和天然气业虽然属于资源型行业，但该行业技术比重、资本比重远远高于一般资源行业；滨海旅游业虽属于服务性行业，但其是典型的劳动密集型型产业，从业人员多，产出效益相对低。

三、海洋经济的空间布局基本形成

东部沿海地区集区位优势、产业发展优势、人才优势等在国内率先改革开放，是中国经济增长的主要贡献区域，也是实现经济转型的先行区域。中国海洋经济在经历了十余年的快速发展过程中，在东部沿海地区基本形成了六大海洋经济区和若干海洋产业集聚中心，初步完成海洋新兴产业基地布局。

（一）区域海洋经济发展格局

我们认为，中国海洋经济在长期的发展中基本形成了六大海洋经济区——环渤海经济区、长三角洲经济区、珠江三角洲经济区、海峡西岸经济区、环北部湾经济区和海南经济区，这六大海洋经济区从南到北组成了中国最重要的发展轴线。由于各区在资源禀赋、区位条件、科技创新能力、地区经济基础等方面差异较大，海洋经济的发展水平和产业发展重点也有所差异。

1. 环渤海经济区

位于中国北部沿海，是由辽宁、河北、天津和山东三省一市组成的海洋经济区。环渤海经济区气候宜人、人口众多，是中国重工业较为发达的地区。社会经济的发展为海洋经济发展提供了有利支撑。目前该地区海洋产业门类最为齐全、海洋经济规模最大。

环渤海地区发展海洋经济具有得天独厚的优势。首先，该地区是东北亚经济圈的重要组成，区位优势明显，交通便利。依靠改革开放及日韩的产业转移，积累了大量的资金、技术和劳动力。其次，该地区汇聚了中国大多数的海洋人才和科研机构，为海洋经济的持续发展提供了强有力的技术人才支撑。此外，该地区历来重视海洋经济发展，社会也具有较强的海洋意识。一系列的主要围绕海洋经济发展的沿海地区规划和产业规划为海洋经济的发展营造了较好的政策环境。

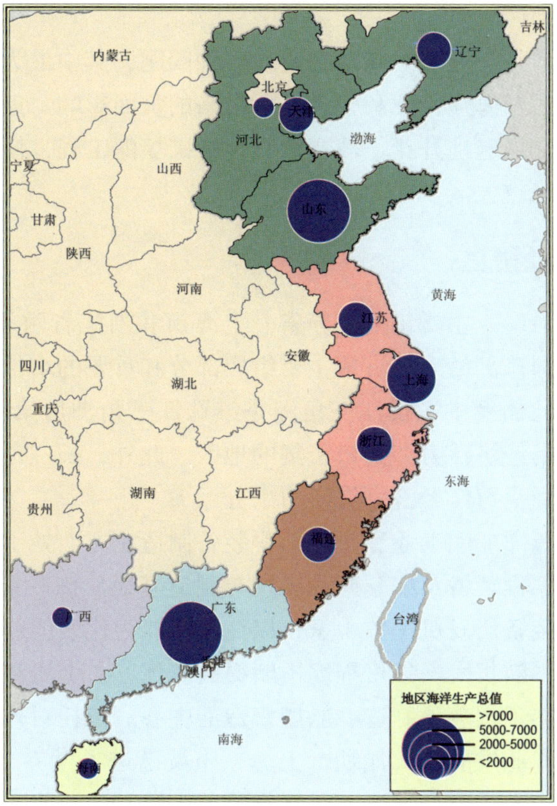

图 5－10　六大海洋经济区构成及沿海省市海洋经济总量（单位：亿元）

资料来源：国家基础地理信息中心发布的国家地理信息系统 1∶400 万数据；网站为 http：//nfgis. nsdi. gov. cn/nfgis/chinese/c－xz htm。

2012 年，环渤海经济区海洋生产总值18 078亿元，占全国海洋生产总值的比重为 36. 1%①。环渤海经济区海洋第一产业、第三产业比重高于全国平均水平。该地区的海水养殖产业、海洋油气业、海洋化工业和海洋交通运输业在中国都具有举足轻重的地位。辽宁、山东的水产养殖无论在规模、养殖技术、经济效益方面都具有传统优势，水产养殖面积更是占全国的一半以上。渤海湾是中国海洋石油的主要产区，油气产量占全国海洋油气产量 60% 左右。此外，环渤海地区港口密集，从北至南分布着以大连港、天津港、青岛港为代表的全国综合型港口，以秦皇岛、黄骅港、京唐港为代表的全国散货码头，以营口、烟台、日照等为代表的区域性港口。可以说，环渤海地区是中国单位

① 资料来源：《中国海洋经济统计公报》（2012 年）。

岸线港口数量最高的地区。

环渤海经济区海洋经济发展的同时也出现各种问题，其中最为突出的是工业建设和大规模的围填海对岸线及海洋资源和生态环境带来的负面影响。近年来，随着海洋开发强度的加大，围填海造地遍地开花，裁弯取直性的围填海工程，使得自然海岸线消失迅速，人工岸线比重越来越大。

2. 长江三角洲经济区

位于黄海、东海沿岸，主要包括江苏省、上海市和浙江省两省一市的海域与陆域。长江三角洲地区是中国东部沿海经济带主要组成部分和重要的增长极。

在中国经济发展的梯度中，长江三角洲是继珠江三角洲后第二波经济发展开发区域，也是东部沿海最具经济活力和人口密集的地区。此外，长三角洲地区还拥有丰富的岸线、滩涂、海岛资源，海洋经济发展潜力十分巨大。

长三角经济区在海洋船舶工业和海洋工程装备制造业方面处于领先地位，目前已经成为我国主要的海洋工程装备及配套产品研发与制造基地。该区集聚了以中船重工 702 所为代表的海洋工程装备研发机构数十家，以江南造船为代表的船舶和海洋工程制造企业上百家，产业规模不断扩大，集聚程度不断提高。江苏、上海和浙江已经分别成为中国海洋船舶制造、海洋工程装备制造、船舶修造的中心。依托对外贸易的蓬勃发展，长三角地区海洋交通运输业发展势头强劲。上海、宁波已进入世界十大集装箱港口之列。上海、浙江也是滨海旅游重要目的地，年接待旅游人数和旅游收入位居全国前列。依靠海洋交通运输业、船舶修造业、海洋工程装备业、滨海旅游业的有力支撑，长三角地区海洋经济取得长足进展。2012 年该地区海洋生产总值 15 440 亿元，占全国海洋生产总值的比重达到 30. 8%。

未来长江三角洲经济区海洋经济的发展方向：以上海为中心的港口经济带动长江流域经济带的全面振兴；以浙江港口群与岛屿优势，实现上海国际枢纽港的地位补充和舟山大宗商品集散中心地位的确立；以江苏沿海辐射沙脊群科学利用实现海洋经济的持续发展。

3. 海峡西岸经济区

位于台湾海峡西岸，以福建省域为主体，简称“海西区”。福建海域面积 13. 63 万平方千米，海岸线总长 6 128 千米，大小岛屿 1 546 个，拥有厦门湾、福州湾、兴化湾、湄州湾、沙埕港、三都澳等众多天然港湾。

海西区在滨海旅游业、海洋交通运输业、海洋生物医药产业形成了自身的特色。

2010 年海西区海洋生产总值达到 3 682 亿元，海洋生产总值占本地区生产总值的 25%。[①]

未来海峡西岸经济区在推进海洋经济发展上的重点方向：一是充分利用海洋资源优势，加快推进临港工业、海洋渔业、船舶修造等传统海洋产业升级改造；二是大力发展海洋新兴产业，如海洋生物医药、海水综合利用；三是利用区位优势，借助与我国台湾地区的紧密联系，积极承接我国台湾现代服务业转移，提高海洋科技水平，建设海峡两岸的现代物流、海洋信息服务、台湾海峡防灾减灾服务中心。

4. 珠江三角洲经济区

位于南海北部，主要覆盖广东省。该区域经济发展基础好，外向型经济优势明显，产业体系完善，经济辐射能力强，是全国沿海三大经济圈之一，也是全国海洋经济增长最快、最充满活力的地区之一。长三角经济区无论在资源型海洋产业、制造型海洋产业还是海洋服务业领域均具竞争力。2012 年区内海洋生产总值 10 028 亿元，占全国海洋生产总值的 20%。

5. 环北部湾经济区

位于北部湾北侧，以广西为主体，是我国海洋经济对外合作的门户，是我国发展北部湾海洋经济的基地。北海、钦州、防城港三个沿海城市构成了广西的滨海经济带。

2010 年，北部湾经济区海洋生产总值 548.7 亿元[②]，海洋生产总值占地区生产总值的 5.7%。北部湾经济区的海洋三次产业结构为 18 : 41 : 41。海洋第一产业比重高于全国平均水平，海洋第二产业、第三产业低于全国平均水平。

北部湾海洋经济的发展主要依靠资源型产业如海洋渔业。为了保护北部湾海洋资源、环境，应站在中国海洋经济全局的高度，从不同地区海洋经济错位发展的角度，确定北部湾海洋经济的发展方向。首先，按照国家渔业结构调整方向，以中越北部湾划界及北部湾渔业合作协定为契机，推进外海及远洋渔业发展，以实现北部湾海洋捕捞业发展的战略性转变。其次，依靠中国—东盟自由贸易区建成及泛北部湾海洋领域的紧密联结，大力发展海洋油气资源开发、滨海旅游业、现代海洋服务业，使广西成为泛北部湾地区，中国与各方在海洋经济领域合作方面的桥梁与窗口。

---

① 限于数据的可得性，用福建省海洋经济数据代替海峡西岸经济区数据。

② 限于数据的可得性，用广西壮族自治区海洋经济数据代替北部湾海洋数据。

6. 海南经济区

海南处于中国最南端，是中国重要的海岛省份之一，无论是在地理位置还是海洋产业发展方面均具特殊性。从历史上来看，海南海洋经济发展先对落后，主要依托于海洋捕捞以及传统海岛风光旅游，产业规模较小、产业结构相对单一。但是，海南具有的区域优势、资源优势、岛屿优势又是独一无二的，如何将其优势充分发挥，甚至如何将其劣势转化为优势是海南海洋经济发展的关键。2009 年 12 月，《国务院关于推进海南国际旅游岛建设发展的若干意见》正式印发，海南国际旅游岛建设上升为国家战略，为海南发展提供了新的历史机遇。规划对海南国际旅游岛的战略定位为：中国旅游业改革创新的试验区、世界一流的海岛休闲度假旅游目的地、全国生态文明建设示范区、国际经济合作和文化交流的重要平台、南海资源开发和服务基地、国家热带现代农业基地。因此，海南社会经济的发展是依靠海洋、全面拓展，海南海洋经济的发展是立足滨海旅游，带动其他海洋产业。2010 年海南省海洋生产总值 560 亿元。随着 2012 年 6 月 21 日国务院设立地级三沙市，海南开发西南中沙海洋资源，发展远海海洋经济的能力将大幅提高。

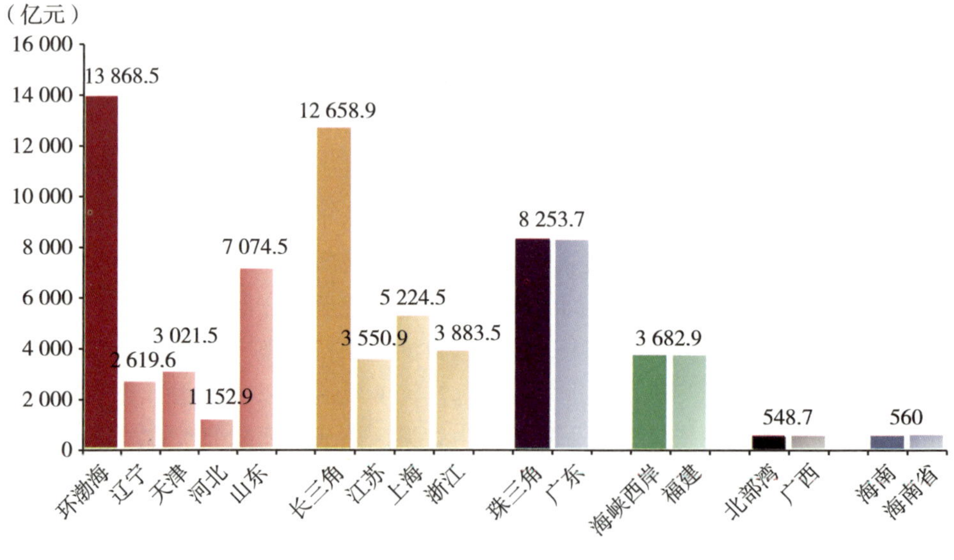

图 5-11　六大海洋经济区海洋经济规模比较

资料来源：《中国海洋统计年鉴（2011）》，海洋出版社。

（二）海洋产业集聚中心

从海洋经济发展规模和产业门类的多样性以及海洋科研教育的集中程度来看，中国自北向南已经形成了八大海洋产业集聚中心。分别是：大连、天津、青岛、上海、舟山、宁波、厦门、广州。

大连是中国东北地区重要的海洋经济中心，以海洋船舶工业、滨海旅游业、海洋渔业为支出产业，涉海大学如大连理工大学、大连海洋大学、大连海事大学和国家海洋环境监测中心也聚集于此。

天津是中国北方重要的海洋制造业中心、航运中心，其海洋第二产业占到整个海洋产业增加值的65%。天津海洋交通运输业以及海洋油气业、海洋盐业、海洋化工业、海洋盐业比较发达。海洋新兴产业中，海水淡化及综合利用技术处于国内领先水平。

青岛是中国北方和环渤海地区重要的港口、经济中心、海洋科教中心。青岛市地处山东半岛南部，东、南濒临黄海。2010年完成主要海洋产业总产值约1 600亿元①，实现水产品产值115亿元。青岛拥有众多具有较大影响力的海洋科研机构。聚集着中国科学院海洋研究所、国家海洋局第一研究所、中国水产科学院黄海水产研究所、海洋地质研究所中国海洋大学、中国石油大学等一批国家重要的涉海研究机构。

上海是长三角洲地区乃至全国重要的航运中心，海洋船舶和工程装备制造业基地。上海港在2010年超过新加坡成为全球第一大集装箱港口。上海外高桥造船有限公司造船完工量在全国位居第一。此外海洋信息服务、海洋技术服务较为发达，上海海洋第三产业比重超过60%。

舟山是东南沿海地区重要的散货码头、船舶修造基地和远洋渔业基地。2010年，海洋经济增加值431亿元，占地区生产总值的比重达到68%。2009年，全市海洋水产品捕捞总量120万吨左右，占全省的37%、全国的5%。船舶工业造船完工量356万载重吨，同比增长61.8%，占全国的1/10。2011年国家同意设立浙江舟山群岛新区，将舟山定位为我国大宗商品储运中转加工交易中心、东部地区重要的海上开放门户、海洋海岛综合保护开发示范区、重要的现代海洋产业基地、陆海统筹发展先行区。

宁波位于我国长江发展轴和沿海发展轴“T”字形交汇处和长三角城市群核心区，是浙江最大的沿海城市，海洋产业体系比较完备。港航物流、海洋新材料、海洋仪器制造较为发达，2010年全市实现海洋生产总值806亿元，位居浙江首位。

---

① 数据为青岛市海洋与渔业局2010年工作报告中的估算值。

厦门是海峡西岸经济区的核心城市之一，海洋经济、海洋科研比较发达。其海洋食品、海洋交通运输、海洋生物医药等产业在国内具有较大的影响。

广州是中国南部沿海地区最大的海洋经济中心，是中国第四大集装箱港口，是中国海洋产业门类最为齐全的沿海城市之一。其海洋渔业、海洋油气业、海洋文化产业规模较大。

图 5－12　海洋经济中心分布

资料来源：国家基础地理信息中心发布的国家地理信息系统 1：400 万数据；网站为 http：//nfgis. nsdi. gov. cn/nfgis/chinese/c－xz htm。

（三）海洋高新技术产业布局

根据海洋经济自身发展规律和“十二五”时期国家对海洋经济发展的总体部署，国家有关部门组织国内涉海各领域专家广泛开展海洋新兴产业或海洋高技术产业发展思路及规划、布局研究。目前综合一系列的已出台的政策文件、研究报告，不难发现中国海洋高新技术产业布局是基本清晰的，国家重点扶持区域指向是较为明确的。这些城市如下：（1）环渤海地区：天津、青岛、大连、烟台；（2）长三角地区：上海、无锡、宁波微舟山；（3）珠三角地区：广州、深圳；（4）海峡西岸：厦门、漳州（见表5－2）。

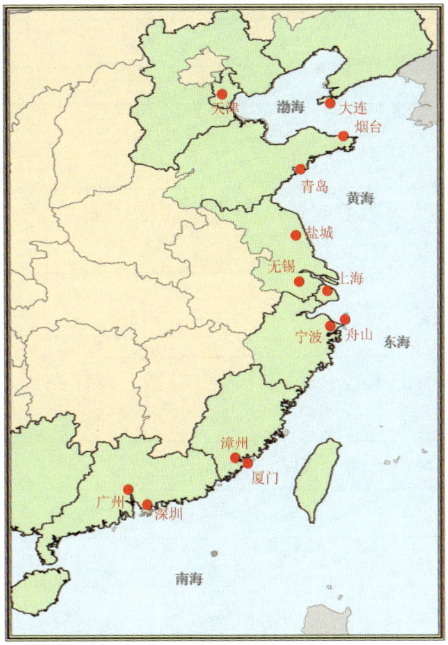

图5－13　海洋高新技术产业基地布局

资料来源：国家基础地理信息中心发布的国家地理信息系统1∶400万数据；网站为http：//nfgis. nsdi. gov. cn/nfgis/chinese/c－xz htm。

表5－2　　“十二五”时期海洋高新技术产业基地优先发展领域

序号	城市	高技术主导产业	其他新兴产业
1	大连	海水利用产业，海洋生物育种及健康养殖	海洋仪器设备制造
2	天津	海洋高端装备制造（含深远海装备制造、海洋监测仪器设备制造等）、海水综合利用、海洋工程建筑	海洋现代服务、海洋新能源

续表

序号	城市	高技术主导产业	其他新兴产业
3	青岛	海洋生物医药和生物制品、海水淡化和综合利用、海洋新材料	海洋精细化工，海洋新能源
4	烟台	海洋生物育种及健康养殖	海洋特种船舶、海洋生物医药
5	盐城	海洋电力业	海洋交通运输
6	上海	海洋工程装备及高端船舶制造（超大型船舶产业）、海洋药物和生物制品	海洋可再生能源、海水利用
7	无锡	深海资源勘探设备	
8	宁波	中小型游轮、海洋探测设备、海洋发电设备、海洋专用设备	海水利用设备
9	舟山	远洋渔业、海洋环保产业、海洋现代服务业	
10	厦门	海洋生物医药	现代海洋服务业
11	漳州	海洋生物医药	
12	广州	海洋装备制造（高技术船舶、大中型船舶）、海洋生物医药产、海洋可再生能源	海水利用、深海装备、海洋生物育种及健康养殖、海洋新材料、海洋现代服务
13	深圳	海洋现代服务业	海洋生物医药

（四）重大建设项目投资[①]分布

随着国家区域发展战略的再次东移、中国海洋经济的快速发展，工业趋海布局趋势明显，重大建设项目投资纷纷落户沿海（见图5－14）。

根据统计，2004～2011年，国家重大建设用海项目实现累计投资约1万亿元。这些投资项目虽然并非都属于海洋产业，但其规模大、产业链条长，对当地海洋经济具有较强影响。

① 含非海洋经济范畴的临港用海工业。

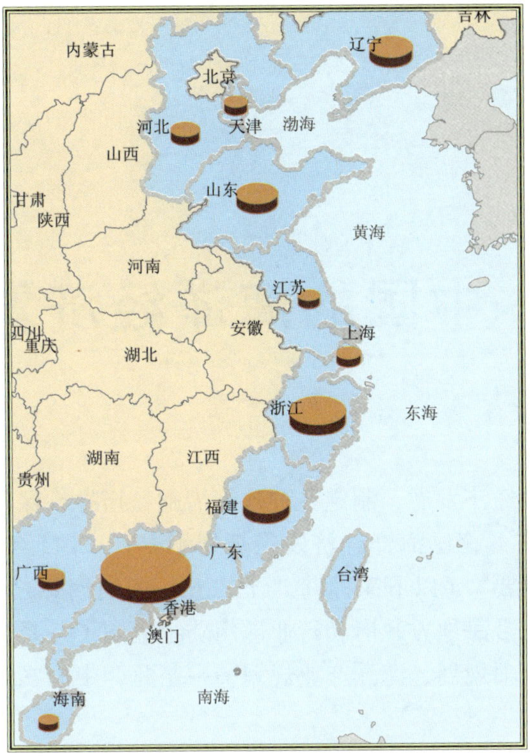

图 5－14　重大用海建设项目投资规模示意

资料来源：国家基础地理信息中心发布的国家地理信息系统 1∶400 万数据；网站为 http：//nfgis. nsdi. gov. cn/nfgis/chinese/c－xz htm。

通过对相关数据的梳理，发现：这些重大投资在过去 8 年主要集中在广东、浙江、福建、辽宁、山东，特别是广东，累计投资超过 4 000 亿元。这些投资热点也是过去 8 年海洋经济发展的热点地区。

第六章　中国的海洋经济发展规划

中国政府重视海洋经济发展，制定各种政策措施，指导、保障海洋开发活动的有序进行。2003 年中国发布《全国海洋经济发展规划纲要》，2011 年《国民经济和社会发展第十二个五年规划纲要》（以下简称《“十二五”规划纲要》）对海洋经济发展进行了专章部署。近年来，沿海地方政府和行业部门陆续编制了一系列沿海地区中长期发展规划、海洋经济发展专项规划、海洋产业规划……至此，中国二级三类的海洋经济发展规划体系基本形成。

一、海洋经济发展的总体规划部署

中国现有三个纲领式文件对海洋经济的发展方向、路径、目标进行总体部署，其内容是中国海洋经济发展的顶层设计。

（一）《国民经济和社会发展第十二个五年规划纲要》

《“十二五”规划纲要》为海洋经济的发展制定了基本方针和实现路径（见表 6－1），即通过海洋科技能力的提升、产业结构的调整与空间布局、海洋经济示范，来推动海洋经济又好又快的发展。

针对海洋资源开发，《“十二五”规划纲要》提出“合理开发利用海洋资源”，“增强海洋开发利用能力”，强调蓝色经济理念与尊重海洋生态文明。这种能力的提升，带来的将是海洋经济规模与质量双丰收。

针对海洋产业结构调整和转型，《“十二五”规划纲要》提出优化产业结构。一方面大力发展传统产业、支柱产业，将其落后部分进行淘汰，提升产品、服务水平，提高行业竞争力；另一方面积极培育壮大海洋战略性新兴产业。同时提出进一步优化空间布局，重视产业集聚在区域经济中的重要作用，科学、集约、有计划地利用海洋空间资源。

为摸索海洋经济发展道路，加快海洋经济发展步伐，《“十二五”规划纲要》将山东、浙江、广东等列为试点，鼓励这些地区发挥区域优势，推进制度创新，以此实践海洋产业结构调整和产业海洋空间布局等政策措施。

表 6－1　“十二五”规划纲要对海洋经济的总体安排

基本方向与目标	实现路径
提高科学海洋开发能力	加强海洋基础性、前瞻性、关键性技术研发，提高海洋科技水平，增强海洋开发利用能力。科学规划海洋经济发展，合理开发利用海洋资源
优化产业结构	积极发展海洋油气、海洋运输、海洋渔业、滨海旅游等产业，培育壮大海洋生物医药、海水综合利用、海洋工程装备制造等新兴产业
优化空间布局	深化港口岸线资源整合和优化港口布局。制定实施海洋主体功能区规划
推进经济试点	将山东、浙江、广东等列为海洋经济发展试点

（二）国家海洋事业发展规划纲要

2008 年 2 月 7 日，国务院批准了国家发改委和国家海洋局联合编制的《国家海洋事业发展规划纲要》，规划期限为 2006～2010 年（以下简称《事业规划纲要》）。《事业规划纲要》是新中国成立以来首次发布的海洋领域的总体规划，作为海洋事业发展新的里程碑，对促进海洋事业的全面、协调、可持续发展和加快建设海洋强国具有重要的指导意义。《事业规划纲要》首次明确提出将围填海总量控制作为重要手段，强调海洋经济增长方式转变，发展海洋循环经济，优化产业布局。《事业规划纲要》对海洋经济设定了具体目标，包括：2010 年海洋生产总值占国内生产总值的 11% 以上；海洋产业结构趋向合理，第三产业比重超过 50%；年均新增涉海就业岗位 100 万个；海洋经济核算体系进一步完善。从海洋经济运行的实际情况来看，截至“十一五”末，上述目标基本实现。

在新的历史时期，中国海洋事业发生较大的变化。为更好的指导下阶段海洋工作的有序开展，国家发改委、国家海洋局组织编制《国家海洋事业发展“十二五”规划》。该轮规划是在认真落实《国民经济和社会发展第十二个五年规划纲要》关于促进海洋事业发展的战略部署和总体要求，并与国家相关专项规划和区域规划良好衔接的基础上对“十二五”时期海洋事业发展的总体部署。《国家海洋事业发展“十二五”规划》强调国家对海洋经济的指导和调节，通过制定产业优先发展目录、行业标准等限制高耗能、高污染产业，鼓励支持海洋新兴产业；强调海洋产业的空间布局调整，实施海洋主体功能战略，科学合理利用有限的海洋空间；支持山东、浙江、广东、福建、天津的海洋经济试点工作。

（三）全国海洋经济发展规划

“全国海洋经济发展规划”是指导中国海洋经济发展的专项规划。2003 年，国务院批准并发布了《全国海洋经济发展规划纲要》（以下称《海洋经济规划》）。《海洋经济规划》几乎涉及所有的海洋产业类型，包括：海洋渔业、海洋交通运输、海洋石油天然气、滨海旅游、海洋船舶、海盐及海洋化工、海水淡化及综合利用和海洋生物医药等；涉及的区域为我国的内水、领海、毗连区、专属经济区、大陆架以及我国管辖的其他海域（未包括我国港、澳、台地区）和我国在国际海底区域的矿区，纲要规划期为 2001 ~ 2010 年。《全国海洋经济发展规划纲要》（2003）确定了中国海洋经济“十五”至“十一五”十年期的发展目标，对海洋经济总体规模、区域海洋经济发展等制定了详细的衡量指标。

进入“十二五”，为进一步推动海洋经济发展，国家相关部门开始着手制定《全国海洋经济发展“十二五”规划》。该《规划》科学研判了“十二五”时期海洋经济发展面临的机遇与挑战，确定了“十二五”时期我国海洋经济发展的指导思想、基本原则、主要目标和重点任务，提出了我国海洋经济发展的保障措施。新规划对海洋产业发展重点、海洋经济布局优化、结构调整、科技创新、资源开发利用和生态环境等进行全面、分类指导，体现了“十二五”时期我国海洋经济发展的整体思路，对促进我国海洋经济高质量发展、科学发展具有重要指导作用，对形成我国新的经济增长极、加快转变经济发展方式、全面建成小康社会具有重要的战略意义（见表 6 - 2）。

表 6－2　　“十二五”期间海洋经济发展主要预期指标

指标名称		2010 年	2015 年	年均增长
经济发展	海洋生产总值年均增长（%）			8
	海洋生产总值占国内生产总值的比重（%）	9．9	10	
	新增涉海就业人员（万人）		〔260〕	52
科技创新	海洋研究与试验发展经费占海洋生产总值比重（%）	1.48	2	
	海洋科技成果转化率（%）		>50	
	海洋科技对海洋经济的贡献率（%）	54.5	>60	
结构调整	海洋新兴产业增加值占海洋生产总值比重（%）	1.6	>3	
	海洋服务业增加值年均增长速度（%）			9
环境保护	新建各级各类海洋保护区（个）		〔80〕	16
	海洋保护区面积占管辖海域面积的比重（%）	1.1	3	

注：〔〕内为五年累计数；表格来源：《全国海洋经济发展“十二五”规划》。

二、海洋经济发展的空间规划布署

海洋经济发展空间部署涵盖海洋活动内容与方式限定、海洋产业布局。其中，全国海洋功能区划从空间上对不同类别海洋活动进行了限定，而涉海区域发展规划、海洋经济发展规划等以此依据对海洋产业进行较为详尽的布局安排。

（一）全国海洋功能区划（2011～2020 年）

该《区划》对海域使用设定基本“红线”，到 2020 年：海水养殖用海的功能区面积不少于 260 万公顷；完成整治和修复海岸线长度不少于 2 000 千米；海洋保护区总面积达到我国管辖海域面积的 5% 以上，近岸海域海洋保护区面积占到 11% 以上；合理严格地控制围填海规模；保留海域后备空间资源全国近岸海域保留区面积比例不低于 10%；严格控制占用海岸线的开发利用活动，大陆自然岸线保有率不低于 35%。

为了达到上述目标，《区划》在如下方面进行了详细安排，使管理具有操作性：按照海洋使用功能，把海域划分为农渔业区、港口航运区、工业与城镇用海区、矿产与能源区、旅游休闲娱乐区、海洋保护区、特殊利用区、保留区八大功能区，并对各功能区的含义、主要分布进行详细说明；按照海岸线将我国管辖海域划分为渤海、黄海、东海、南海和台湾以东海域共5大海区，29个重点海域，并对各海域的范围进行详细说明。

《全国海洋功能区划（2011～2020）》以海域自然属性为基础、科学发展为导向、保护环境为前提，坚持陆海统筹，坚持在发展中保护、在保护中发展。《区划》将海域按照海洋功能与海岸线划分为不同区域，避免海域开发利用过程中的矛盾，为更加合理开发利用海洋资源，有效保护海洋生态环境划定了法定依据。《区划》统筹协调了海洋开发利用与海洋环境保护，加强了海洋综合管理。通过严格执行此规划，必将有效缓解海洋开发总存在的诸多矛盾，扩展沿海地区的发展空间，有效推动海洋经济的进一步发展。

（二）国家级区域发展战略规划

"十一五"时期，沿海地区纷纷制定区域发展规划并获得国务院批复。这些具有国家战略意义的区域规划从南至北覆盖了所有的沿海省份，其主要作用是指导沿海地区社会经济发展，破解发展瓶颈。虽然这些规划主要针对地区社会经济，但其对海洋产业及布局也有涉及。

1.《辽宁沿海经济带发展规划》

对船舶工业、海洋运输业、海洋可再生能源业进行了规划和布局。船舶方面，要求调整船舶工业产业结构，实现沿海地区错位发展（见表6－3）。海洋交通运输方面，要求构建以大连、营口为主要核心，锦州、丹东、葫芦岛、盘锦为重要补充的港口群。该《规划》重视海洋可再生能源及清洁能源建设，要求推进大连驼山等沿海风电场、丹东蒲石河等抽水蓄能电站等工程建设，推进大连红沿河二期和葫芦岛徐大堡沿海核电建设。

为实现海洋产业的快速发展，服务于社会经济，辽宁提出了部分重大建设项目，这些项目主要涉及海洋交通运输、海洋可再生和清洁能源领域（见表6－4）。

表 6－3　　辽宁沿海港口发展重点及定位

港口	业务定位	性质
大连	远洋、内贸集装箱，原油，铁矿石，散粮	全国性、区域核心
营口	内贸、近洋航线集装箱，铁矿石，原油	全国性、区域副中心
锦州	煤炭运输	区域性、主要
丹东	散货接卸	区域性、主要
葫芦岛	散货接卸	区域性、一般
盘锦	散货接卸	区域性、一般

表 6－4　　部分重点建设项目

项目大类	项目细类	具体项目
海洋交通运输项目	原油码头	大连鲇鱼湾港区 30 万吨级原油码头 营口仙人岛港区 30 万吨级原油码头
	矿石码头	营口鲅鱼圈港区 30 万吨级矿石码头
	集装箱码头	大连大窑湾港区三期 锦州港二港池集装箱码头工程
	煤炭码头	锦州港四港池煤炭码头
	航道建设	营口港仙人岛港区 25 万吨级航道工程 鲅鱼圈港区 25 万吨级航道工程 丹东大东港区 5 万吨级航道工程
能源与电力项目	核电	红沿河二期
	风电	大连驼山等沿海风电场工程
	抽水蓄能	丹东蒲石河等抽水蓄能电站
	油气	锦州国家石油储备基地 大连液化天然气接收站工程

2.《河北沿海地区发展规划》

该《规划》重视海洋交通运输基础设施建设。要求进一步优化秦皇岛港口功能，拓展集装箱、杂货运输和旅游客运业务；对唐山港重点实施煤炭、矿石、原油码头扩建，适时启动曹妃甸西港池工程和丰南港区工程；推进黄骅港煤炭、矿石、原油、集装箱、杂货、液体化工泊位建设，重点实施综合港区二期工程（见表 6－5）。

重点发展海洋电力及海水利用等新兴产业。在沧州渤海新区、曹妃甸新区建设沿海及海上百万千瓦级风电基地；推进海水淡化产业化，在曹妃甸新区、沧州渤海新区建立海水综合利用基地。

表 6 –5　　河北海洋交通运输基础设施建设内容与主要港口发展方向

港口	发展方向	建设内容
秦皇岛港区	专业化集装箱、散杂货及客运码头	建设邮轮码头
曹妃甸港区	综合码头，包括矿石、煤炭、原油码头，建设液化天然气（LNG）、集装箱、通用散杂货	改扩建已有泊位；建设曹妃甸西港池工程
京唐港区	综合码头，包括矿石、煤炭、原油码头，建设液化天然气（LNG）、集装箱、通用散杂货	改扩建已有泊位；曹妃甸西港池工程和丰南港区工程
黄骅港综合港区	散货码头，包括煤炭、矿石、原油及散杂货，同时发展集装箱	深水航道工程；煤炭、矿石、原油、集装箱、杂货、液体化工泊位建设；实施综合港区二期工程

3.《江苏沿海地区发展规划》

该《规划》对该江苏海洋经济发展安排可总结为以下四个部分：

开发海洋滩涂资源。积极探索沿海滩涂资源开发方式，补充农业、建设和生态用地空间，增强粮食安全保障能力。计划在近期对盐城射阳河口至南通东灶港之间的大丰、东台、如东、启东海岸和琼港外的辐射沙洲等地进行围填，形成 270 万亩左右的土地后备资源；远期对东沙、条子泥、腰沙等浅滩沙洲进行围填，可形成 700 万亩土地后备资源。

推进港口建设，加强分工协作（见表 6 –6）。加快连云港深水航道建设，开辟新港区，大力发展集装箱干线运输；大力推进南通江海联运，加强与长江中上游港口的合作；以临港产业项目为依托，加快盐城港建设，完善作为上海国际航运中心喂给港和连云港港的组合港的功能。

表 6-6 江苏沿海港口建设主要内容

港口	建设内容
连云港	推进连云港 30 万吨级深水航道建设、大堤作业区 10 万吨级以上集装箱泊位建设
大丰港	推进大丰港区、洋口港区深水航道升级前期研究论证工作
洋口港	推动煤炭下水港建设，推进赣榆港区深水泊位和灌河港区万吨级以上泊位建设；加快洋口港区 10 万吨级以上泊位建设，推进吕四港区建设，做好腰沙、冷家沙建港条件的研究论证，开发建设启海、通海港区，提升沿江港口群在区域发展中的带动能力；加快大丰港区建设，逐步成为综合性港区，推进滨海港区 10 万吨级深水码头建设

发展海洋渔业。实施水产良种工程，建设沿海鱼蟹虾贝藻及海珍品良种基地；积极开展海洋牧场建设，增殖水生生物资源，保护水生生态环境，促进渔业可持续发展；加强水产品生产加工基地建设，培植骨干加工企业，延长产业链；加快渔港建设，促进沿海观光休闲渔业发展，进一步拓展海洋渔业发展空间。

此外，《规划》专门对海洋风电发展提出了行动路线，即当前加快海上风电技术攻关，远期重点发展近海风电。

4. 《海峡西岸经济区发展规划》

该《规划》提出了建设现代化海洋产业开发基地的具体安排。一是大力发展海洋经济。软环境的营造方面，加大政策扶持力度，支持福建开展全国海洋经济发展试点工作，组织编制专项规划，鼓励体制机制创新，努力建设海峡蓝色经济试验区；在海洋科技成果转化方面，加强海洋科技中试基地及研发平台建设，加快培育海洋药品、保健食品、海洋资源综合利用、海洋服务业等新兴产业。二是加强海洋环境保护。实施闽江口、泉州湾、九龙江口等海洋生态保护恢复工程，建立一批红树林、珍稀物种栖息地、重要水生生物和滨海湿地生态保护区，分类开发与保护岛屿资源，探索建立两岸海洋管护协作机制，共同保护台湾海峡海洋资源。

建设两岸合作的平潭综合实验区，是本规划的重中之重。《规划》要求进一步探索在福建沿海有条件的岛屿设立两岸合作的海关特殊监管区域，实施更加优惠的政策，探索进行两岸区域合作的试点的要求，设立平潭综合实验区，努力把平潭建设成为两岸同胞合作建设、先行先试、科学发展的共同家园。

5. 《广西北部湾经济区发展规划》

该《规划》强调海洋科技转化能力建设的重要性，并提出大力培育发展海产品深加工、海洋生物医药、海洋化工等海洋产业，加强海洋油气等矿产资源开发等重点产业。针对海洋渔业，提出积极推广生态养殖，严格控制近海捕捞强度，积极稳妥发展远洋渔业，完善渔政渔港设施建设；针对交通运输业，提出依托区位优势和深水良港优势，加快构建沿海和城市保税物流体系。

6.《海南国际旅游岛建设发展规划纲要》

海南省国际旅游岛的建设规划虽不局限于滨海旅游，但作为中国唯一的、最具海洋风情的海岛省份，滨海旅游无疑是规划重点。海南对滨海旅游业的定位是高起点的、示范性的。通过大胆探索融资、财税、土地、开放政策，来促进国际性旅游目的地的建设。同时，该《规划纲要》并非仅仅针对旅游，其目的在于通过旅游业带动，促进海南其他海洋经济乃至地区经济的发展。

（三）国家海洋经济发展试点规划①

与沿海地区发展规划的综合性不同，国家海洋经济发展试点主要针对海洋经济的发展。目前，山东、浙江、福建、广东和天津被列入其中。海洋经济试点工作体现了五个沿海省份在科学开发海洋资源，大力发展海洋经济，开展海洋生态文明建设方面的有益探索。

1.《山东半岛蓝色经济区规划》

该《规划》确立了三个层面的海陆空间优化布局：一是优化海洋产业布局，提升胶东半岛高端海洋产业集聚区核心地位，壮大黄河三角洲高效生态海洋产业集聚区和鲁南临港产业集聚区两个增长极；二是优化海岸与海洋开发保护格局，构筑海岸、近海和远海三条开发保护带；三是优化沿海城镇布局，培育青岛—潍坊—日照、烟台—威海、东营—滨州三个城镇组团，形成“一核、两极、三带、三组团”的总体开发框架。

《规划》提出了构建现代海洋产业体系的重点任务（见表6－7）。通过加强科技创新，健全服务体系，加快发展海洋第一产业；以结构调整为主线，坚持自主化、规模化、品牌化、高端化的发展方向，优化发展海洋第二产业；通过推进服务业综合改革，大力发展海洋第三产业。

---

① 注：根据目前撑握的材料，仅对山东、浙江、福建、广东海洋经济发展试点规划进行疏理。

表 6-7　　山东海洋经济发展方向和布局

产业类别	主要门类	规划方向	产业布局
海洋第一产业	现代水产养殖	培育特色品种 完善水产原良种体系 疫病防控体系	荣成、长岛、蓬莱、莱州、胶南生态低碳养殖；东营、潍坊、滨州生态健康养殖；莱州、文登、荣成、无棣、日照东港区、昌邑、寿光优质海水鱼工厂化养殖基地和现代渔业示范区
	渔业增养殖	渔业资源修复 推行立体增殖模式	莱州湾东部、庙岛群岛、崆峒列岛、荣成、崂山、即墨近海、海州湾北部等海域建设全国重要的海洋牧场示范区
	现代远洋渔	公海渔业捕捞配额 增加远洋渔船建造规模	荣成、寿光、蓬莱、黄岛等远洋渔业基地；烟台国际性金枪鱼产品集散地
	滨海特色农	沿海农业休闲观光走廊	滨海地区
海洋第二产业	海洋生物	海洋药物 海洋功能性食品 化妆品 海洋生物新材料 海水养殖优质种苗	烟台、威海、日照、潍坊生产基地 青岛海洋生物研发和产业中心
	海洋装备制造	造修船、游艇和邮轮 海洋油气开发装备 临港机械装备 海水淡化装备 海洋电力装备 海洋仪器装备 核电设备 环保设备与材料	青岛、烟台：综合性海洋装备制造业基地；东营、潍坊、威海、日照、滨州专业性现代海洋装备及配套制造业基地
	海洋能源	潮汐能 波浪能、海流能等海洋能发电技术的研究	青岛：藻类炼油等关键技术的研发
	海洋工程建筑	关键技术研发和应用 企业兼并重组	青岛、日照、烟台
	现代海洋化工	海洋化工集聚、合作 海水化学新材料产业 海洋无机功能材料 海水淡化新材料 海洋高分子材料	青岛、烟台、潍坊、威海等海洋新材料产业基地
	海产品精加工	冷鲜等水产食品 冷链物流	烟台、威海、青岛、日照、潍坊

续表

产业类别	主要门类	规划方向	产业布局
海洋第三产业	海洋运输物流	海运龙头企业 沿海和远洋运输 港运联营	物流中心：青岛、日照、烟台、威海 物流园区：东营、潍坊、滨州、莱州
	海洋文化旅游	推动文化、体育 与旅游融合	青岛、日照、烟台、威海、潍坊综合性海洋体育中心和海上运动产业基地

2.《浙江海洋经济发展示范区规划》

该《规划》提出浙江海洋经济发展定位是：建设成我国大宗商品国际物流中心、海洋海岛开发开放改革示范区、现代海洋产业发展示范区、海陆协调发展示范区、海洋生态文明与清洁能源示范区。

《规划》确定的海洋经济发展示范区空间布局概括为“一核、两翼、三圈、九区、多岛”。“一核”指以宁波—舟山港海域、海岛及其依托城市为核心区，加强宁波、舟山区域统筹联动发展，打造中国海洋经济参与国际竞争和保障国家经济安全的战略高地；“两翼”指以环杭州湾产业带及其近岸海域为北翼，加强与上海国际金融和航运中心接轨，以温台沿海产业带及其近岸海域为南翼，加强与海峡西岸经济区接轨；“三圈”指杭州、宁波、温州三大都市圈，优先发展海洋战略性新兴产业，不断增强区域集聚辐射；“九区”指沿海九大产业集聚区，积极成为海洋经济发展方式转变和城市新区培育的主载体；“多岛”指梅山、六横、金塘、普陀山（朱家尖）、洋山、南田、头门、大陈、大小门、南麂等重要海岛，突出岛屿特色开发，努力成为全国海洋开发开放的先导区。

《规划》确定了三大重点任务：一是打造集大宗商品交易平台、海陆联动集疏运网络、金融和信息支撑系统“三位一体”的港航物流服务体系；二是加快发展现代海洋产业，主要有：重点扶持发展海洋战略性新兴产业，打造国家级海洋先进装备业和海洋工程装备基地、海水淡化技术装备制造基地、海洋能研究与开发基地、海洋休闲旅游目的地、大洋勘查技术与深海科学研究开发基地等，择优发展新型环保石化、船舶、汽车、造纸、钢铁等临港先进制造业，提升发展现代海洋渔业；三是推进舟山海洋综合开发试验区建设，重点打造大宗商品国际物流基地、现代海洋产业基地、国家级海洋科教基地，把舟山建设成为群岛型花园城市。

3.《福建海峡蓝色经济试验区发展规划》

该《规划》是继山东、浙江、广东之后，国务院批准的第四个试点省海洋经济发展规划。同时，以《规划》为依据制定的《福建海洋经济发展试点工作方案》（以下简称《试点方案》）也获得了国家发展改革委的批复。

《规划》明确了海峡蓝色经济试验区六大战略定位：深化两岸海洋经济合作的核心区、全国海洋科技研发与成果转化重要基地、具有国际竞争力的现代海洋产业集聚区、全国海湾海岛综合开发示范区、推进海洋生态文明建设先行区和创新海洋综合管理试验区。《规划》同时确定了今后两个阶段的发展目标：到2015年，海洋生产总值达到7 300亿元，年均增长14%以上；到2020年，全面建成海洋经济强省。

4.《广东海洋经济综合试验区发展规划》

2011年7月5日，国务院批复广东海洋经济综合试验区发展规划。规划范围包括广东省全部海域和广州、深圳、珠海、汕头、惠州、汕尾、东莞、中山、江门、阳江、湛江、茂名、潮州、揭阳14个沿海地级以上市，海域面积41.9万平方千米，陆域面积8.4万平方千米。规划期为2011～2020年。

《规划》提出的发展目标为：到2015年，基本建成海洋强省。海洋经济总量显著提升，全省海洋生产总值达1.5万亿元，占到GDP总量的近1/4，继续保持全国领先地位。到2020年，全面实现建设海洋经济强省战略目标。

《规划》赋予该综合实验区的历史使命重大。即创新合作方式，加强与香港和澳门特别行政区、海峡西岸经济区、北部湾地区和海南国际旅游岛的对接合作，努力探索有利于海洋经济科学发展的体制机制。

《规划》对广东海洋试验区定位较高：提升我国海洋经济国际竞争力的核心区、促进海洋科技创新和成果转化的集聚区、加强海洋生态文明建设的示范区和推进海洋综合管理的先行区。

综合试验区提出构建"一核、两极、三圈、四带"的海洋综合开发新格局。"一核"是要提升优化珠三角海洋经济区的核心作用。"两级"是要发展壮大粤东海洋经济区、粤西海洋经济区两个增长极。"三圈"是指广东省要密切三个经济合作圈：一是粤西——粤桂琼海洋经济合作圈，重点加强滨海旅游业、现代海洋渔业、涉海基础设施建设等；二是粤东——福建海峡西岸经济区，着力打造粤闽海洋经济合作圈，扩大与福建在现代海洋渔业、海洋文化等领域的合作；三是珠三角——粤港澳经济圈，加强在海洋运输、物流仓储、海洋工程装备制造、海岛开发、邮轮经济等方面的合作，从而在整体上形成一盘活棋。“四带”是要拓展海洋经济向深蓝挺进，即合理开发海洋带及邻近海域；保护性开发海岛及邻近海域；积极开发近海海域；有重点地开发深海海域。

（四）地方海洋经济发展规划

在国家海洋经济规划体系框架下，沿海地区也都启动了编制海洋经济发展规划的工作。从2011年起，辽宁、天津、河北、江苏、广东、广西等省级海洋经济发展规划编制完成并通过评审；同期，一批地市级海洋经济发展规划也纷纷编制完成进入实施阶段。

目前，从国家到地方已经形成了一个完整的海洋经济专项规划体系（见表6－8），基本覆盖了我国沿海地区，规划范围也从近海趋向深远海。“十二五”海洋经济规划进一步突破传统海洋开发模式，以构建现代海洋产业体系为规划的核心内容，战略性海洋新兴产业得到优先谋划。另外，一大批地市级、县市级的海洋经济发展规划将先后实施。可以预期，随着“十二五”发展规划的推进，更多的沿海各级海洋经济发展专项规划将浮出水面，进入具体实施推进阶段，至“十二五”末，我国的海洋经济发展将在有关规划的框架下，获得更大的发展。

表6－8　　主要沿海省市海洋经济“十二五”规划

名称	主要内容	规划目标
《辽宁省海洋经济发展“十二五”规划》	围绕“一带”发展，强化“二海”开发。统筹海岸——基本功能区、近海基本功能区。重点建设精品渔业、海洋工程装备制造、航运、滨海旅游度假、海洋新能源、海洋生物医药、海水综合利用、海洋石化加工和新材料、现代海洋服务产业、科技兴海示范基地	全省海洋经济主要产业总产值达到6 000亿元，海洋新兴产业产值翻两番。扩张具有辽宁特色的十大海洋产业基地。海洋功能区生态环境及时整治和修复，海洋污染得到彻底根治，海洋污染防治工程重点建设项目得到落实
《天津市海洋经济和海洋事业“十二五”规划》	提升海洋渔业水平，发展先进海洋制造业，壮大海洋现代服务业。推进科技兴海。加强海洋环境监测和污染治理，加强海洋环境保护。合理利用海域资源、完善海洋防灾减灾体系	海洋生产总值达到5 000亿元，基本建成北方国际航运中心、国际物流中心、国家海洋科技研发与转化基地、国家战略性新兴海洋产业基地和国家海洋事业发展基地；重点发展先进海洋制造业（海洋石油化工、海洋精细化工、海洋装备制造、海水利用、海洋工程建筑、海洋生物医药、海洋新能源），壮大海洋现代服务业（海洋港口运输业、海洋现代物流业、滨海旅游业、科技服务业），基本建成南港工业区、临港经济区、天津港主体港区、滨海旅游区和中心渔港五大海洋产业聚集区

续表

名称	主要内容	规划目标
《河北省海洋科技及产业"十二五"规划》	围绕海水利用，突破成套技术，研制一批具有自主知识产权的海水利用装备，建设一批海水利用示范工程，初步建立海水利用的科技和产业基础；研究开发一批海洋创新药物、新型海洋生物制品，提高海洋水产品、盐生植物的精深加工和综合利用水平，形成一批具有明显市场优势的高端产品，初步形成海洋生物新兴产业；围绕海洋水产良种培育、海水健康养殖和渔业生态环境修复，加强关键技术的研究、引进与集成示范，加速实现产业化和规模化	海洋科技创新能力显著增强。在海水利用成套技术与关键设备、海洋创新药物与海洋生物制品、海洋水产养殖等领域形成科技突破，建成部分示范项目，培育骨干企业，加速产业化的速度，壮大产业规模。建立近岸海域污染防治与生态修复、海洋灾害预测预警和综合防治技术体系，提高应对海洋灾害的能力
《江苏省"十二五"海洋经济发展规划》	构建江苏"L"型特色海洋经济带，提升北部海洋重化工业板块、中部海洋生态产业板块和南部海洋船舶及海洋工程装备制造业板块综合竞争力；先试点后推广，高起点、跨越式推进沿海滩涂围垦综合开发。依靠科技进步，积极培育海洋新兴产业，做大做强海洋主导产业，改造提升海洋传统产业	提出建设海洋经济强省的目标，至2015年，江苏海洋经济生产总值突破6 800亿元，占全省地区生产总值达10%以上，海洋新兴产业增加值占主要海洋产业的比重提高至20%以上。2010～2020年，沿海滩涂规划建设21个围区，总面积270万亩。其中，2010～2012年，围垦滩涂60万亩；2013～2015年，围垦滩涂70万亩；2016～2020年，围垦滩涂140万亩
《广东省海洋经济发展"十二五"规划》	以珠江三角洲为核心，同时培育粤东、粤西两个新的增长极；大力提升传统优势海洋产业，培育发展海洋战略性新兴产业，集约发展高端临海产业，进一步优化产业结构，沿集聚化、园区化、融合化、生态化的路径，形成具有国际竞争力的现代海洋产业体系	海洋生产总值达1.5万亿元。海洋三次产业结构调整为3∶44∶53；基本形成"一核二极三带"的海洋经济布局；海洋科技贡献率提高至60%；海洋公共服务能力和海洋环境不断改善和提高，近岸海域环境功能区水质达标率达到90%以上
《广西海洋事业发展规划纲要》	加快海洋经济基础设施及海洋产业园区建设，引导海洋产业科学布局，打造北部湾航运枢纽中心、海洋油气开采加工基地、海水综合利用示范区和海洋化工基地，培育形成广西北部湾海洋产业集群。对自治区重点扶持发展的海洋生物、海洋化工、海水综合利用、海洋电力等新兴海洋产业和战略性海洋产业及重点项目，在市场准入、海域使用、投融资及减免税费方面给予必要的扶持	2015年，海洋生产总值达到1 510亿元。海洋产业结构趋于合理，海洋渔业、港口运输和滨海旅游等传统海洋产业进一步巩固，海洋生物制药业、海水利用业、船舶与海洋工程装备制造业、海洋石油天然气业、滨海砂矿业和现代海洋服务业等海洋新兴产业得到迅速发展，战略性海洋产业开始起步，海洋经济增长方式得到改变，循环经济建设初见成效。基本建成完善的海洋经济统计体系和海洋经济动态监测、评估体系

续表

名称	主要内容	规划目标
《厦门市“十二五”海洋经济发展专项规划》	着力建设海峡西岸海洋战略性新兴产业发展核心区，大力发展海洋生物医药、游艇及其装备业、海水利用业、海洋现代服务业；建设区域性国际航运物流中心；建成国内一流的滨海休闲旅游度假中心；提升临海工业；发展都市渔业；实施“一核引领、两翼互动、多湾统筹、环湾集聚、拥湾发展”的产业布局战略	2015年实现海洋经济增加值510亿元；力争港口货物吞吐量达到2亿吨，集装箱吞吐量突破1 000万标箱，滨海旅游业增加值达到35亿元，船舶制造业产值达到100亿元（含游艇制造产值），游艇经济的产值达到65亿元，游艇泊位2 000个，海洋生物产值（含海洋生物医药）达到60亿元，渔业经济增加值达到9.8亿元。2015年海洋科技成果转化率力争提升至55%以上
《宁波市海洋经济发展规划》	优化海域基本功能区，着力构建“一核两带十区十岛”空间功能布局框架；构建大宗商品交易平台、海陆联动集疏运网络、金融和信息支撑系统“三位一体”的港航物流服务体系；努力打造国内一流、世界先进的临港先进制造业基地；扶持发展海洋战略性新兴产业，培育发展海洋服务业，提升发展现代海洋渔业	到2015年，基本建设成为我国海洋经济发展的核心示范区，海洋生产总值突破2 500亿元。辐射服务功能突出，港口货物吞吐量和集装箱吞吐量分别达到5.5亿吨和2 000万标箱。空间资源配置合理。科教文化体系完善、海洋生态环境良好、体制机制灵活，对浙江海洋经济发展发挥先行示范和龙头带动作用
《深圳市海洋经济发展“十二五”规划》	实施创新示范、科技兴化等四大战略，开展“优势产业提升、海洋新兴产业培育、南海远洋资源开发”等九大工程	海洋生产总值力争达到1 500亿元。海洋油气业实现翻番，海洋交通运输业平稳发展，滨海旅游业取得突破。争取开展远海创新示范，建立以深圳为基地的南海服务体系和南海诸国及西太平洋岛国服务体系
《北海市海洋经济发展“十二五”规划》	优化海洋产业空间布局、构建8个重要的现代海洋产业体系，科学开发海域资源，提升海洋科技支撑能力	2015年实现海洋产业总产值和增加值分别达到450亿元和180亿元；港口信息化、现代化水平不断提升，港口吞吐能力超过1.3亿吨，货物吞吐量达到5 000万吨。现代海洋产业体系基本建立

三、主要海洋产业发展规划

“十一五”、“十二五”时期，相关行业主管部门制定了一系列产业发展规划。这些规划涵盖海洋渔业、海洋船舶、海洋交通运输、海洋工程建筑、海洋油气、海洋化工、海水利用、滨海旅游业等。

（一）海洋渔业

1.《全国渔业发展“十二五”规划》

为了促进渔业经济又好又快发展，推动传统渔业向现代渔业转变，实现我国由渔业大国向渔业强国的转变。农业部于2011年发布了《全国渔业发展“十二五”规划》，规划期为2011～2015年。此次规划的重点内容是，发展“五大产业体系”和建设“五大支撑体系”。发展“五大产业体系”具体是指：发展生态健康的水产养殖业、环境友好的增殖渔业、可持续的捕捞业、远洋捕捞业、水产品加工流通业、休闲渔业（见表6－9）。规划中特别强调，要促进传统渔业向集约化、标准化、信息化和环境友好化的方向发展，同时，凸显了增殖渔业和休闲渔业等新兴产业的重要地位。重点建设“五大支撑体系”则是指：建设渔业设施装备体系；完善现代渔业科技支撑体系；建立健全资源环境保护管理体系；推进渔业安全保障体系；强化现代渔政执法保障体系。

表6－9　渔业五大产业体系及其内涵

全国渔业五大产业体系	具体内容发展方式
生态健康的水产养殖业	集约化、良种化、设施化、标准化、循环化、信息化
可持续的捕捞业	可持续的捕捞，远洋捕捞
环境友好的增殖渔业	增殖放流，海洋牧场
水产品加工流通业	优化升级，拓展国内外市场，现代物流体系
休闲渔业	丰富模式，扩大规模

《全国渔业发展“十二五”规划》着眼于发展健康、产品安全、渔民增收、生态友好、平安和谐的现代渔业新格局，重视产量与质量，开发与保护，效益与民生，国内创新与海外拓展之间的关系。该《规划》进一步完善了我国海洋渔业的产业体系，既突出了传统产业的转型振兴，也明确了新兴产业的发展前景。同时，“五大支撑体系”的提出将有助于推进渔业节能减排发展，提高我国渔业的国际竞争力，保障渔业经济快速平稳发展。[①]

① 《全国渔业发展十二五规划》，农业部2011年10月发布。

2.《中长期渔业科技发展规划》

作为支撑我国海洋渔业发展的另一个重要规划，该《规划》立足于建设优质、高效、生态、安全的现代渔业，提升我国渔业科技创新能力和水平，促进渔业经济在科技创新的带动下实现跨越式发展。《规划》在2007年正式发布，规划期为2006～2020年，总体目标以提升渔业科技创新能力为核心，即“到2020年，形成并完善渔业科技创新体系，渔业科技的整体实力进入世界前列。渔业科技投入得到较快增长，科技成果转化率和科技进步贡献率均达到63%以上，实现渔业大国向渔业强国的转变。”为实现规划的总体目标，《规划》明确在六大领域开展核心技术研究，包括：在水产养殖领域开展可持续发展研究；在水产品加工领域开展深加工、综合利用和高值化技术研究；在渔业环境和水生生物资源领域加强监测、评估、保护、修复的理论和技术研究；在水产品质量安全领域开展危害控制、质量安全保障技术研究；在渔业装备与工程技术领域开展新材料、新技术研究；在渔业信息化领域加强信息化技术开发与应用研究。

在我国积极推进创新型国家建设的新形势下，渔业发展越来越多地要依赖科技的带动，寻求高值、高效、可持续的发展道路，《中长期渔业科技发展规划》为渔业科技的发展指明了方向。

（二）海洋船舶工业

1.《船舶工业“十二五”发展规划》

船舶工业是为海洋运输、海洋资源开发利用、沿海国防建设提供装备的现代化综合性产业，对于其他海洋产业的发展有很强的推动作用。21世纪是海洋世纪，加快海洋船舶工业的发展对于维护我国海洋权益、促进海洋经济发展、提高我国综合实力具有重大意义。工业和信息化部2012年年初发布的《船舶工业“十二五”发展规划》明确提出，“到2015年，我国船舶工业产业体系更为完善，产业结构更趋合理，创新能力和产业综合素质显著提升，国际造船市场份额稳居世界前列，成为世界造船强国。”具体来说，要实现该产业科学技术水平的提升、船舶产业结构的优化、效率效益的提高、船舶配套业的发展四项要求。为实现上述目标，2011～2015年，我国船舶工业的主要任务有以下五项：（1）提升设计水平和能力。对国际先进技术予以引进创新，注重前期科研和概念设计，将着眼点放在具有开创性，突破性的新产品上，大力提升设计水平和能力；突破船舶工业系统领域内的基础共性及核心关键技术，并致力于解决相关领域的技术难题；建立船舶行业自主研发平台，技术创新平台，支持相关产业跨行业研发机构的组建；增加企业技术改造的投入，推动行业特色技术和高新技术的推广，进而实现整个行业技术水平的提高。(2) 推动产业结构优化。通知优化资源配置、产业重组、产业链整合等方法培育具有核心技术的国际一流船舶企业；打造“专、精、特、新”的中小型船舶企业，提高其在各细分市场的差异化竞争能力；与此同时，加快船舶工业的相关服务业。(3) 在提高数量的同时注重其质量的提升。打造国际船舶知名品牌；完善船舶工业质量体系，加强质量评估和动态监管，切实保证各企业的船舶质量符合行业安全、环保等标准。(4) 提高船舶制造业的运行效率。将精益生产及流程再造引入到船舶制造业中，实现产品的专业制造，与此同时，响应绿色生态地球的号召，健全行业的节能降耗标准和评估体系，实现船舶工业的节能减排。(5) 优化产业布局。根据我国的资源分布状况及船舶工业发展现状，对造修船的产能进行调整，实现产能最大化；实现海洋工程装备制造业的集约化、规模化发展；加强对重点配套产品制造基地的建设。在实施过程中，针对船舶制造和修理业、船舶配套业、船舶工程装备制造业指明重点发展方向和重点突破项目，在“十二五”期间以此为导向，推动我国船舶工业的持续发展。①

2. 《船舶工业中长期发展规划》

该《规划》指出“2015 年，形成开发、建造高技术、高附加值船舶的能力，年造船能力达到 2 800 万载重吨，年产量 2 200 万载重吨，年销售收入 1 800 亿元（其中出口1 500 万载重吨，出口值 160 亿美元），使我国成为世界造船强国。船用低、中速柴油机年生产能力分别达到 600 万千瓦和 1 200 台，本土生产的船用设备的平均装船率（按价值计算）达到 80% 以上，大型企业集团建成船用设备国际营销服务网络。骨干造船企业的生产效率达到 15 工时/修正总吨，3 万载重吨以上常规船舶平均建造周期达到 9 个月，人均年销售收入力争达到 200 万元。”为了在 2015 年实现上述指标，(1) 要推动船舶工业的技术发展与创新，借鉴国际先进的技术、优秀的管理经验及健全的行业技术标准体系，结合我国船舶工业发展实际，实现其技术发展更上一个台阶。(2) 要促进产品合理发展，结合国内外市场需求，协调相关产业，有规划有重点的发展我国船舶工业的主导产品。(3) 要推动船舶企业的组织现代化，合理配置生产要素，优化组织结构，加强与外部相关企业的协作。(4) 要加强对外交流合作，引进国际先进设备与国际接轨，吸引国外高水平专业性人才参与我国船舶企业的管理，并实现多方位地与国

① 《船舶工业“十二五”发展规划》，中华人民共和国工业和信息化部 2012 年发布。

际先进企业进行技术合作，同时与国际船舶相关组织交流活动等。①

该规划重点对船舶工业的产品发展，组织结构和对外交流合作提出了各项具体建议。此外还对地方各级部门对投资项目的投资管理权限予以明确界定，并就推动船舶产业发展提出了具体政策建议。

2011～2015年是我国海洋船舶工业由大向强转变的关键5年。这一阶段，我国海洋经济发展实力和综合国力都有所提升，海洋船舶工业面临着发展的契机也面临着很大的挑战，一方面船舶行业的比较优势存在，船舶工业的发展领域广阔，有足够的发展空间，而另一方面国内外市场需求结构的变化，国际各项行业规范的提出，指标的提高，及技术壁垒都是必须攻克的难题。因而在我国贯彻落实科学发展观，转变经济发展方式，促进海洋经济发展的同时，必须完善产业体系，优化产业结构，提高海洋船舶工业的综合竞争能力。

（三）海洋交通运输业

1.《交通运输“十二五”规划》

海洋交通运输业是现代综合交通运输业的重要组成部分，将科学发展观落实到海洋交通运输业中，加快海洋交通运输基础设施网络建设，提升其服务水平，保证港口安全有序发展，积极推进海洋交通运输业的发展是“十二五”时期我国面临的重要课题。“十二五”时期必须大力发展海洋交通运输业。该《规划》中关于海洋交通运输业“十二五”期间的总体目标可阐述为：“继续有序推进沿海港口基础设施建设，优化沿海港口结构与布局，着力拓展港口功能，提升港口的保障能力和服务水平”，以及提升水运服务能力与水平。具体发展目标可从以下几个方面阐述：（1）基础设施方面：加快形成布局合理、保障有力、功能明确、安全环保、管理先进的现代化港口体系的步伐，实现港口码头结构的进一步优化，“深水泊位达到2 214个，能力适应度（港口通过能力/实际完成吞吐量）达到1.1”；（2）运输服务方面：提升海洋交通运输业的服务水平和运行效率，“沿海主要港口平均每装卸千吨货在港停时下降15%”；（3）交通科技与信息化方面：进一步完善海洋交通运输业科技创新体系；（4）绿色交通方面：大幅降低二氧化碳排放量，节约能源资源提高资源集约利用程度，提高港口服务区等生产、生活污水的循环利用水平；（5）安全应急方面：水上交通安全应急水平显著提高。提高水

① 《船舶工业中长期发展规划》，国家发展改革委、国防科工委2006年发布。

上监管和救助能力，降低水上事故发生的数量。2011～2015年，为了实现上述总体及各项具体目标，我国海洋交通运输业发展方面的主要任务有以下几点：第一，“有序推进沿海港口建设”：①优化沿海港口布局。根据各港口在我国国家经济及区域经济发展中不同的角色定位，对于主要港口来说强化其核心地位，发挥其枢纽作用，提升对所在区域经济发展的综合服务水平，同时根据各区域海洋经济发展规划，推进新港区的开发。②推进包括煤炭、原油、铁矿石及集装箱在内的货类运输体系码头建设。③加强包括航道、防波堤、公共锚地，港口集疏运体系，陆岛交通码头在内的港口公共基础设施建设。④促进港口结构调整，包括对老港区的改造，公用码头服务能力的提升，港口专业化水平的提高等。第二，“提升水运服务能力和水平”。①提升海洋交通运输装备水平；②提升港口服务水平；加快发展港口现代物流功能，提高港口服务的质量和效率；③完善海上运输体系；④提升现代航运服务业水平及客运服务品质。①

该《规划》中对于沿海港口结构调整及优化提出了具体要求，针对港口不同的即有发展状态，结合我国国家经济及区域经济发展规划，指出了发展方向，例如，对主要港口要强化其作用，对新开发的港区要统筹规划，科学合理有序地进行开发。交通运输对于带动经济发展的作用不言而喻，而港口建设的发展是完善交通运输体系过程中非常重要的一个环节。“十二五”阶段，要将港口布局建设与国家及区域的经济社会发展及国防需求相统筹，将我国海洋交通运输业可持续地发展下去。为此要完善海上交通运输市场的相关法律法规，提高市场监管能力，确保海上交通的安全。

2.《关于促进沿海港口健康持续发展的意见》

为贯彻落实《交通运输“十二五”规划》，确保沿海港口可持续发展，该文件提出以下几点政策建议：(1) 积极促进大中小港口之间的协调发展，推进环渤海地区、长江三角洲地区、珠江三角洲地区、东南沿海地区、西南沿海地区这五大港口群体的协调发展。(2) 推进港口专业化货运系统港口建设。(3) 明确区域内港区发展重点，进行合理有序开发，稳步推进新港区的开发。(4) 加快对港口结构的调整，对老港口进行改造，港口专业化水平和公共服务能力进行提高，有效整合港口资源。(5) 加强港口集疏运体系建设，完善相关制度，加强基础设施建设。(6)“着力推动港口转型升级”，大力发展港口现代物流业、现代服务业，加快信息化水平建设，提高服务效率，推进港口节能减排，发展绿色环保安全港口。(7) 加强沿海港口布局规划的管理，从规划的制定、修改、调整到执行到要严格按照相关法规的要求来实施。(8) 港口岸线的使用

---

① 《交通运输“十二五”规划》，交通运输部2011年发布。

管理要严格按照审批程序执行。

显然，在《关于促进沿海港口健康持续发展的意见》中，亮点之一是港口布局规划与港口岸线的使用管理程序的具体意见，这从政策法规方面对于合理、可持续促进港口发展提出了要求，是健康发展沿海港口的重要保障。

（四）海洋工程装备业

1.《海洋工程装备制造业中长期发展规划》

该《规划》明确提出了2011～2020年的发展总体目标："使我国海洋工程装备制造业的产业规模、创新能力和综合竞争力大幅提升，形成较为完备的产业体系，产业集群形成规模，国际竞争力显著提高，推动我国成为世界主要的海洋工程装备制造大国和强国。"具体目标包括：（1）海洋工程建筑业的产业规模位于世界先进行列。（2）形成渤海湾、长三角、珠三角三个产业集群和若干大型骨干企业集团。（3）突破该产业的关键技术，实现科技创新与发展。（4）产业中关键性系统及设备的制造能力明显提升。为实现这些目标，这10年间的主要任务有：（1）加快产业规模化发展。培育三大海洋工程装备制造业集聚区，实现产业集聚发展；发展具有较强国际竞争力的专业化总装制造企业和专业化分包商；加强企业在现有水平上就生产流程、节能减排等方面进行技术改造；支持企业强强联合，兼并重组，实现优势互补，共同发展。（2）加快产业技术创新的步伐。加快对市场需求量大的重点产品的开发；加大对海洋工程装备核心技术的开发设计能力；结合海洋工程建筑项目特点，引进现代工程建筑管理模式，提高管理水平；同时加大对基础性核心技术的研发支持；应长远需求，开展对具有前瞻性的产品研发；构建广阔的研发平台，完善以企业为主体，产学研用紧密结合的科研体系。（3）"提高关键系统和设备配套能力"对重点产品积极打造专业化基地，对优势产品积极培育。（4）建设海洋工程建筑现代化体系。积极发展海洋工程装备制造服务业，提高其信息化水平建设，构建安全、高效的海洋工程装备制造体系。（5）坚持"引进来""走出去"的战略，加强与外部合作。（6）实施深海资源探采装备发展工程、深海空间站工程等重大创新工程。①

① 《海洋工程装备制造业中长期发展规划》，工业和信息化部、国家发展改革委、科技部、国资委、国家海洋局2012年联合发布。

2.《海洋工程装备产业创新发展战略（2011～2020年）》

该《规划》指出“到2015年，基本形成海洋工程装备产业的设计制造体系，初步掌握主力海洋工程装备的自主设计和总包建造技术、部分新型海洋工程装备的制造技术，以及关键配套设备和系统的核心技术，基本满足国家海洋资源开发的战略需要。”在“十二五”期间，按照“市场为牵引、创新为驱动、总装为龙头、配套为骨干”的发展思路，在现有装备技术上加强对国外先进主力装备技术的引进，吸收并予以创新，掌握核心关键制造技术，提高自主创新能力，完善装备制造业技术创新体系，实现科研与装备制造业实际发展相结合。战略重点将着眼于：主力海洋工程装备、新型海洋工程装备、前瞻性海洋工程装备、关键配套设备和系统、关键共性技术。战略实施渠道主要包括四个方面：一是以技术创新为驱动，推动创新成果转化，加强创新能力建设，实现产业创新发展工程；二是以市场需求为导向，结合国内外需求现状，形成产业联盟；三是加强与国际先进企业和科研机构和合作，培养高精尖的海洋装备造人才，另外企业要为高科技人才的培养和发展创造有利环境；四是以产业统筹规划为指导，完善产业结构，推动产业升级。①

作为发展海洋经济的先导产业，海洋工程装备制造业的发展不论就海洋经济还是国民经济而言都有些举足轻重的作用。海洋资源开发利用作为一个不断发展的新兴市场，世界各国都予以高度重视，将加快发展海洋经济提升到国家战略的高度，面对日益竞争激烈的国际市场，未来五年到十年是我国海洋工程装备制造发展的关键阶段。为了实现其产业规模的迅速扩大，应立足于加大对海洋科技活动的支持力度；鼓励发展海洋装备制造项目；予以金融财政支持；加大科研经费和人才的投入；推动产业联盟；优化人才队伍，扩大海洋装备造业高端技术人才队伍。

（五）海洋油气和化学工业

2011年，中国石油和化学工业联合会全文发布了《石油与化学工业“十二五”发展指南》提出了2011～2015年海洋油气业的主要任务：（1）调整产业结构，优化产业布局。（2）提高海洋油气业的科技创新水平，发展新型油气勘探开发技术，推广已成熟的油气开发技术，并进一步完善科技创新体系。（3）促进节能减排工作落到实处，对海洋油气业的一系列开采过程予以过程控制，减少废弃物排放，降低溢油事故发生

① 《海洋工程装备产业创新发展战略（2011～2020年）》，国家发展改革委、科技部2010年联合发布。

率。（4）把好质量关，打造行业内知名品牌。（5）加大与外部合作的程度和广度，引进国外资金，先进技术和管理经验。（6）推动各企业之间分工合理，相互协作的行业企业体系。①

近些年中国海洋化学工业发展迅猛，但市场变化也相对活跃。为面对全球市场需求结构变化，我国海洋化学工业的发展必须应市场需求，一方面稳定现有产业优势，另一方面发展具有自主知识产权的核心技术，调整并优化产业结构，确保节能减排、绿色安全。下阶段产业发展重点为：（1）积极发展海洋化工新材料，推动海洋化工的深加工，精加工的发展。（2）提高产业核心技术能力，推广现有的关键成熟技术，同时加大对关键技术的知识产权保护。（3）建立企业节能标准，推广企业节能技术，实现节能减排。（4）建立健全海洋化学工业的质量标准体系。（5）从海洋化学工业发达的国家引进技术人才。另外《规划》也指出将石油化工、基础化学品、化工新材料等作为“十二五”期间重点发展方向。②

（六）海水利用业

虽然中国海水淡化用于工业和生活用水规模日益增加，但缓解沿海地区生产生活水资源短缺方面的潜力仍有提升空间。在此背景下，国家出台《国务院办公厅关于加快发展海水淡化产业的意见》。意见提出，应继续加快海水淡化产业的发展，“到2015年，我国海水淡化能力达到220万～260万立方米/日，对海岛新增供水量的贡献率达到50%以上，对沿海缺水地区新增工业供水量的贡献率达到15%以上；海水淡化原材料、装备制造自主创新率达到70%以上。”除了上述指标之外，还要完善海水淡化产业链体系，其核心科研制造能力进一步提升，达到世界先进水平。具体采取的行动包括：（1）加大对核心技术装备的科研开发，重视海水淡化新技术的研发，提高海水淡化设备的利用率，同时与国内外相关科研机构相互交流与合作，提高研发核心技术和关键设备的自主创新能力。（2）提高海水淡化产业设计、制造、建设、应用等工程技术水平。（3）“培育海水淡化产业基地”推进海水制造业的研发机构、装备制造企业及工程应用在有利条件地区聚集，培育具有国际竞争力的海水淡化设计和制造的企业。（4）组建产业联盟，完善产业链，加强科研开发和装备制造业的集聚。（5）根据不同的实际情况，针对“海水淡化膜法、热法和热膜耦合等工艺技术”建立具有代表性的海水重点示范工程。（6）积极建设海水淡化示范城市，示范海岛、示范工业园区。（7）“推动使

①② 《石油和化学工业“十二五”指南》，中国石油和化学工业联合会2011年发布。

用海水淡化”在符合各项相关指标，保证安全的情况下提倡海水淡化水作为水资源的重要补充。[①] 国务院颁发的这一文件中值得强调的是建立海水淡化产业联盟和示范工程和示范城市。完善产业链有利于提高市场竞争力，建立示范工程和示范城市对有条件发展海水淡化产业的地区起到一个很好的带头作用。国家经济的快速发展，人民生活水平的提高，离不开充足的水资源供给。发展海水淡化产业对于一个人均水资源拥有量较低的国家来说，不仅缓解了沿海城市和岛屿的水资源短缺问题，而且对保障水资源持续利用、转变经济发展方式都意义重大。

（七）滨海旅游业

旅游业在“保增长、扩内需、调结构、惠民生”方面、促进文化水平、人民素质提高、国民经济增长方面发挥着重要作用。依托海洋资源发展的滨海旅游业对于带动沿海城市餐饮、住宿等相关行业发展起着重要的作用。《中国旅游业“十二五”发展规划纲要》指出到2015年旅游业要发展成为“国民经济的战略性支柱产业和人民群众更加满意的现代服务业，在扩内需、调结构、保增长、惠民生的战略中发挥更大功能”，实现产业规模的进一步扩大等目标。该规划中针对区域发展施行分类指导，涉及滨海旅游业的区域有：（1）环渤海旅游区：在现有的旅游业发展基础上，充分利用滨海和海岛资源，发展“山海一色和海岛自然风光旅游资源区”，大力开展滨海旅游度假产品。同时与当地古文化遗址、民俗风情旅游区等协调规划，促进共同发展。（2）海南国际旅游岛：重点发展滨海度假旅游、海洋观光旅游、海岛旅游、邮轮旅游、游艇旅游、海上运动旅游等。[②] 打造具有海南特色的旅游产品体系。（3）北部湾旅游区：依托其丰富的滨海旅游资源，通过改革，不断完善旅游产品体系，“将北部湾经济区培育成为区域性国际旅游目的地和旅游促进中心。”（4）江苏省沿海旅游带：依托沿海旅游资源，与内陆相结合，打造江苏省沿海旅游带，放大其产业联动效应。“创新有江苏特色的淤泥质海岸滨海旅游发展新模式，丰富江苏旅游品牌形象和产品谱系，重点考虑蓝色旅游产业模式和江苏海岸带盈利模式。”（5）辽宁省沿海旅游带：建设集滨海休闲度假、邮轮、游船、游艇、海岛休闲度假、滨海都市、自驾车旅游等多元化、复合型旅游产品，全力打造“北方国家海岸”。[③]

① 《国务院办公厅关于加快发展海水淡化产业的意见》，国务院办公厅2012年5月发布。

② 《海南国际旅游岛建设发展规划纲要（2010～2020年）》，海南省委、省政府2009年发布。

③ 《中国旅游业“十二五”发展规划纲要》，国家旅游局2010年12月发布。

该《规划》的特点在于对部分沿海城市、海岛做出具有针对性的建议和发展方向——因地制宜，发展具有不同特色，不同目标定位的滨海旅游城市。近年来，人均国民收入持续增加，居民旅游的需求日益大众化、多样化，为中国旅游业的发展提供了很好的机遇。下阶段将是中国旅游业发展方式转变的关键时期。展望未来五年，各项相关战略方针、基础设施的完善、基本稳固的旅游市场、创新的商业模式，都为滨海旅游业的发展提供了很好的机遇，但是生态环境保护和滨海旅游资源的开发之间的矛盾，产业规模扩大和质量效益提升之间的矛盾都是需要面对的难题。

海洋经济发展规划这一部分涵盖从国家、区域、地方三级对“十二五”乃至更长时期海洋渔业、海洋船舶工业、海洋交通运输业、海洋工程建筑业、海洋油气业、海洋化工业、海水利用业及滨海旅游业等海洋产业的发展规划和布局安排。上述政策文件的密集出台一方面表明国家对海洋经济的发展的高度重视，另外也从侧面表明我国社会经济发展经步入一个新的发展阶段。该部分依据这些纲领性文件或意见，较系统地阐述了各产业在“十二五”期间发展的总体目标、主要任务、实现途径、布局安排等。概括起来就是要扩大海洋产业规模，优化海洋产业结构，进行科技和经济积累，实现中国由海洋大国向海洋强国的转变。在“十二五”期间，要实现规划中海洋经济的总体目标，必须将针对不同产业发展情况制定的措施落到实处。但是，总体来说，大力发展海洋经济，离不开以下几点：第一，就科研技术与人才来说，优化各产业人才结构，培育高端技术人才，掌握核心技术和关键能力，注重产品研发，推进研发平台建设，提高我国海洋产业自主创新能力。第二，就企业和产业来说，打造具有国际竞争力的大型企业，并完善产业链，上下游产业协调发展，共享利益。第三，就财政金融方面来说，加大政府对于海洋产业发展的投入，确保海洋资源开发的资金充足，同时鼓励企业对于海洋产业的投资。第四，就与国际合作而言，坚持走出去战略，引进消化吸收外国先进的技术装备。此外还要完善海洋经济发展的支撑体系，同时必须贯彻“在开发中保护，在保护中开发”的原则，实现海洋经济发展的可持续。

第七章　中国海洋经济发展预测

进入21世纪，中国海洋经济取得长足进步，各主要海洋产业保持较快增长速度，海洋相关经济活动急剧扩大，沿海地区海洋经济发展各具特色，海洋经济的发展创造大量就业机会。进入“十二五”时期，国家高度重视海洋经济发展。“十二五”规划中提出了海洋经济发展的百字方针。各涉海产业部门陆续制定了本行业的“十二五”及中长期发展规划。未来五年乃至更长时期将是中国海洋经济实现可持续发展的关键时期和重要的战略机遇期。预测未来20年中国海洋经济发展，对于制定和实施海洋经济发展战略，加强各级海洋经济发展规划及产业专项规划的监督管理具有重要意义。

一、海洋经济发展预测思路和方法

中国海洋产业主要包括海洋渔业、海洋石油天然气业、海洋交通运输业、海洋矿业、海洋盐业、海洋化工业、海洋生物医药业、海洋电力业、海水利用业、海洋船舶工业、海洋工程建筑业、海洋交通运输业、滨海旅游业等。本书海洋经济的预测采用定性和定量相结合的方法。定量方法包括单一预测方法和组合预测法。定量预测的指标主要包括海洋生产总值，以及各海洋产业的增加值，对于各类海洋产业采用不同的预测方法。海洋渔业、海水利用业和海洋船舶制造业的预测目标在相应的专项规划中已有所表述，因此，对这三类产业的产业增加值的预测可根据相应的专项规划估算。其他海洋产业的增加值以及海洋生产总值的预测，则采用组合预测法进行预测。①② 各定量预测方法简述如下。

（一）单一预测法

单一预测法主要包括成长曲线法、趋势外推法、灰色系统法等。

1. 成长曲线法

成长曲线法是一条S形曲线，它反映了经济开始增长缓慢，随后增长加快，达到一定程度后，增长率逐渐减慢，最后达到饱和状态的过程，主要包括龚柏兹（Gompertz）曲线模型和罗吉斯缔（Logistic）曲线模型。

2. 趋势外推法

趋势外推法是长期预测的主要方法。它是根据时间序列的发展趋势，配合合适的曲线模型，外推预测未来的趋势值，具体包括直线模型预测法、多项式曲线模型预测法、指数曲线模型预测法等。

3. 灰色系统法

灰色系统法师一种研究少数据、贫信息不确定性问题的新方法。灰色系统理论以“部分信息已知，部分信息未知”的“小样本”、“贫信息”不确定性系统为研究对象，主要通过对“部分”已知信息的生成、开发、提取有价值的信息，实现对系统运行行为、演化规律的正确描述和有效监控。

（二）组合预测法

组合预测法是将若干种类的预测方法所获得的结果按照一定的权重组合起来，以便减少单项预测误差较大缺陷的预测方法。按照获得权重的方法，组合预测法可以分为基于算术平均的线性组合预测法和基于调和平均的线性组合预测法。基于调和平均的线性

① 刘明．中国海洋经济预测研究［J］．统计研究，2011（5）．

② 本书海洋生产总值预测思路是，首先预测海洋产业增加值（或海洋生产总值）占GDP比重，然后再根据权威文献中GDP预测值对海洋产业增加值（或海洋生产总值）进行推算。之所以选择这样的预测方式，而不是直接采用外推法，有两个方面原因：其一，过去几十年海洋产业的增长率高于GDP增长率，采用直接外推法预测，未来某一时间内海洋经济的总量也不可能超过GDP，但这是不可能的；其二，预测方式的选择需要考虑所选预测模型的性质。

组合预测法优于基于算术平均的线性组合预测法，可证明如下。

1. 基于算术平均的线性组合预测法

假定有 n 种相互独立的不同方法对研究对象 Y 进行预测，所得结果分别为：Y_1，Y_2，…，Y_n，该 n 种方法都是对研究对象的无偏估计，其预测方差分别为：σ_{12}，σ_{22}，…，σ_{n2}，则基于算术平均的线性组合预测法可表述为：

$$Y' = W_1 Y_1 + W_2 Y_2 + \cdots + W_n Y_n$$

其中，$W_i = \dfrac{\sigma_i^{\ 2}}{\sum_{j=1}^{n} \sigma_j^{\ 2}}, 0 < W_i < 1$，且 $\sum W_i = 1$，则该组合预测 Y′对于 Y 是无偏的和一致的，即 $E(Y') = E(Y)$。

该组合预测在一定程度上利用了预测对象多方面的信息，而且应用简单，从而在实际预测中获得广泛应用，但由于组合预测中各单项方法的权重与各单项方法预测结果的方差成正比，预测偏差较大的方法在组合中所占权重也较大，客观上造成鼓励劣方法的效果，而且理论上可以证明这种权重确定方法造成算术平均的线性组合预测不再有效，即预测结果的方差不再是最小方差，同时造成预测结果的方差是预测对象真正方差的有偏估计。

2. 基于调和平均的线性组合预测方法

为了克服普通线性组合预测方法的缺陷，提高预测精度，采用基于调和平均的线性组合预测方法，其权重确定如下：

$$W_i = \frac{\dfrac{1}{\sigma_i^{\ 2}}}{\sum_{j=1}^{n} \dfrac{1}{\sigma_j^{\ 2}}}$$

则对于基于调和平均的线性组合预测方法有 $Y'' = W_1{}'Y_1 + W_2{}'Y_2 + \cdots + W_n{}'Y_n$ 有如下几点结论成立：

① 组合预测 Y'' 对于 Y 也是无偏估计，即：$E(Y'') = E(Y)$

证明：$E(Y) = E(W_1{}'Y_1 + W_2{}'Y_2 + \cdots + W_n{}'Y_n) = E(Y) \times \sum_{i=1}^{n} W'_i = E(Y)$

②组合预测 Y″一定优于单一预测，即使得：

$$\sigma''^2 < \min(\sigma_{12}, \sigma_{22}, \cdots, \sigma_{n2})$$

证明：令 $\sigma_2=\min(\sigma_{12},\sigma_{22},\cdots,\sigma_{n2})$；

$$\sigma''^2=D(Y'')=D(W_1'Y_1+W_2'Y_2+\cdots+W_n'Y_n)=W_1'\sigma_{12}+W_2'\sigma_{22}+\cdots+Wn'\sigma_{n2}$$

$$=\frac{(\frac{1}{\sigma_1^{\ 2}})^2\cdot\sigma_1^{\ 2}}{(\sum_{j=1}^{n}\frac{1}{\sigma_j^{\ 2}})^2}+\frac{(\frac{1}{\sigma_2^{\ 2}})^2\cdot\sigma_2^{\ 2}}{(\sum_{j=1}^{n}\frac{1}{\sigma_j^{\ 2}})^2}+\cdots+\frac{(\frac{1}{\sigma_n^{\ 2}})^2\cdot\sigma_n^{\ 2}}{(\sum_{j=1}^{n}\frac{1}{\sigma_j^{\ 2}})^2}=\frac{1}{\sum_{j=}^{n}\frac{1}{\sigma^2}}<\frac{1}{\frac{1}{\sigma^2}}=\sigma^2$$

③ 组合预测 Y″至少不比组合预测 Y′差，即 $\sigma''^2\leqslant\sigma'^2$；

$$证明：\sigma'^2=\sum_{i=1}^{n}w_i^{\ 2}\sigma_t^{\ 2}=\frac{\sum_{i=1}^{n}\sigma_i^{\ 6}}{(\sum_{j=2}^{n}\sigma_j^{\ 2})^2},\sigma''^2=\frac{1}{\sum_{j=1}^{n}\frac{1}{\sigma_j^{\ 2}}}$$

容易得到：$\sigma'^2\geqslant\sigma''^2$，从以上结论可以确定基于调和平均的线性组合预测方法是无偏的、一致的和有效的。

二、海洋生产总值预测

对海洋生产总值的预测的思路是先预测海洋生产总值占 GDP 比重，再根据较为权威文献中近年来有关 GDP 的预测得到海洋生产总值的预测值。

（一）海洋生产总值占 GDP 比重预测

对于海洋生产总值，根据其历史数据（见表 7－1），采用组合预测方法预测。

表 7－1　2001～2009 年我国海洋生产总值占 GDP 比重　单位:%

年份	海洋生产总值占 GDP 比重	年份	海洋生产总值占 GDP 比重
2001	8.68	2006	10.03
2002	9.37	2007	10.05
2003	8.80	2008	9.87
2004	9.17	2009	9.53
2005	9.64	2010	9.7

注：根据《中国海洋统计公报（1998～2011 年）》整理而得。

根据《全国海洋经济发展“十二五”规划》①，2015 年中国海洋生产总值占 GDP 比重达到 10%。根据预测结果：海洋生产总值占 GDP 比重在 2020 年、2025 年和 2030 年最佳预测值将分别达到 12.44%、13.89% 和 15.49%（见表 7-2）。

表 7-2 “十二五”至 2030 年我国海洋生产总值占 GDP 比重预测 单位：%

年份	2020		2025		2030	
	预测范围	最佳预测值	预测范围	最佳预测值	预测范围	最佳预测值
海洋生产总值占 GDP 比重	8.65 ~ 13.99	12.44	8.77 ~ 15.9	13.89	8.9 ~ 18	15.49

（二）国内生产总值（GDP）预测

对于中国国内生产总值的预测，国内有较多的研究文献。本书采用“中国 2007 年投入产出表分析应用”课题组对中国经济增长的预测②。该课题组根据未来影响中国国民经济发展的一些主要因素做了三类假设，即基准情景、发展方式转变较快模式和风险情景。

所有情景共同的基本设定：（1）人口总量的变化趋势外生，直接利用联合国的预测数据；（2）劳动力总量的增长外生，农业土地的供给变化外生；（3）除未特别指出，各种已有的税率和转移支付保持不变；（4）2010 ~ 2030 年国际收支将逐步达到收支平衡。

基准情景设定为：（1）城市化水平及城乡人口外生，2007 ~ 2020 年城市化率年均提高 0.9 个百分点。2021 ~ 2030 年城市化率年均提高 0.7 个百分点。（2）政府消费增长率外生。（3）全要素生产率（TFP）外生，假设 2005 ~ 2020 年的全要素生产率的增长率仍然保持过去 25 年的平均水平，即整体保持在 2% 左右的水平。（4）技术进步的偏向性及中间投入率的变化外生。

发展方式转变较快情景设定为：（1）征收能源税/碳税、提高能源利用效率，

① 《全国海洋经济发展“十二五”规划的通知》（国发〔2012〕50 号），国务院 2012 年 9 月 16 日印发。

② “中国 2007 年投入产出表分析应用”课题组．“十二五”至 2030 年我国经济增长前景展望［J］．统计研究，2011（1）．

2010~2015年资源税税率在基准情景的基础上逐步提高10%，2010年开始征收碳税，税率从10元每吨二氧化碳提高至50元每吨二氧化碳。2010~2030年间能源利用效率平均比基准情景高1个百分点。碳税收入主要用于企业能源效率改进，高技术行业创新的税收激励。（2）加大政府对于教育、医疗及科研及社会福利的投入。调整政府公共支出的结构，增加教育、医疗、科研及社会福利的支出比重。（3）加快城市化进程，逐步消除劳动力转移的壁垒。2010~2030年城市化率比基准情景每年提高0.25个百分点，加快城乡劳动力的转移。（4）调整国有企业、垄断企业的分配体系提高国有企业回报上缴比重，2010~2030年逐步提高三成到四成，增加政府公共支出；提高政府对于贫困地区和贫困人群的转移支付，2010~2030年比基准情景提高10%~15%。（5）完善服务业规制改革，降低服务业税负。2010~2030年服务业TFP比基准情景高0.9个百分点，逐步使服务业的税负降低10%。

风险情景设定为：（1）城市化进程缓慢，劳动力转移变缓，2010~2030年城市化率比基准情景每年低0.2个百分点，城乡劳动力的转移速度也比基准情景缓慢。（2）世界经济缓慢恢复，贸易保护日趋严重与基准情景中出口需求短期即可恢复正常增长不同，国际市场对中国出口的需求“十二五”时期以后方可恢复正常，2015~2030年受贸易保护主义增强等因素的影响，出口增速低于基准情景。（3）国际能源价格攀升，能源进口受到限制，国际原油价格回归100美元每桶以上。（4）体制改革进展缓慢、技术创新和效率改进不快等，导致TFP比基准情景低0.4个百分点左右。

“中国2007年投入产出表分析应用”课题组运用CGE模型对中国“十二五”至2030年经济增长前景进行了预测分析，其中对“十二五”至2030年国内生产总值（GDP）进行了预测（见表7-3）。

表7-3　三种不同情景下中国国内生产总值预测（2015~2030年）　单位：万亿元

情景	预测指标	预测值			
		2015	2020	2025	2030
基准情景	GDP	51.86	72.84	100.21	133.69
发展方式转变较快	GDP	59.57	84.33	116.08	153.89
风险情景	GDP	55.82	73.65	94.44	116.57

（三）海洋生产总值预测

参考这三种情景全国 GDP 预测值，估算中国 2015 年、2020 年、2025 年和 2030 年海洋产业增加值的预测值（见表 7－4）。

表 7－4　三种不同情景下中国海洋生产总值预测（2015～2030 年）　单位：亿元

情景	海洋生产总值预测值			
	2015	2020	2025	2030
基准情景	51 860	90 612. 96	139 191. 69	207 085. 81
发展方式转变较快	59 570	104 907. 19	161 240. 13	238 369. 47
风险情景	55 820	91 620. 6	131 177. 16	180 566. 9

三、主要海洋产业增加值预测

主要海洋产业增加值预测采取分产业预测，然后加总的方法。首先分别预测各产业增加值占 GDP 比重，其次加总各产业增加值占 GDP 比重的预测值得到主要海洋产业增加值占 GDP 比重的预测值，最后根据权威文献中近年来有关 GDP 的预测得到主要海洋产业增加值的预测值。

（一）海洋渔业预测

海洋渔业包括海水养殖、海洋捕捞、海洋水产品加工、海洋渔业服务业及相关产业，是我国大农业中的重要组成部分。

1. 近海海洋捕捞

中国争取到 2015 年将渔船总捕捞能力控制到与资源相协调的水平。[①] 中国近海渔

① 《2003～2010 年海洋捕捞渔船控制制度实施意见》，农业部 2003 年 11 月 12 日颁布实施。

业资源可持续捕捞量为 591 万吨[①]。因此自 2000 年以来，中国每年海洋捕捞产量为 1 400 万 ~1 500 万吨，超捕量达 800 万 ~900 万吨。

《全国渔业发展第十一个五年规划（2006 ~2010 年）》[②] 提出，“到 2010 年，中国国内捕捞产量减少到 1200 万吨，年均减幅 3. 8%”。《全国渔业发展第十二个五年计划（2011 ~2015 年）》[③] 提出，“海洋捕捞机动渔船总数和功率数控制在‘十一五’末水平”。

假设中国海洋捕捞产量在 2010 ~2020 年期间年均减幅为 3. 8%，2020 ~2030 年年均减幅稍小为 3. 5%[④]，则到 2015 年，中国海洋捕捞产量将减少到 1 022. 37 万吨，到 2020 年将减少到 842. 34 万吨，到 2025 年将减少到 704. 89 万吨，到 2030 年将减少到 589. 87 万吨。

根据所做假设，预测到 2015 年，中国海洋捕捞产值为 1 278 亿元，海洋捕捞业增加值为 716 亿元。到 2020 年海洋捕捞业产值为 1 053 亿元，海洋捕捞业增加值为 590 亿元。到 2025 年，海洋捕捞业产值为 880 亿元，海洋捕捞业增加值为 494 亿元。到 2030 年，海洋捕捞业产值为 738 亿元，海洋捕捞业增加值为 413 亿元[⑤]。

2. 海水养殖业

《全国渔业发展第十二个五年规划（2011 ~2015 年）》提出，“到 2015 年，水产品产量超过 6 000 万吨，其中，养殖产品比重达到 75% 以上。2010 年，中国水产品总产量为 5 373 万吨，其中养殖产品比重占 71%。到 2015 年，中国养殖产品将达到 4 500 万吨。2010 年，中国水产品产量为 5 373 万吨，养殖产品所占比重为 71%，则养殖产品产量为 3 814 万吨。2010 ~2015 年预计养殖产品产量年均增长 3. 36%”。

以 2010 年海水养殖产量 1 482. 3 万吨为基数，若未来年均增幅为 3. 4%[⑥]，则到 2015 年，中国海水养殖产量为 1 752 万吨，到 2020 年达到 2 070 万吨，2025 年达到 2 448 万吨，2030 年达到 2 893 万吨。

按照平均每万吨水产品创造渔业产值 1. 25 亿元，渔业增加值 0. 7 亿元，可预测

---

① 专项综合报告编写组. 我国专属经济区和大陆架勘测专项综合报告［M］. 北京：海洋出版社，2002：393 -395.

② 《全国渔业发展第十一个五年规划（2006 ~2010 年）》，农业部 2006 年 12 月颁布实施。

③ 《全国渔业发展第十二个五年规划（2011 ~2015 年）》，农业部 2011 年 10 月 18 日颁布实施。

④ 根据《全国渔业发展第十一个五年规划（2006 ~2010 年）》所定的捕捞量年均增幅做此假设。

⑤ 根据《全国渔业发展第十二个五年规划（2011 ~2015 年）》，2010 年我国渔业产值 6 751. 8 亿元，渔业增加值 3 790 亿元，水产品总产量 5 373 万吨，每万吨水产品创造渔业产值 1. 25 亿元，创造渔业增加值 0. 7 亿元。

⑥ 根据《全国渔业发展第十二个五年规划（2011 ~2015）》所定的养殖产量年均增幅做此假设。

2015 年、2020 年以及 2030 年中国海水养殖产值及增加值。预测结果分别为 2 190 亿元和 1 226.4 亿元（2015 年）、2 588 亿元和 1 449 亿元（2020 年）、3 060 亿元和 1 714 亿元（2025 年）以及 3 616 亿元和 2 025 亿元（2030 年）。

3. 远洋渔业

《全国渔业发展第十二个五年规划（2011～2015 年）》提出，“到 2015 年，中国远洋渔业产量达到 130 万吨，年均增幅 3.4%”。

假设未来 2015～2030 年期间，中国远洋渔业产量年均增幅仍为 3.4%①，则到 2020 年将达到 154 万吨，到 2025 年将达到 180 万吨，到 2030 年将达到 215 万吨。

按照平均每万吨水产品创造渔业产值 1.25 亿元，创造渔业增加值 0.7 亿元估算，2015 年我国远洋渔业产值为 162.5 亿元，增加值为 91 亿元。2020 年远洋渔业产值为 192.5 亿元，增加值为 108 亿元。2025 年远洋渔业产值为 225 亿元，增加值为 126 亿元。2030 年远洋渔业产值为 268 亿元，增加值为 150 亿元。

4. 海洋渔业服务业和海洋水产品加工业

海洋渔业服务业和海洋水产品加工业属于海洋渔业的附属产业。假设海洋渔业服务业、海洋水产品加工业与海洋渔业的产值存在较为稳定的比例关系。根据可获得的数据，2005 年，中国海洋渔业服务业总产值占海洋渔业总产值比重为 8.4%，相应的增加值比重为 7.88%。海洋水产加工业总产值占海洋渔业总产值比重为 33%，相应的增加值比重为 17.65%。根据此比重关系，可获得 2015～2030 年中国海洋渔业服务业和水产加工业的预测值（见表 7－5）。

表 7－5　我国海洋渔业服务业和水产品加工业预测值　单位：亿元

年　份	2015	2020	2025	2030
海洋渔业服务业总产值	304.96	322.01	349.86	388.25
海洋渔业服务业增加值	286.08	302.08	328.20	364.21
海洋水产加工业总产值	1 198.065	1 265.055	1 374.45	1 525.26
海洋水产加工业增加值	640.78	676.61	735.12	815.78

① 根据《全国渔业发展第十二个五年规划（2011～2015）》所定的远洋捕捞产量年均增幅做此假设。

（二）海水利用业预测

根据《海水利用专项规划》[①]，到2020年，我国海水淡化能力将达到250万～300万立方米/日，海水直接利用能力达到1 000亿立方米/年。海水利用对解决沿海地区缺水问题的贡献率将达到26%～37%。海水利用（特别是海水淡化）设备国产化率达到90%以上，建设若干个20万～50万立方米/日能力的大规模海水淡化工程，沿海地区的高用水企业的工业冷却水基本上由海水替代，实现海水利用产业的跨越式发展。根据《海水淡化科技发展“十二五”专项规划》[②]，到2015年，初步形成中国海水淡化技术创新体系，使中国海水淡化科技整体上接近世界先进水平；加快培育和壮大海水淡化相关产业，以科技为切入点有效提升中国海水淡化产业核心竞争力；积极建设海水淡化示范工程，显著提升中国沿海地区水资源安全保障能力。另据预测，2021～2030年，海水淡化能力达到450万吨/日，海水直接利用达到2 000亿立方米/年，海水提钾溴镁达到100万吨/年，并形成与之相配套的装备制造能力。[③]

根据中国海水利用业增加值历史数据（见表7－6），采用组合预测的方法估算。预测结果显示，未来我国海水利用业增加值占GDP比重将不断上升，海水利用业增加值占GDP比重在2015年、2020年、2025年和2030年最佳预测值将分别达到0.00355%、0.00544%、0.00836%和0.01287%（见表7－7）。

表7－6　　2001～2009年我国海水利用业增加值　　单位：亿元

年　份	海水利用业增加值	年　份	海水利用业增加值
2001	1.1	2006	3.5
2002	1.3	2007	4.2
2003	1.7	2008	7.4
2004	2.4	2009	7.8
2005	3.0	2010	10

注：根据《中国海洋统计年鉴（2002～2010年）》整理而得。

① 参考《海水利用专项规划》，国家发展和改革委员会、国家海洋局、财政部2005年7月发布。

② 参考《海水淡化科技发展“十二五”专项规划》，2012年8月14日科学技术部和国家发改委联合发布。

③ 中国科学院海洋领域战略研究组. 中国至2050年海洋科技发展路线图［M］. 北京：科学出版社，2009：170.

表 7－7　　“十二五”至 2030 年我国海水利用业增加值占 GDP 比重预测　　单位：%

年　份	2015		2020		2025		2030	
	预测范围	最佳预测值	预测范围	最佳预测值	预测范围	最佳预测值	预测范围	最佳预测值
海水利用业增加值占 GDP 比重	0. 00323 ~ 0. 00406	0. 00355	0. 0048 ~ 0. 00656	0. 00544	0. 00703 ~ 0. 01059	0. 00836	0. 0103 ~ 0. 0171	0. 01287

（三）海洋船舶制造业预测

根据《船舶工业“十二五”发展规划》①，到 2015 年，中国船舶工业产业体系更为完善，产业结构更趋合理，创新能力和产业综合素质显著提升，国际造船市场份额稳居世界前列，科技综合实力跃居世界前列，环渤海湾、长江三角洲和珠江三角洲造船基地成为世界级造船基地，成为世界造船强国。

根据海洋船舶制造业的产业增加值的历史数据（见表 7－8），采用组合预测方法，可预测未来 20 年中国海洋船舶制造业增加值占 GDP 比重，结果显示在 2015 年、2020 年、2025 年和 2030 年最佳预测值将分别达到 0. 62%、1. 20%、2. 32% 和 4. 50%（见表 7－9）。

表 7－8　　2001 ~ 2009 年我国海洋船舶制造业增加值　　单位：亿元

年　份	海洋船舶制造业增加值	年　份	海洋船舶制造业增加值
2001	109. 3	2006	380. 6
2002	117. 4	2007	550. 0
2003	152. 8	2008	742. 6
2004	204. 1	2009	986. 5
2005	275. 5	2010	1 182

注：根据《中国海洋统计年鉴（1998 ~ 2007 年）》整理而得。

① 《船舶工业“十二五”规划》，工信部 2012 年 3 月 12 日发布。

表 7－9　“十二五”至 2030 年我国海洋船舶制造业增加值占 GDP 比重预测　单位：%

年份	2015		2020		2025		2030	
	预测范围	最佳预测值	预测范围	最佳预测值	预测范围	最佳预测值	预测范围	最佳预测值
海洋船舶制造业增加值占 GDP 比重	0. 559 ~ 0. 70	0. 62	0. 99 ~ 1. 44	1. 20	0. 18 ~ 0. 30	2. 32	3. 13 ~ 6. 53	4. 5

（四）其他海洋产业预测

根据海洋石油天然气、海洋交通运输业、滨海旅游业、海洋矿业、海洋化工业、海洋生物医药业、海洋电力业、海洋工程建筑业的产业增加值历史数据（见表 7－10），采用组合预测的方法，可预测这些产业未来增加值分别占 GDP 的比重（见表 7－11）。

表 7－10　2001 ~ 2010 年我国部分海洋产业增加值　单位：亿元

年份	海洋油气业	海洋交通运输	滨海旅游业	海洋矿业	海洋盐业	海洋化工业	海洋生物医药	海洋电力	海洋工程建筑
2001	176. 8	1 316. 4	1 072. 0	1. 0	32. 6	64. 7	5. 7	1. 8	109. 2
2002	181. 8	1 507. 4	1 523. 7	1. 9	34. 2	77. 1	13. 2	2. 2	145. 4
2003	257. 0	1 752. 5	1 105. 8	3. 1	28. 4	96. 3	16. 5	2. 8	192. 6
2004	345. 1	2 030. 7	1 522. 0	7. 9	39. 0	151. 5	19. 0	3. 1	231. 8
2005	528. 2	2 373. 3	2 010. 6	8. 3	39. 1	153. 3	28. 6	3. 5	257. 2
2006	668. 9	2 842. 1	2 619. 6	6. 6	40. 9	187. 2	28. 3	4. 4	327. 2
2007	691. 6	3 353. 1	3 225. 8	7. 2	47. 5	234. 7	43. 7	5. 1	392. 5
2008	874. 1	3 499. 3	3 766. 4	35. 2	43. 6	416. 8	56. 6	11. 3	411. 2
2009	1 020. 5	3 146. 6	4 352. 3	41. 6	43. 6	465. 3	52. 1	20. 8	672. 3
2010	1 302	3 816	4 838	49	53	565	67	28	808

注：根据《中国海洋统计年鉴（1998 ~ 2010 年）》整理而得。

表 7－11　　“十二五”至 2030 年我国主要海洋产业增加值占 GDP 比重预测

单位：%

年份	2015		2020		2025		2030	
	预测范围	最佳预测值	预测范围	最佳预测值	预测范围	最佳预测值	预测范围	最佳预测值
海洋油气业	0.34～0.7	0.479	0.41～1.17	0.698	0.49～1.95	1.03	0.59～3.2	1.53
海洋交通运输业	0.6～1.23	0.87	0.43～1.20	0.76	0.31～1.17	0.67	0.22～1.14	0.6
滨海旅游业	1.09～1.33	1.16	1.03～1.46	1.17	0.97～1.60	1.18	0.92～1.75	1.2
海洋矿业	0.00895～0.051	0.036	0.016～0.209	0.141	0.028～0.86	0.567	0.0487～3.54	2.3
海洋盐业	0.00614～1.33	0.679	0.0035～1.46	0.74	0.002～1.6	0.811	0.00114～1.75	0.887
海洋化工业	0.125～0.224	0.16	0.151～0.354	0.229	0.183～0.56	0.328	0.22～0.88	0.475
海洋生物制药业	0.0166～0.0402	0.0258	0.0185～0.0706	0.0405	0.0207～0.124	0.0666	0.0231～0.203	0.113
海洋电力业	0.00201～0.0153	0.0132	0.00723～0.0334	0.0279	0.0224～0.0726	0.0597	0.039～0.158	0.1288
海洋工程建筑业	0.208～0.293	0.251	0.27～0.42	0.34	0.352～0.697	0.46	0.458～0.875	0.626

（五）海洋产业增加值

加总海洋渔业、海洋油气业、海洋矿业、海洋盐业、海洋船舶制造业、海洋生物医药业、海洋化工、海水利用业、海洋交通运输业、滨海旅游业、海洋电力业和海洋工程建筑业 12 个产业的增加值占 GDP 比重①，可得 2015 年、2020 年、2025 年和 2030 年中国主要海洋产业增加值占 GDP 比重将分别达到 5.3%、6.13%、8.15% 和 12.96%。

运用“中国 2007 年投入产出表分析应用”课题组的成果②，可估算出中国 2015 年、2020 年、2025 年和 2030 年主要海洋产业增加值的预测值（见表 7－12）。

表 7－12　三种不同情景下中国 GDP 和主要海洋产业增加值预测（2015～2030 年）

情景	预测指标	预测值			
		2015	2020	2025	2030
基准情景	GDP（万亿元）	51.86	72.84	100.21	133.69
	海洋产业增加值（亿元）	27 623.8	44 621.4	81 323.5	172 234.5
发展方式转变较快	GDP（万亿元）	59.57	84.33	116.08	153.89
	海洋产业增加值（亿元）	30 938.11	50 768.84	93 228.7	197 217
风险情景	GDP（万亿元）	55.82	73.65	94.44	116.57
	海洋产业增加值（亿元）	29 326.25	45 053.44	76 998.6	151 059.3

四、沿海地区海洋经济发展预测

对于中国沿海地区海洋产业增加值的预测可根据历史数据（见表 7－13），采用组合预测的方法估算，预测结果见表 7－14。

表 7－13　中国沿海地区主要海洋产业增加值占地方生产总值比重　单位：%

年份\地区	天津	河北	辽宁	上海	江苏	浙江	福建	山东	广东	广西	海南
2001	7.35	1.04	3.60	6.31	0.85	4.50	8.03	4.26	7.31	2.71	9.04
2002	10.29	1.05	4.21	6.67	0.90	7.06	11.08	4.71	7.25	3.09	8.78

① 根据《中国海洋统计年鉴（2011）》，全国主要海洋产业增加值由海洋渔业、海洋油气业、海洋矿业、海洋盐业、海洋船舶工业、海洋化工业、海洋生物医药业、海洋工程建筑业、海洋电力业、海水利用业、海洋交通运输业、滨海旅游业 12 个海洋产业的增加值加总构成。

② “中国 2007 年投入产出表分析应用”课题组．“十二五”至 2030 年我国经济增长前景展望［J］．统计研究，2011（1）．

续表

年份＼地区	天津	河北	辽宁	上海	江苏	浙江	福建	山东	广东	广西	海南
2003	11.90	1.29	4.53	6.77	1.04	6.40	12.83	5.94	7.20	1.05	10.45
2004	17.93	1.58	6.78	13.13	1.82	8.56	14.36	6.26	9.28	1.83	13.95
2005	19.75	1.60	6.50	12.56	1.81	8.60	11.46	6.55	9.88	1.81	13.88
2006	17.37	5.24	9.46	19.39	2.02	7.51	13.83	9.84	10.50	3.85	21.00
2007	17.27	4.87	9.43	19.14	3.81	7.50	14.59	10.16	9.86	3.62	21.56
2008	15.89	4.70	9.07	19.27	4.43	7.37	14.39	9.95	10.16	3.41	20.88
2009	15.46	2.89	9.56	16.75	4.27	8.48	14.38	9.47	10.81	3.69	20.44
2010	18.30	2.94	8.98	17.99	4.50	8.02	13.46	10.21	11.14	3.57	19.35

资料来源：根据沿海 11 地区 2001～2009 年统计公报以及《中国海洋统计年鉴（2002～2010年）》整理而得。

预测结果显示，2015～2030 年，中国沿海地区海洋经济增长速度预期高于同期地区经济增长速度（见表 7－14）。到 2030 年，中国沿海地区海洋产业增加值占地方生产总值比重全部超过 10%，尤其是海南省海洋产业增加值占地方生产总值的 50% 以上。未来海洋经济将成为沿海地区经济的支柱。

表 7－14　“十二五”至 2030 年中国沿海地区主要海洋产业增加值占地方生产总值比重预测

单位：%

沿海地区＼年份	2015		2020		2025		2030	
	预测范围	最佳预测值	预测范围	最佳预测值	预测范围	最佳预测值	预测范围	最佳预测值
天津	9.67～24.93	13.36	6.55～35.3	13.79	4.43～44.52	14.55	3～51.15	15.2
河北	3.3～7.28	4.91	4.07～11.05	6.92	7～16.75	9.84	5.56～25.4	14.10

续表

沿海地区＼年份	2015		2020		2025		2030	
	预测范围	最佳预测值	预测范围	最佳预测值	预测范围	最佳预测值	预测范围	最佳预测值
辽宁	11.81～15.59	13.53	14.09～24.03	13.53	16.82～37.04	26.7	20.01～57.09	37.88
上海	17.57～22.08	18.38	18.28～29.99	20.3	19.03～38.83	22.59	19.80～47.79	24.84
江苏	4.49～9.34	6.87	4.48～17.66	10.96	4.47～30.85	17.44	4.46～47.59	25.67
浙江	7.95～11.74	9.03	7.54～16.8	10.06	7.15～23.02	11.35	6.78～29.92	12.81
福建	15.01～23.17	18.79	15.56～32.19	23.18	16.13～41.71	28.23	16.72～50.48	33.80
山东	7.80～16.01	12.79	6.63～23.03	16.78	5.64～33.15	22.34	4.80～47.7	29.81
广东	11.26～15.86	13.97	11.65～20.85	17.03	12.04～26.87	17.03	12.46～33.84	25
广西	1.10～4.53	4.03	0.68～6.61	5.30	0.415～9.83	7.20	0.254～14.73	10
海南	23.04～34.5	28.48	25.47～48.35	36.33	28.15～61.58	44.01	31.11～72.16	50.60

五、中国海洋经济发展的前景展望

海洋经济的资源性、区域性特征决定其发展受到多种因素的影响，也决定其未来发展必然展现出多种特征。

（一）未来20年中国海洋经济总体发展仍将处于成长期

预测结果显示，2015～2030年，中国海洋经济仍将处于成长期，将由不成熟逐步走向成熟，增长方式将由粗放型向集约型过渡，海洋资源利用效率将大幅度提高。根据"近海海洋环境调查与综合评价"（"908专法"）成果，未来中国海洋经济仍将保持8%左右的发展势头。海洋经济对国民经济的贡献率仍将稳步上升，到2020年海洋生产总值占GDP比重超过12%，到2030年这一比重将超过15%。同时，受国家宏观调控政策的影响，滨海砂矿业、近海捕捞业将下降回落。2015～2030年，中国11个沿海省、市自治区海洋产业增加值占地方总产值比重仍将稳步上升，沿海地区海洋经济增长速度预期高于同期地区经济增长速度。2030年之后，中国海洋经济将进入成熟期。

（二）海洋新兴产业将引领海洋经济快速发展

海洋新兴产业是近10年来海洋经济中增长速度最快的产业。2000年，全国主要海洋产业增加值2 297亿元，到2009年达到18 742亿元，年均增长23%。海洋新兴产业整体年均增长速度超过28%，其中海洋生物医药产业年均增速达39%，海水利用业达33%，海洋电力业达24%。目前，国家高度重视海洋新兴产业发展，近年来相继发布实施了《海洋工程装备产业创新发展战略（2011～2020年）》、《海洋工程装备制造业中长期发展规划（2011～2020年）》、《海水淡化科技发展"十二五"专项规划》等专项规划。预计未来海洋新兴产业增长速度仍将高于海洋经济整体增长速度，海洋新兴产业将成为未来10年中国海洋经济发展的新增长点。

（三）海洋高技术产业基地将成为海洋经济发展的重要举措

发展海洋高技术产业是实现海洋经济可持续发展的重要途径，建立海洋高技术产业基地是发展海洋高技术产业的重要举措。1992年，中国在天津塘沽建立了国家海洋高技术开发区，1995年晋升为国家级高新区，是目前中国唯一的以发展海洋高技术产业为主的国家级高新技术开发区。

2009年12月26日，国家发改委出台《国家发展改革委关于加快国家高技术产业基地发展的指导意见》要求加快培育形成一批创新能力突出、产业链完善、产业特色鲜明的高技术产业基地。2011年12月15日，国家海洋局正式批复同意上海临港海洋高新技术产业化基地为国家科技兴海产业示范基地。2012年新增山东长岛、辽宁大连、福建诏安三个科技兴海示范基地①。

根据产业基础、技术优势、人才状况等条件，未来，天津、广东、青岛、无锡、东营等地有望成为国家重点支持的海洋高技术产业基地。通过海洋高技术产业基地的建设和发展，以实现“以点带面、辐射全局”的作用，带动全国海洋高技术及其产业化的整体发展。建设海洋高技术产业基地必将成为促进海洋经济发展的重要模式。

（四）海洋资源和环境问题仍将是制约海洋经济发展的重要因素

与陆地生态系统相比，海洋生态系统具有明显的相互影响、扩散性强的特点，生态系统脆弱，海洋生态环境保护工作还处于薄弱环节。中国海洋可持续发展面临越来越复杂多样的污染格局和大范围的生态退化压力等复合型问题。海洋环境资源问题将成为制约中国未来发展海洋经济的瓶颈因素。

一是中国近海环境污染呈交叉污染态势，危害加重，防控难度加大。近海环境污染依旧是中国海洋生态环境的主要问题。陆源污染物是海洋污染的主要污染源，对我国近岸海域污染的贡献占70%以上。河流流域、农业面源和大气输氮是管控关键，防控和治理难度日趋加大。二是近海生态大面积退化，典型生态系统健康受损，生态系统正处在剧烈演变阶段，是保护和建设的关键时期。海岸带和海洋生态问题自本世纪初至现在愈加突出，大面积生态退化，关键自然资本存量锐减，生态系统服务功能下降，赤潮、绿潮等灾害性生态问题突出。三是海洋灾害频发，损失严重，海洋开发潜在环境风险高。大型火电厂、核电站、炼油厂、海上油气管线工程以及国家石油储备基地等项目在沿岸相继建成，并出现集中化、规模化的趋势，给邻近海域带来巨大的热污染、核泄漏、溢油等潜在环境风险。四是渔业开发利用过度，渔业种群再生能力下降，海洋渔业资源可持续利用受到制约，进而导致海洋生态系统严重退化。五是海岸带开发过度与不足并存，海洋空间资源开发利用矛盾还较突出。现在乃至今后一个较长时期内，随着沿海开发战略的不断深入，沿岸的开发活动和用海问题还会进一步加剧。在持续多年高强度、持续性开发压力下，海洋生态力下降，海洋对沿海地区经济社会发展的承载能力受损，成为海洋经济可持续发展的限制性因素。

① 我国新增三个科技兴海产业示范基地［N］. 科学时报，2013-1-9.

第八章　中国海洋经济发展的战略构想

党的十八大明确提出的“提高海洋资源开发能力，发展海洋经济，保护海洋生态环境，坚决维护国家海洋权益，建设海洋强国”，是指导中国海洋经济发展的基本方针，也为海洋经济的发展带来了新的历史机遇。未来中国海洋经济如何有效应对诸如重近岸开发，轻深远海利用；重资源开发，轻海洋生态环境效益；产业结构雷同等问题，实现绿色增长，成为当前和未来海洋经济面临的重大挑战。中国海洋经济能否把握未来5~10年的战略机遇期，实现跨越式发展和可持续发展，归根结底取决于海洋产业规模的扩大、素质的提高、门类的扩充以及布局的优化。

一、海洋经济发展的总体思路

基于国内外海洋经济发展形势，中国全面建成小康社会以及海洋经济实现又好又快的发展的需求，海洋经济的发展总体思路应以海洋产业发展为中心，不断提高海洋资源的开发能力，保证海洋资源的长期可持续利用，促进海洋生态健康和环境优化，提高海洋产业的核心竞争力，促进海洋经济的绿色转型。

（一）海洋产业的发展是海洋经济活动的中心

未来应用高技术对海洋传统产业升级改造，培育和壮大海洋新兴产业，积极促进未来产业的发展，促进海洋产业门类的不断扩充、规模不断地扩大和整体素质持续提高。

海洋传统产业中海洋渔业严格控制近海捕捞，推动海洋牧场的建设，大力发展远洋渔业，促进水产加工业优化升级，积极发展休闲渔业①。

海洋交通运输业以提高综合物流服务水平为主要目标，优化港口布局、拓展港口功能，建立世界级的海运船队，逐步建立海运强国②。

海洋油气业加快深海油气勘探，加大对争议海区油气资源的开发力度。海洋油气开发的重点从渤海浅海向东海、南海转移，提高深海油气装备研发，加强自营深海勘探，并拓展新区和新领域勘探。

滨海旅游业提高科技含量和文化品位，加强基础设施建设，保护生态环境，规范滨海旅游管理，选划新型潜在的滨海旅游区③。

加强海洋生物技术的研发和产业化，促进海洋生物产业发展。推动海水综合利用业技术的发展，不断降低海水淡化成本，促进海水综合利用业发展④。加快海洋能技术进步和装备产业体系的完善，逐步扩大海洋能利用规模。

全面掌握深海油气开发装备的自主设计建造技术，突破海上风能工程装备、海水淡化和综合利用装备的关键技术，突破海洋可再生能源、天然气水合物开发装备及部分海底矿产资源开发装备的产业化技术，增强海洋生物质资源和极地空间资源开发利用装备、极地特种探测/监测设备的研发能力和技术储备，促进海洋装备制造业综合发展。

提高深海高技术自主创新能力，突破一批深海核心技术，自主研发一批重大装备并形成作业能力，形成深海重大装备的设计制造能力，初步建立深海技术产业体系⑤。

（二）海洋资源是海洋经济发展的物质基础

采取有效措施保证海洋资源的可持续开发利用。具体包括保证优质健康的海洋蛋白质，安全有效的海洋药物，安全畅通的航线，保有一定数量自然岸线、滩涂和浅海资源，清洁优美的浴场，稳定的能源。因此，需要将近海捕捞量降低到可持续捕捞产量的水平；海洋药用生物养殖区海洋环境符合功能要求，以保证海洋药物安全；保证现有滨海浴场的环境符合功能要求，预留一切适宜于滨海旅游的岸线、海滩、浴场和水域，并不断提升滨海旅游资源的价值；维护我国海上运输线的安全畅通，确保我国国民经济所需能源安全持

① 《全国渔业发展第十二个五年规划（2011～2015年）》，农业部2011年10月18日颁布实施。

② 《交通运输“十二五”发展规划》，交通运输部2011年4月13日发布；《全国沿海港口布局规划》，2006年8月国务院通过。

③ 国家海洋局908专项“新型潜在滨海旅游区评价与选划研究（908－ZC－I－19）”总报告。

④ 《海洋工程装备制造业中长期发展规划》，工信部、国家发改委、科技部、国资委和国家海洋局2012年2月联合发布。

⑤ 《国家深海高技术专项发展规划（2009～2020年）》，科技部2009年5月发布。

续供给。自然海岸线保有量与人工岸线相辅相成。海域海岛依法有序有度使用①。

（三）海洋人才队伍建设是海洋经济发展的保障

海洋经济具有科学技术密集性和人才密集性特征，培养造就宏大的海洋产业人才大军并形成合理的人才梯队，是促进海洋经济发展的基础，也是建设海洋经济强国的根本保证。未来10年或更长时期的一项重要任务就是，培养造就一支规模适度、结构优化、布局合理、素质优良的海洋人才队伍。为此，需加强海洋教育，扩大海洋人才培养规模，造就具有世界一流水平的海洋科学家和技术专家，形成海洋人才创新团队。构建高水平、多层次、大范围的海洋人才教育与培训体系，进一步提供海洋人才队伍整体素质，逐步提供受高等教育的海洋人才比例。逐步优化海洋人才的发展环境，逐步完善海洋人才培养、使用、评价和引进机制，加强全民海洋意识的宣传教育。推动海洋产业化的科技成果、发明专利等的数量逐年提高。加大海洋新能源、海洋生物医药、海洋油气、海水综合利用、海洋工程装备和海洋信息服务等海洋新型产业人才开发力度，不断扩大海洋新兴产业领域专业人才队伍②。

二、海洋经济发展目标

海洋经济发展目标一般可分为近期目标、中期目标和远期目标。依据前述研究成果，本书设定海洋经济发展的近期目标和中远期目标，近期目标到2015年，中远期目标到2020年。

（一）总体目标

海洋经济整体增长速度仍高于国民经济增长速度，海洋生产总值占GDP比重仍将进一步提高，海洋产业结构和布局进一步优化，海洋传统产业实现升级改造，海水利用业、海洋生物医药业、海洋电力业、海洋工程建筑业、海洋装备制造业等海洋新兴产业

① 参考《中国海洋21世纪议程》。

② 关于印发《全国海洋人才发展中长期规划纲要（2010~2020年）》的通知（国海发［2011］31号），国家海洋局2011年12月。

规模进一步扩大。海洋产业就业人员数量进一步提高。

（二）近期目标（2015年）

（1）海洋经济增长目标：到2015年，海洋生产总值占国内生产总值比重达到10%以上①，海洋生产总值达到6万亿元。主要海洋产业增加值占国内生产总值比重达到5.3%，主要海洋产业增加值达到3万亿元以上。

（2）海洋渔业目标：到2015年，海洋渔业增加值占国内生产总值比重达到0.839%，海洋渔业增加值达到5 000亿元②。海洋渔业产量达到3 000万吨以上。

（3）海洋石油天然气目标：到2015年，海洋石油天然气增加值占国内生产总值比重达到0.48%，海洋石油天然气业增加值达到2 500亿元。

（4）海洋交通运输业：到2015年，海洋交通运输业增加值占国内生产总值比重达到0.87%，海洋交通运输业增加值达到4 500亿元。

（5）海洋船舶制造业：到2015年，船舶工业体系更为完善，创新能力和产业综合素质显著提升，环渤海、长三角和珠三角造船基地成为世界级造船基地，具备主要高新技术船舶和深水海洋工程装备的设计能力，全面突破高技术船舶的关键技术，海洋工程装备设计制造能力进入世界前列，中国成为世界造船强国③。海洋船舶制造业增加值占国内生产总值比重达到0.6%，海洋船舶制造业增加值达到3 200亿元。

（6）滨海旅游业目标：到2015年，滨海旅游业增加值占国内生产总值比重达到1.2%，滨海旅游业增加值达到6 900亿元。

（7）海水利用业目标：到2015年，海水利用业增加值占国内生产总值比重达到0.004%，海水利用业增加值达到18亿元。

（8）海洋生物医药业目标：到2015年，海洋生物医药业增加值占国内生产总值比重达到0.03%，海洋生物医药业增加值达到180亿元。

（9）海洋电力业目标：到2015年，海洋电力业增加值占国内生产总值比重达到0.01%，海洋电力业增加值达到65亿元。

（10）海洋产业从业人员目标：到2015年，涉海就业人员达到4 500万人以上。

（11）海洋产业群扩大目标：培育3～5个新兴产业。

---

① 《全国海洋经济发展“十二五”规划》，国务院2012年9月16日印发。

② 根据《全国渔业发展“十二五”规划》估算。

③ 《船舶工业“十二五”规划》，工信部2012年3月12日正式发布。

（三）中长期目标（2020 年）

（1）海洋经济增长目标：2020 年海洋生产总值占国内生产总值的 13% 左右，海洋生产总值达到 10 万亿元以上。海洋产业成为国民经济中的重要支柱产业。主要海洋产业增加值占国内生产总值比重达到 5.7%，主要海洋产业增加值达到 4.8 万亿元。

（2）海洋渔业目标：到 2020 年，海洋渔业增加值占国内生产总值比重达到 0.7%，海洋渔业增加值达到 6 000 亿元以上。海洋渔业从业人员达到 320 万人以上，海洋渔业产量达到 3 200 万吨以上。

（3）海洋石油天然气目标：到 2020 年，海洋石油天然气增加值占国内生产总值比重达到 0.7%，海洋石油天然气业增加值达到 5 000 亿元以上。

（4）海洋交通运输业：到 2020 年，海洋交通运输业增加值占国内生产总值比重达到 0.76%，海洋交通运输业增加值达到 6 400 亿元。

（5）海洋船舶制造业：到 2020 年，海洋船舶制造业增加值占国内生产总值比重达到 1.2%，海洋船舶制造业增加值达到 8 600 亿元。

（6）滨海旅游目标：到 2020 年，滨海旅游增加值占国内生产总值比重达到 1.2%，滨海旅游增加值达到 9 900 亿元。

（7）海水利用业目标：到 2020 年，海水淡化能力达到 250 万立方米/日 ~300 万立方米/日；海水直接利用能力达到 1 000 亿立方米/年；大幅度扩大和提高海水化学资源的综合利用规模和水平；海水利用对解决沿海地区缺水问题的贡献率达到 26% ~37%。实现大规模海水淡化产业化，海水利用（特别是海水淡化）国产化率达到 90% 以上。提高海水利用技术装备产业化、规模化程度，增强技术装备出口创汇和国际竞争能力。建设若干 20 万立方米/日 ~50 万立方米/日能力的大规模海水淡化工程。沿海地区的高用水企业的工业冷却水基本上由海水替代，实现海水利用产业的跨越式发展。[①] 海水利用业增加值占国内生产总值比重达到 0.005%，海水利用业增加值达到 18 亿元。

（8）海洋生物医药业：到 2020 年，海洋生物医药业增加值占国内生产总值比重达到 0.04%，海洋生物制药业增加值达到 340 亿元。

（9）海洋电力业目标：到 2020 年，海洋电力业增加值占国内生产总值比重达到 0.03%，海洋电力业增加值达到 140 亿元。

---

① 《海水利用专项规划》（发改环资［2005］1561 号），国家发改委、国家海洋局和财政部 2005 年 7 月联合发布。

（10）海洋产业从业人员目标：到2020年，涉海就业人员达到5 600万人。

三、海洋产业发展方向

中国海洋产业发展涉及三大类产业，包括海洋传统产业、海洋新兴产业、海洋服务业和未来的深海资源产业。

（一）改造提升海洋传统产业

通过技术创新，加快海洋渔业、海洋油气业、海洋船舶工业、海洋盐业和盐化工等海洋传统产业改造升级，提高产品技术含量和附加值，增强市场竞争力。对于不同海洋产业门类应采取不同的升级改造模式。海洋渔业严格控制近海捕捞，大力发展生态养殖业，壮大远洋渔业。海洋交通运输业提高综合物流服务水平。海洋油气业提高深远海油气勘探开发装备的研发和制造能力，开拓新的勘探和开发区域，开发重点区域从渤海浅海向东海、南海以及深远海转移，探索在争议区开发的新模式。滨海旅游业加强基础设施建设和生态环境建设，加强对景观的保护和维护，提高管理水平和服务能力，选划新型潜在的滨海旅游区。

1. 海洋渔业

严格控制近海捕捞强度。继续实施海洋捕捞渔船数量和功率总量“双控”制度，加强渔船动态管理系统建设，规范渔船流转和登记管理，完善捕捞许可管理制度。切实加强渔船建造管理，推进渔船渔机标准化建设。加强渔具渔法规范管理，加快制定捕捞渔具准用目录，建立健全渔具标准和重要经济鱼类的最小可捕标准，规定最小网目尺寸，制定各种渔具的限制使用措施，合理调整捕捞作业结构和渔船、渔具规模。继续落实好捕捞渔民转产转业政策和项目，合理提高减船转产补贴标准。①

推进海洋牧场建设。扎实做好海洋牧场和人工鱼礁的规划设计、选址选型、效果评价等基础工作，建立健全海洋牧场建设和管护制度。因地制宜开展增养殖礁、生态礁、资源保护礁和游钓休闲礁等多种类型人工鱼礁建设。促进海洋牧场建设与增殖放流等资源养护措施紧密结合，恢复海底植被，改善海域生态环境。加大财政对海洋牧场建设投

① 《全国渔业发展第十二个五年规划（2011～2015年）》，农业部2011年10月18日颁布实施。

入力度，积极引导社会资金投入海洋牧场建设，推动形成各具特色的增殖渔业。①

做大做强远洋渔业。深化国际渔业合作交流。巩固提高过洋性渔业，发展壮大公海大洋性渔业，加强新资源新渔场的探捕和开发利用。积极建设多功能海外综合开发基地，逐步建立产供销一体，内外贸贯通的远洋渔业产业体系。培育一批具有国际竞争力的远洋渔业企业和现代化远洋渔业船队。②

促进水产加工业优化升级。依托资源禀赋和区位优势，以自主创新和品牌建设为核心，以水产品加工技术研发体系为依托，不断提高技术创新和成果转化能力，增强质量安全意识，培植壮大一批加工装备先进、人员素质过硬、管理水平一流、带动能力强的现代化水产品加工龙头企业，促进水产品加工业集群式发展。推动加工产业结构调整，积极发展精深加工，加大低值水产品和加工副产物的高值化开发和利用，鼓励加工业向海洋药物、功能食品和海洋化工等领域延伸，开发多样化、优质化、方便化、安全化和营养化的加工水产品，提高产品附加值。

积极发展休闲渔业。按照因地制宜、合理规划、形成特色、示范带动的要求，围绕城镇化进程、新农村建设和旅游业发展，结合渔港建设、增殖放流、海洋牧场建设，大力发展滨海港湾、休闲垂钓、观光旅游、观赏渔业、展示教育等多种形式的休闲渔业基地和休闲渔业示范区，扩大观赏鱼产业规模。通过休闲渔业发展，拓展渔业功能，保护传承和发展渔文化，促进渔民转产转业和渔民增收。

2. 海洋油气业

海洋油气资源勘探开发实行油气并举、立足国内、发展海外。积极开展国外海洋石油直接投资，采用购并、控股等多种方式，参与国外海洋油气的勘探开发。

采用新理论、新技术、新方法深化对渤海湾盆地等油气老区的滚动勘探和二次勘探工作，开展中深层复杂隐蔽油藏、浅层稠油油藏和深层油气藏的勘探，扩大其含油面积，扩大勘探成果，增加油气储量。加快滩海地区重点区域的勘探开发。

加强渤海、南海和东海海域的石油勘探开发，努力增加储量。国内海洋油气资源开发重点逐步从渤海向东海和南海转移，加快深海油气资源开发。渤海浅海油气田作为战略储备资源。

积极介入和参与争议海域油气资源的勘探开发。积极探索争议海域油气资源勘探开发方式，加大在争议海域的海洋油气资源的开发力度。

---

① 《全国渔业发展“十二五”规划》，农业部2011年10月17日发布。

② 《全国渔业发展“十二五”规划》，农业部2011年10月17日发布。

大力发展海洋油气开发装备，重点突破海洋深水勘探装备、钻井装备、生产装备、作业和辅助船舶的设计制造核心技术，全面提升自主研发设计、专业化制造、工程总包及设备配套能力①。重点发展半潜式钻井平台、钻井船、自升式钻修井/作业平台、半潜式生产平台、浮式生产储卸装置、起重铺管船、大型起重船/浮吊、深海锚泊系统等关键系统和设备、水下采油树、泄漏油应急处理装置等水下系统及作业装备②。到2020年实现深水油气开发由300米到3 000米的跨越③。

3. 海洋船舶工业

在技术方面，提高产品优化设计、开发创新和制造水平。密切跟踪研究国际技术发展动态，采取多种方式，全面掌握市场需求量大面广的主力船舶和海洋工程装备的优化和设计技术，培育高技术、高附加值船舶和海洋工程装备设计、制造能力。提高船用设备设计、制造水平，逐步掌握核心技术，增加品种规格。加强基础技术、关键共性技术研究，增加技术储备。建立健全我国船舶工业技术标准体系。注重应用现代化管理技术，借鉴国外成功经验，加速推广现代造船模式。

在产品发展方面，重点提高大型散货船、油船、集装箱船等主力船舶的市场份额，逐步实现标准化、系列化、品牌化，使之成为我国船舶工业的主导产品。发展液化天然气（LNG）船、高速大型集装箱船、滚装船以及豪华旅游船等高技术、高附加值船舶，逐步填补国内空白。提高海洋工程装备研制水平，向深水化、大型化和系统化方向发展。增强海洋调查监测和海洋执法管理等装备的研制能力。大力发展救助打捞装备、远洋渔船、大型工程船和个性化游艇等产品。有规划、有重点地支持船用设备发展，提高船用设备生产本土化水平。优先发展船用动力装置、甲板机械等已具备一定基础和优势的产品，打造国际品牌；大力发展低速柴油机曲轴、船用大型铸锻件、锅炉、发电机组等对产业发展具有较大影响的产品；加强对外合作，促进机舱、装卸和观通导航等自动化系统产品的本土化生产。协同相关行业发展船用钢材、焊材、涂料、电缆等相关产品，保障船舶工业发展需要。

---

① 《关于“十二五”国家战略性新兴产业发展规划的通知》（国发［2012］28号），国务院2012年7月9日印发。

② 《海洋工程装备制造业中长期发展规划》，工信部、发改委、科技部、国资委、国家海洋局2012年2月联合制定。

③ 《国家深海高技术发展专项规划（2009～2020年）》，科技部2009年7月发布。

4. 海洋盐业和盐化工

合理规划原盐生产布局，稳定原盐生产规模，加快盐田改造，提供自动化作业水平和原盐生产效率。提升工艺技术和装备水平，积极开发高附加值盐产品，推进原盐加工业精细化、系列化发展。积极发展盐化工业，培育盐化工产业新增长点。

（二）培育壮大海洋新兴产业

培育壮大海洋新兴产业不仅是增加海洋经济总量，也是促进海洋产业的拓展和结构优化的重要途径。未来随着科技兴海规划的贯彻实施，中国将陆续培育一批新兴海洋产业，催生一批龙头海洋企业，形成以新技术促进海洋开发利用的新态势。海洋新兴产业未来以国家级园区为依托，以重大技术突破为支撑，以市场需求为导向，扶持培育海洋药物和生物制品业以及海洋可再生能源业，加快发展海水利用业，巩固壮大海洋工程装备制造业，有效提升产业竞争力。

1. 海洋药物和生物制品业

通过建设国际一流的国家海洋生物医药产业示范基地，集中建立从基础研究与技术开发、工程化、产业化到规模化发展的完整的海洋生物医药研发公共技术支撑平台和产业链体系，形成以海洋糖类药物为特色和优势，海洋药物、海洋中成药、海洋功能制品、海洋生物医用材料、生物资源保护及开发利用全面良性发展的海洋生物医药产业格局。

选择在海洋生物医药产业发展中具有雄厚的基础研究能力（国内领先的设施条件建设、高度专业的研究队伍、较强的科研成果成功转化能力、优惠的政策支撑体系）的地区，建成 1 ~ 2 个国际一流的国家海洋生物医药产业示范基地。

建立包括海洋药用生物资源库、海洋小分子化合物库和海洋特征糖库在内的数据信息共享的海洋药用生物资源库。

努力开发海洋生物医药相关产品体系，集成构建具有国际竞争力的产业集群。强化建立以海洋糖类药物为特色的海洋创新药物体系。促进海洋生物功能制品的研究与开发。

2. 海洋可再生能源业

2011 ~ 2015 年是政府主导下的海洋可再生能源开发利用技术的研发期和技术储备

期。这一阶段通过产业化示范项目建设和技术成熟度培育，建立公益性技术服务平台，突破共性关键技术；启动包括潮汐能、波浪能、潮流能以及海洋风能在内的多能互补电站示范试验工程，解决边远海岛及深海工程的电力供应；初步形成模块化的波浪能、潮流能装备制造与发电产业链；通过工程示范，为海洋能的大规模商业化运行及推广应用奠定基础；使中国海洋可再生能源开发利用总体上达到发达国家21世纪初的水平。

2015～2020年是政府支持下的、以企业为主导的海洋能产业化发展与商业化运作期。这一时期通过国家的政策引导和资金支持，不断扩大海洋可再生能源示范应用规模，力争到2020年，包括海洋风能在内的海洋可再生能源发电总装机容量达到3 000万千瓦；形成较完善的海洋能产业链，实现海洋可再生能源开发利用的商业化运作，使中国海洋可再生能源开发利用技术达到同期世界先进水平。

3. 海水利用业

突破海水淡化、海水直接利用和海水化学资源利用等关键核心技术，建立一批对产业发展带动性强、对资源开发和环境保护具有重要支撑作用的国家示范工程，大力推进海水利用产业化，建设国家海水利用产业化基地，全面提高我国海水利用整体水平和核心竞争力，努力提高国际竞争力和国际市场占有率。形成中国海水利用技术标准管理体系，培育形成海水利用战略性新兴产业，使海水成为中国沿海缺水地区的重要水源。

重点加快海水淡化产业的发展。加强核心与关键设备研发，重点开展反渗透海水膜及组器制造技术、能量回收装置开发及工程化应用、海水高压泵及海水高压循环增压泵、海水预处理膜及连续膜过滤装置、蒸馏法海水淡化传热材料和核心部件、低温多效蒸馏海水淡化蒸发装置等的开发及工程化应用。重点开展和提高淡化水后处理及作为市政水源入网、浓海水综合利用技术开发，以及浓海水排放技术开发等工程共性技术的研究。重点开展电吸附、膜膜耦合、热膜耦合、膜蒸馏、正渗透等海水淡化新技术、新工艺的开发和中试研究，开展利用可再生能源的海水淡化技术研究。培育海水淡化产业基地，培育一批具有国际竞争力的海水淡化装备制造企业和工程设计建设企业。组建海水淡化产业联盟，使分散的各类资源和能力形成合力参与市场竞争，形成完善的产业链。实施海水淡化示范工程，到2015年建成2个日产能5万～10万吨的国家级海水淡化重大示范工程和20个日产能万吨级海水淡化示范工程，5个浓盐水综合利用示范项目。

到2015年，在全国建成20个海水淡化示范城市。推动海水淡化水的使用①。

4. 海洋工程装备制造业

加快提升产业规模。重点培育环渤海、长三角、珠三角三大海洋工程装备制造业集聚区具备总装建造、修理改装、设备供应、技术服务等方面的综合能力。依托大型骨干企业，重点提高大型海洋工程装备的总装集成能力，打造具备总承包能力和较强国际竞争力的专业化总装制造企业。以总承包为牵引，带动和引导一批中小型企业逐步发展成为具备较强国际竞争力的专业化分包商。支持企业利用现有修造船设施发展海洋工程装备制造业。支持海工企业通过兼并重组等方式迅速扩大规模，实现规模经济，支持海工企业与钢铁、石油等上下游合作，延伸产业链，增强抗风险能力。

强化产业的技术创新。加快发展与海洋资源勘探、开采、储运和服务相关的重点装备，重点发展半潜式钻井平台、钻井船、自升式钻修井/作业平台等，使之成为中国海洋工程装备制造业的主导产品。提升装备的前端工程设计和基本设计的能力，掌握大型功能模块的设计技术，突破相关系统和设备的核心技术，全面提升大型海洋工程装备的设计能力。掌握海洋工程装备特有的建筑技术和项目管理技术，支撑总承包和总装集成能力的提升。积极开展深化技术装备公共试验/检测平台、海洋环境观测与监测技术、深海运载与深海探测、海底观测网络技术、深海浮式结构物水动力性能分析、深海设施疲劳强度分析、装备和设备的安全可靠性、海洋防腐蚀技术、深海工程安全监测/预警及远程控制技术等海洋基础技术研究。加强研发波浪能、潮流能、海水温差能等海洋可再生能源的开发装备，天然气水合物、多金属结核等海底矿产资源的开发装备，海水提锂、提铀等海水综合利用的成套装备，极地生物基因资源和空间资源开发利用装备以及极地特种探测和监测装备，海上机场、海上卫星发射场等大型海上浮式结构物。

提高关键系统和设备配套能力。积极发展海上石油装备，重点支持中西部地区的石油装备骨干企业。加快实现海洋观测和监测设备、动力定位系统、单点系泊系统、水下生产系统等高附加值设备和系统的设计制造。

构筑海工装备现代制造体系。重点在三大海洋工程装备制造业集聚区内，培育一批专业化的高技术服务企业。积极支持海工骨干企业完善内部综合综合信息化网络平台建设，完善信息共享机制。

---

① 《国务院办公厅关于加快发展海水淡化产业的意见》（国办发［2012］13号），国务院2012年2月6日印发；《科技部发展改革委关于海水淡化科技发展“十二五”专项规划的通知》（国科发技［2012］900号），2012年8月14日。

实施深海资源探采装备发展工程。突破深海浮式结构物水动力性能、结构设计和强度分析等共性技术以及高性能材料的研制，加快发展深海高性能物探船、浮式生产储卸油装置、半潜式平台、水下生产系统、环境探测/观测/监测等装备及其关键设备和系统，建设浮式液化天然气生产储卸装置等新型装备的总装制造平台，掌握3 000米深海油气田开发所需装备的设计建造能力。

实施深海空间站工程。积极开展深海空间站及水面支持系统的研发，突破大潜深结构设计技术、特种材料及建造工艺技术、水下设施承压密封技术、水下设施连接和监控技术、海底能源站技术、水下生命维持与综合保障技术、水面支持系统及对接技术等关键技术。①

（三）积极发展海洋服务业

大力发展海洋交通运输业、海洋旅游业和海洋文化产业，积极发展涉海金融服务业、海洋公共服务业，加快推进产业结构转型升级，保障海洋经济健康发展。

1. 海洋交通运输业

用高技术支持海洋交通运输产业的现代化发展，保持产业的稳步发展，逐步建设海运强国。

发展综合物流模式，把单一的纯海洋运输向综合物流服务方向转化，提高企业经济效益。积极发展和应用多功能复合的运输船和交通运输新模式，提高海洋交通运输效率和效益。

壮大海运国轮船队，建立有强大综合竞争力的大型化、专业化、现代化、运力总规模居世界前列的世界级海运船队，提高进口能源、重要原材料运输保障能力。提升沿海船舶技术水平，鼓励发展液化气船、商品汽车滚装船等专业化船舶。

在港口建设方面，继续有序推进港口基础设施建设，优化沿海港口结构与布局，着力拓展港口功能，提升港口的保障能力和服务水平。强化主要港口的核心地位，继续推进主要港口大型综合性港区建设，充分发挥主要港口在综合运输体系中的枢纽作用。重点推进大连长兴岛、唐山曹妃甸、天津大港、连云港徐圩、海峡西岸港口、湛江东海

① 《海洋工程装备制造业中长期发展规划》，工信部、发改委、科技部、国资委、国家海洋局2012年3月印发；《关于印发海洋工程装备产业创新发展战略（2011－2020）的通知》（发改高技［2011］1675号），发改委、科技部、工信部、国家能源局，2011年9月16日。

岛、防城港企沙等港区建设。推进主要货类运输系统码头建设，重点推进煤炭、原油、铁矿石和集装箱码头建设。加强航道、防波堤、公共锚地等港口公共基础设施建设，重点建设主要港口、地区性重要港口深水航道和防波堤，推进新港区航道、防波堤建设。促进港口结构调整，发展专业化规模化港区。加强老港区改造，鼓励发展公用码头，鼓励企业专用码头提供社会化服务，提升港口的公共服务水平。

2. 海洋旅游业

全面发展国内滨海旅游。滨海旅游市场开发继续以国内旅游为重点，按照“全面发展国内旅游，积极发展入境旅游，有序发展出境旅游”的战略方针，统筹协调，深化开发三大市场。不断扩大长三角、泛珠三角和环渤海三大国内滨海旅游市场的现有市场规模。针对现实旅游市场，及时为群体游客提供针对性的旅游产品。针对潜在旅游市场，通过多种营销方式对其进行宣传，通过不断提升现有旅游服务质量，使更多的潜在旅游市场转变为现实旅游市场。加快培育中远距离的新兴客源市场，加强针对新兴市场的产品设计和宣传营销。细分新兴客源市场，设计有针对性的产品类型和产品档次。借助各种旅游推介会，向潜在的市场客源地做好宣传营销工作，逐步拓展市场规模。

积极开发一批高端市场，努力培育邮轮游艇、海岛等高端旅游市场，不断扩大高端市场规模，拓展高端旅游市场类型。制定和完善相关政策法规，规范高端旅游市场发展。通过资金引导和政策扶持，进一步提升滨海旅游产品的品质，形成适应高端市场个性化特征的高端旅游产品体系。促进高端旅游项目开发和服务设施建设，为高端市场提供优良的软硬件环境。扶持一批针对高端市场的经营实体发展。积极拓展专项旅游市场，鼓励自驾车旅游、文化旅游等专项旅游市场发展。加强以海滨度假旅游、海上观光旅游等涉海专项旅游市场的开发。做好相应的政策法规支持和配套设施建设工作。提升滨海旅游业的发展质量，积极发展入境旅游。大力巩固港澳台地区和日韩、东南亚、西欧、北美等入境旅游重点市场。加快发展东欧、南亚、中东、大洋洲等战略性新兴市场。积极培育南美、非洲等潜在市场。

完善滨海旅游产品体系。丰富完善滨海观光旅游产品，在沿海地区形成一批特色鲜明的滨海旅游观光区、滨海旅游观光带、观光旅游线路等。进一步发挥观光在整个滨海旅游产品体系中的基础性作用。加快开发滨海度假休闲旅游产品，大力发展与滨海休闲度假旅游新需求相适应的设施和服务。进一步开发生态旅游和海洋文化旅游等专项滨海旅游产品。通过加强规划设计和滨海旅游管理，推动滨海生态旅游标准制定，开展生态观光、生态体验、海洋科普教育等活动。建设一批国家级滨海生态旅游示范区，促进滨海生态旅游区域建设。依托沿海地区丰富的海洋文化资源，加强旅游与海洋文化的融合，积极开发各具特色的旅游文化产品。

提升滨海旅游产业整体素质。鼓励滨海旅游业中的自主创新，提升现代科技在滨海旅游业中的应用。出台相关政策与法规，加大资金扶持，促进沿海地区旅游管理部门、旅游企业与国内外高校、各类研究研发部门开展广泛的科研合作，建立以企业为主体，市场为导向，产学研相结合的滨海旅游业研发创新体系。加大滨海旅游业运用现代科技成果的力度，加快滨海旅游业对现代装备制造、新能源新材料新工艺、节能减排、安全监控等先进技术的应用。

坚持滨海旅游开发服从于保护的原则。在滨海旅游项目的规划、开发、经营和评估过程中，坚持强化自然、文化和遗产旅游资源的保护，在滨海旅游业发展中推进节能环保的绿色发展理念，走生态旅游、低碳旅游的道路，促进滨海旅游与自然环境、历史文化的全面协调和可持续发展。加大生态旅游的舆论宣传力度，在社会上形成环境友好型旅游方式与资源节约型旅游经营方式的广泛共识。将滨海旅游业建设成为资源保护与节能环保的绿色产业。

3. 海洋文化产业

弘扬海洋文化，充分挖掘以涉海文物、遗址、古建筑等为代表的历史文化和以海岛生活习俗、节日庆典、体育活动等为特色的民俗文化，支持开展渔文化生态保护区建设，打造一批海洋文化品牌。继续办好中国海洋文化节、青岛国际海洋节、厦门国际海洋周、象山开渔节、全国大中学生海洋知识竞赛等海洋文化活动。充分利用各类媒介，广泛传播海洋文化，规划建设一批具有海洋特色的博物馆及民俗文化景区。积极培育以海洋为主题的演艺、展览、出版、动漫等文化创意产业。

4. 涉海金融服务业

加强金融市场建设，拓宽海洋经济融资渠道，创新金融保险工具，完善海洋金融服务体系。探索海域使用权抵押贷款等创新模式，发展和培育海域使用权二级交易市场。积极支持符合条件的涉海企业以发行股票、公司债券等多种方式筹集资金。探索海洋灾害保险新模式，建立和完善海洋保险和再保险市场。

5. 海洋公共服务业

加快海洋信息体系建设，提供海上通信、海上定位、海洋资料及情报管理服务等，积极培育海洋信息服务企业，促进信息服务向专业化、网络化、品牌化发展。利用国家陆海统一的测绘基准框架和数字海洋信息基础框架，加强海洋测绘地理信息公开和服务。提升海洋立体监测和预报服务能力，积极开展海洋产业安全生产、环境保障、气象预报等专题服务，强化面向港口作业、海洋油气生产、海上旅游、海洋渔业、海洋盐业等领域的服务。提高海洋工程环境影响评价、海域使用论证、海洋工程勘查、气候可行性论证、海洋气象灾害风险评估等服务水平，积极拓展海洋公共服务领域。对海上渔船安全实行实时监控，完善海上搜救应急服务，积极推进搜救活动的双边、多边和区域合作。提高海域治安管理能力，构建海上治安打防管控体系，改进出入境船舶边防检查服务，优化国际航行船舶管控服务。

（四）促进深海资源产业技术取得突破

坚持以国家需求与科学目标带动技术发展，大力发展具有自主知识产权的深海技术和重大装备，突破一批深海核心技术，自主研发一批重大装备并形成作业能力。初步建立起比较系统的深海高技术研发与试验公共平台。加大深海矿产、生物基因和天然气水合物勘探的投入，“十二五”在深海矿产资源和深海基因资源开采技术方面有重大突破，天然气水合物进入实验性生产阶段。到2020年，初步建立起深海技术产业体系，形成深海重大装备的设计制造能力①。

四、海洋经济总体布局优化

中国海洋经济区域分为海岸带及邻近海域、海岛及岛群海洋经济区、专属经济区和大陆架海洋资源开发区、国际海底矿产资源开发区②。优化海洋产业结构。深化港口岸线资源整合和优化港口布局。

（一）海岸带及邻近海域

海岸带及邻近海域进行海洋产业布局的依据包括近年来国家和沿海地区海洋经济“十二五”规划以及《全国海洋经济发展“十二五”规划》③。

① 《国家深海高技术发展专项规划（2009～2020年）》，科技部2009年5月发布。
② 《国务院关于印发全国海洋经济发展规划纲要的通知》（国发【2003】13号），2003年5月19日。
③ 《国务院关于印发全国海洋经济发展“十二五”规划的通知》（国发【2012】50号），2012年9月16日。

根据不同地区和海域的自然资源禀赋、生态环境容量、产业基础和发展潜力，按照以陆促海、以海带陆、陆海统筹、人海和谐的原则，积极促进海洋经济总体布局优化，形成层次清晰、定位准确、特色鲜明的海洋经济空间开发格局。充分发挥环渤海、长江三角洲和珠江三角洲三个经济区的引领作用，推进形成中国北部、东部和南部三个海洋经济圈；结合落实国家关于沿海区域发展的部署，着力培育一批重要的海洋经济增长极。

未来，中国海洋经济发展基本布局是形成六大海洋产业带，即：环渤海海洋产业带、长三角海洋产业带、海峡西岸海洋产业带、珠三角海洋产业带、北部湾海洋产业带和海南岛海洋产业带。

1. 北部海洋经济圈

北部海洋经济圈包括辽宁、河北、天津、山东三省一市。该区域海洋经济发展基础雄厚，海洋科研教育优势突出，是中国北方地区对外开放的重要平台，是中国参与经济全球化的重要区域，是具有全球影响力的先进制造业基地和现代服务业基地、全国科技创新与技术研发基地。根据《辽宁沿海经济带发展规划》、《辽宁省海洋经济发展“十二五”规划》、《天津市海洋经济和海洋事业发展“十二五”规划》、《山东半岛蓝色经济区发展规划》和《河北省海洋经济发展“十二五”规划》，环渤海海洋产业布局重点是：提升四个海洋经济发展核心（大连、胶东半岛、天津、曹妃甸新区）。壮大两条海洋经济发展带，即：盘锦—锦州—葫芦岛渤海沿岸、大连—丹东黄海沿岸及主要岛屿。推动四个发展极的建设，即：黄河三角洲高效生态海洋产业集聚区、鲁南临港产业集聚区、沧州渤海新区产业集聚、北戴河新区临港产业集聚。

（1）提升四个海洋经济发展核心的地位。

大连海洋经济发展核心区。加快构建东北亚国际航运中心和物流中心，完善航运基础设施和服务体系。建设先进装备制造业基地、造船及海洋工程基地。①

胶东半岛高端海洋产业集聚区。核心区域以青岛为龙头、以烟台、潍坊、威海等沿海城市为骨干。该区域以青岛为龙头，以烟台、潍坊、威海等沿海城市为骨干，着力推进海洋产业结构升级，构筑现代海洋产业体系，建设全国重要的海洋高技术产业基地和具有国际先进水平的高端海洋产业集聚区。加快提高海洋自主创新能力和成果转化水平，推动海洋生物医药、海洋新能源、海洋高端装备制造等战略性海洋新兴产业规模化

① 《辽宁沿海经济带发展规划》，2009 年 7 月 1 日国务院常务会议原则通过；《辽宁省海洋经济发展“十二五”规划》，辽宁省政府，2012 年 8 月 15 日。

发展。加快提高园区（基地）集聚功能和资源要素配置效率，推动现代渔业、海洋工程建筑、海洋生态环保、海洋文化旅游、海洋运输物流等优势产业集群化发展；加快提高技术、装备水平和产品附加值，推动海洋食品加工、海洋化工等传统产业高端化发展。①

天津海洋产业区。在滨海新区海岸带地区形成海洋产业集聚，海洋环境生态良好，海洋特色鲜明的海洋经济地带。重点发展港口物流、港口机械、修造船、交通运输装备、海洋工程装备、海洋交通运输业、滨海旅游业，打造北方国际航运中心、国际物流中心、北方装备制造为主导的生态工业区、北方规模最大的水产品集散中心和游艇产业中心。重点通过人工放流、设立人工渔礁和建立海洋特别保护区等措施，建设两个渔场，即：汉沽北部海域渔场和大港南部海域渔场。在塘沽国家级海洋高新区构建产、学、研相结合的海洋技术创新及产业化基地。在海洋文化公园构建以国家海洋博物馆为核心的海洋文化基地。在渤海监测监视管理基地构建集海洋综合管理业务支撑、海洋技术研发转化、海洋国际交流与合作的海洋事业综合发展基地。②

曹妃甸新区。曹妃甸新区以港口、港区、港城一体化发展为方向，重点发展港口物流、精品钢铁、现代化工、装备制造。加快矿石、原油、液化天然气和煤炭为主的专业化、大型化码头和散杂货、集装箱码头建设，继续扩建新港池，提升港口综合运营能力。继续完善路、讯、电和管网等基础设施，建立大型物流区和保税物流区，积极推进曹妃甸保税港区、公共矿石保税仓库建设，提升港口物流服务水平。加快重大项目建设，推动精品钢铁、现代化工、装备制造业向新区聚集，走新型工业化道路。积极发展新能源、新材料的研发与应用，培育壮大战略性新兴产业。科学开发曹妃甸湿地资源和海岛旅游资源，打造国内知名旅游景区和沿海休闲度假胜地。③

（2）两条海洋产业发展带。

盘锦—锦州—葫芦岛渤海沿岸海洋经济带。加快锦州滨海新区建设，重点发展石油化工、船舶修造等产业，建设锦州湾国家炼化基地和国家石油储备基地；加快盘锦石油装备制造业发展，重点发展石油装备制造与配件、石油高新技术等相关产业，建成我国具有较强竞争力的石油装备制造业基地；加快葫芦岛北港工业区建设，重点发展石油化工、船舶制造与配套等产业。④

---

① 《山东半岛蓝色经济区发展规划》，2011 年 1 月 4 日国务院批复。

② 《天津市海洋经济和海洋事业发展“十二五”规划》，天津市 2011 年 11 月 15 日获批。

③ 河北省海洋局关于《河北省海洋经济发展“十二五”规划》的通知，冀海发【2011】13 号，2011 年印发。

④ 《辽宁沿海经济带发展规划》，2009 年 7 月 1 日国务院常务会议原则通过。

大连—丹东黄海沿岸及主要岛屿海洋经济带。积极培育发展庄河工业园区、花园口经济区、登沙河临港工业区、长山群岛经济区、皮杨陆岛经济区，重点发展沿海临港装备制造、水产品增养殖和加工、旅游等产业；进一步发展丹东产业园区，重点发展精密轻型装备等装备制造业，制药、精细化工以及电子信息等高新技术产业，旅游、口岸物流等服务业。①

（3）四个海洋产业发展极。

黄河三角洲高效生态海洋产业集聚区。建设一批大型生态增养殖渔业区，大力发展现代渔业；加强油气矿产等资源勘探开发，加快发展海洋先进装备制造业、生态环保产业；大力发展临港物流业、滨海生态旅游业等现代海洋服务业，培育具有高效生态经济特色的重要增长极。②

鲁南临港海洋产业集聚区。集中培育海洋先进装备制造、油气储运加工等临港海洋产业发展。加强集疏运体系建设，密切港口与腹地之间的联系，加快发展现代港口物流业，加强日照保税区物流中心建设，把本区打造成为区域性物流中心和我国东部沿海地区重要的临港产业基地。③

河北渤海新区海洋经济发展极。重点发展港口物流、现代化工、装备制造业和电力能源业，建设具有较强竞争力的产业聚集区和能源、原材料集散中心。加快黄骅港的大型化、专业化煤炭、矿石和通用散杂货及集装箱泊位建设，提升港口航道等级，加快综合性大港建设步伐。完善道路、水利、能源、电力、信息等涉海基础设施建设，增强海洋经济发展的基础支撑能力。促进海盐生产与海洋化工之间的产业对接，延长产业链条。构建船舶配套工业体系，打造华北地区重要修造船基地。加快滨海旅游业、海洋生物医药、海水利用开发和成果转化，积极培育壮大高成长性的新兴海洋产业。④

河北北戴河新区海洋产业发展极。以高端旅游、总部经济、文化创意、科技生态研发、综合会展为重点，打造以人文和生态位核心的中国北方休闲、旅游、文化新区，国际知名滨海休闲旅游度假胜地。以发展高端旅游为突破口，积极培育商务会展、文化娱乐、健身养生、医疗康复、生态庄园、工业体验等新兴产业，大力构建现代旅游产业体系。推进基础设施建设和重点区域综合整治，严格界定岸线功能和分区功能，打造生态环境良好、基础设施配套齐全的精品区域。⑤

---

① 《辽宁沿海经济带规划》2009 年 7 月 1 日国务院常务会议原则通过。

② 《山东半岛蓝色经济区发展规划》，2011 年 1 月 4 日国务院批复。

③ 《山东半岛蓝色经济区发展规划》，2011 年 1 月 4 日国务院批复。

④ 河北省海洋局关于印发《河北省海洋经济发展“十二五”规划》的通知，冀海发【2011】13 号。

⑤ 河北省海洋局关于印发《河北省海洋经济发展“十二五”规划》的通知，冀海发【2011】13 号。

2. 东部海洋经济圈

东部海洋经济圈由江苏省、上海、浙江沿岸及海域组成。东部海洋经济圈布局为促进“两区、一带”发展，即：上海海洋产业集聚区、浙江海洋经济发展示范区以及江苏沿海海洋产业发展带。该区域港口航运体系完善，海洋经济外向型程度高，是中国参与经济全球化的重要区域、亚太地区重要的国际门户、具有全球影响力的先进制造业基地和现代服务业基地。

江苏沿岸及海域。构建“L”型沿海特色海洋经济带，提升北部海洋重化工集聚区、中部海洋生态产业集聚区和南部海洋船舶集聚区及海洋工程装备制造业集聚区的综合竞争力，培育以沿海港口和沿江港口为依托的产业集群，形成“一带三区多节点”的海洋经济空间布局。“L”型特色海洋经济带：依托沿海主要交通通道，促进产业集聚，重点发展船舶、海洋生物医药等临港产业，提升海洋渔业和滩涂农林牧业发展水平，加快现代港口物流、海洋科技文化、涉海金融和涉海商务等生产性服务业发展步伐。依托沿江港口群、长江深水岸线，大力发展海洋交通运输及港口物流、海洋船舶修造、海洋工程装备制造等海洋优势产业。依托沿江地区科教优势，进一步壮大海洋科研教育管理服务业。依托沿江地区雄厚产业基础和科研力量，培育发展海洋生物医药业，积极发展涉海产品、设备及材料制造等海洋相关产业。“三区”：建设以连云港、盐城和南通 3 个中心城市为核心的江苏北部海洋经济区、中部海洋经济区和南部海洋经济区。沿海北部海洋经济区：以连云港港为核心，对接中西部腹地经济区，加强苏鲁海洋经济合作。充分发挥连云港港深水大港的优势，大力发展海洋交通运输和现代港口物流业，建设连云港航运交易市场和大陆桥国际航运中心功能区。扶持发展海洋生物医药、海洋化工等新兴产业，建成沿海地区重要的枢纽港和重化工基地。加快发展海洋渔业，提升发展滨海旅游业。沿海中部海洋经济区：以盐城为核心，重点发展高效生态海洋产业。做大做强船舶等临海优势产业，培植壮大海洋生物等临海战略性新兴产业。大力发展滨海生态旅游业、高效生态海洋渔业和滩涂农林牧业。积极发展风电装备，建设国内重要的海上风电产业基地。沿海南部海洋经济区：进一步融入上海国际航运中心和国际金融中心建设，积极开展苏沪海洋经济合作。依托南通船舶及海洋装备制造等雄厚的产业基础，江海联动，重点发展海洋船舶、海洋工程装备和港口机械等产业，加强产业配套和行业合作，建成世界一流的远洋船舶和海洋工程装备产业基地。大力发展海洋交通运输及港口物流业、海洋渔业、滨海旅游业，积极发展临海石油化工、海洋生物医药等产业，提升海洋经济发展水平。“多点”：发挥江苏临海滨江的地理优势，以沿海、沿江众多港区为重要的海洋经济发展节点。积极发展能源、石化、钢铁、车船、造纸、粮油加工等大用水量、大进大出的临港工业，推进海洋经济又好又快发展。加大港城特别是沿海临港城镇建设的力度，构建海洋经济服务中心。①

上海沿岸及海域。加快构建以现代服务业为主、战略性新兴产业引领、先进制造业支撑的新型海洋产业体系。海洋现代服务业重点发展海洋金融服务、现代商贸、旅游会展、信息服务及航运物流等。战略性新兴产业重点发展海洋新能源、海洋生物医药等。海洋先进制造业重点发展高技术和高附加值船舶、海洋工程装备。②

浙江沿岸及海域。本区海洋经济空间布局为；一核两翼三圈九区多岛。“一核”是以宁波—舟山港海域、海岛及其依托城市为核心区，建设全国重要的大宗商品储运加工贸易、国际集装箱物流、滨海旅游、新型临港工业、现代海洋渔业、海洋新能源、海洋科教服务等基地和东海油气开发后方基地，加强深水岸线等战略资源统筹管理，完善基础设施和生态环保网络，形成中国海洋经济参与国际竞争的重点区域和保障国家经济安全的战略高地。“两翼”是以环杭州湾产业带及其近岸海域为北翼，以温州、台州沿海产业带及其近岸海域为南翼，尽快提升两翼的发展水平。北翼加强与上海国际金融中心和国际航运中心对接，突出新型临港先进制造业发展和长江口及毗邻海域生态环境保护，成为带动长江三角洲地区海洋经济发展的重要平台。南翼加强与海峡西岸经济区对接，突出沿海产业集聚区与滨海新城建设，引导海洋三次产业协调发展，成为东南沿海海洋经济发展新的增长极。“三圈”是加强杭州、宁波、温州三大沿海都市圈海洋基础研究、科技研发、成果转化和人才培养，加快发展海洋高技术产业和现代服务业，推进海洋开发由浅海向深海延伸、由单一向综合转变、由低端向高端发展，增强现代都市服务功能，提升对周边区域的辐射带动能力，建设成为中国沿海地区海洋经济活力较强、产业层次较高的重要区域。“九区”是重点建设杭州、宁波、嘉兴、绍兴、舟山、台州、温州等九大产业集聚区。杭州大江东产业集聚区重点发展海水淡化装置等先进制造业和高技术产业。杭州城西科创产业集聚区重点发展海洋工程等科创服务、高技术产业和休闲旅游业。宁波杭州湾产业集聚区重点发展海洋工程装备制造和海洋现代服务业。宁波梅山物流产业集聚区重点发展保税仓储、转口贸易和增值加工产业。舟山海洋产业集聚区重点发展港口物流、海洋科技、滨海旅游、临港工业和现代渔业。温州瓯江口产业集聚区重点发展战略性新兴产业和港口物流业。台州湾循环经济产业集聚区重点发展资源再生、装备制造和生态农业。嘉兴现代服务业集聚区重点发展区域性总部经济、物

① 《江苏沿海地区发展规划》和《江苏省“十二五“海洋经济发展规划的通知》国务院2009年6月批复，【苏政办发（2011）94号】，江苏省政府2011年7月22日印发。

② 《上海市海洋发展“十二五”规划》，上海市人民政府2012年7月26日发布。

联网产业研发制造，建设科研孵化基地。绍兴滨海产业集聚区重点发展战略性新兴产业和生态休闲观光农业。“多岛”是指重点推进舟山本岛、岱山、泗礁、玉环、洞头、梅山、六横、金塘、衢山、朱家尖、洋山、南田、头门、大陈、大小门、南麂等重要海岛的开发利用与保护。根据各海岛的自然条件，科学规划、合理利用海岛及周边海域资源，着力建设各具特色的综合开发岛、港口物流岛、临港工业岛、海洋旅游岛、海洋科教岛、现代渔业岛、清洁能源岛、海洋生态岛等，发展成为我国海岛开发开放的先导地区。①

3. 南部海洋经济圈

南部海洋经济圈由福建、珠江口及其两翼、北部湾、海南岛沿岸及海域组成。该区域海域辽阔、资源丰富、战略地位突出，是中国对外开放和参与经济全球化的重要区域，是具有全球影响力的先进制造业基地和现代服务业基地，也是中国保护开发南海资源、维护国家海洋权益的重要基地。

（1）福建沿岸及海域。

本区海洋产业的布局为：一带、双核、六湾、多岛。“一带”即打造海峡蓝色产业带。以沿海城市群和港口群为主要依托，加快构建现代海洋产业体系，形成以若干现代临港产业基地和海洋经济密集区为主体、布局合理、具有区域特色和竞争力的海峡蓝色产业带。“双核”：充分发挥福州和厦漳泉两大都市区产业基础好、科研力量强，港口和集疏运体系较为完备，人才较为集中的优势，形成引领海峡蓝色经济试验区建设、带动周边地区发展的两大海洋经济核心区域。“六湾”：即三都澳、大闽江口、湄洲湾、泉州湾、厦门湾、东山湾等六个海湾区域。充分发挥福建海湾自然资源丰富、水文气候条件适宜的优势，根据资源环境承载能力、现有基础和发展潜力，突出重点、集聚发展，推进六大海湾区域成为海洋经济发展的重要依托。“多岛”：重点发展平潭岛、东山岛、湄洲岛、南日岛、琅岐岛等海岛及其邻近海域。主要发展特色海岛经济，如低碳示范、生态旅游、高效渔业、现代集约工业、海岛文化、休闲度假、生态建设等。重点建设平潭综合实验区。②

（2）珠江口及其两翼沿岸及海域。

本区海洋产业布局为：着力建设珠江三角洲海洋经济优化发展区和粤东、粤西海洋

---

① 《浙江海洋经济发展示范区规划》，国务院于 2011 年 2 月批复。

② 参考《福建省海洋经济发展规划（2010－2020）》，国务院 9 月 25 日批准；《福建海峡蓝色经济试验区发展规划》，福建省海洋与渔业厅 2012 年 12 月 25 日公布。

经济重点发展区三大海洋经济主体区域，积极构建粤港澳、粤闽、粤桂琼三大海洋经济合作圈，科学统筹海岸带（含海岛地区）、近海海域、深海海域三大海洋保护开发带，推进形成“三区、三圈、三带”的海洋综合发展格局。

“三区”。着力打造珠江三角洲海洋经济优化发展区、粤东和粤西海洋经济重点发展区，加快形成新的海洋经济增长极。珠江三角洲海洋经济优化发展区（包括广州、深圳、珠海、江门、东莞、中山、惠州 7 个地级以上市所辖海城及陆域）积极培育海洋新兴产业，重点发展海洋高端制造业和现代服务业，重点打造一批规模和水平居世界前列的现代海洋产业基地。粤东海洋经济重点发展区（包括汕头、汕尾、潮州和揭阳 4 个地级市所辖的海域及陆域）重点发展临海能源、临海现代工业、海洋交通运输、滨海旅游、水产精深加工等产业，科学推进集中节约用海，重点开发海门湾、南澳西南岸、揭石湾西岸等集中集约用海。粤西海洋经济重点发展区（湛江、茂名和阳江 3 个地级市所辖海域及陆域）加快发展临海现代制造业、滨海旅游业、现代海洋渔业、临海能源等产业，重点推进湛江安铺港、角尾湾、新寮、东海岛南部、吴川、茂名博贺、阳西面前海、江城南岸等集中集约用海区开发。

“三圈”。粤港澳海洋经济合作圈：以珠江三角洲海洋经济区为支撑，着力打造粤港澳海洋经济合作圈。重点加强粤港澳在海洋运输、物流仓储、海洋工程装备制造、海岛开发、旅游装备、油轮旅游等方面的合作，共同打造国际高端的现代海洋产业基地。粤闽海洋经济合作圈：以粤东海洋经济区为支撑，对接海峡西岸经济区建设，着力打造粤闽海洋经济合作圈。进一步扩大与福建在现代海洋渔业、滨海旅游、海洋文化等领域的合作，重点开展海洋装备制造、海洋生物医药、海水综合利用等海洋新兴产业的合作。粤桂琼海洋经济合作圈：以粤西海洋经济区为支撑，对接北部湾经济区和海南国际旅游岛，着力打造粤桂琼海洋经济合作圈。重点加强滨海旅游业、现代海洋渔业、海洋交通运输业发展和涉海基础设施建设等方面的合作。充分发挥湛江港作为西南地区出海大通道的作用，增强对北部湾地区的服务功能。积极促进滨海旅游资源开发合作，共同打造粤桂琼滨海旅游“金三角”，将其建设成为具有国际影响的休闲度假旅游目的地。

“三带”。统筹开发海岸带地区、近岸海域（包括海岛海域）和深海海域，形成三条各具特色的海洋保护开发带。海岸带地区（从大陆海岸线向陆 10 千米起至领海外部界线之间的带状区域，含 5 大海岛群 28 个岛区）重点发展海洋交通运输业、滨海旅游业、海洋油气业、海洋船舶工业、现代海洋服务业等优势海洋产业，加快发展临海现代工业，培育战略性海洋新兴产业。近海海域海岛（领海外部界限至 500 米等深线之间的海域）重点发展现代渔业、滨海旅游、海洋油气、海洋运输、可再生能源开发等产业。加强海岛规划，优化开发有居民海岛，保护性开发无居民海岛，严格保护特殊用途海岛。深海海域（500 米等深线以深海域）大力发展深海技术，加大深海油气资源勘探开发力度，拓展深海产业，积极发展深水渔业，维护南海海洋权益。①

（3）广西北部湾沿岸及海域。

该区域发展的功能定位是中国——东盟开放合作的物流、商贸、先进制造业基地和信息交流中心、重要的国际区域经济合作区。该区域重点构建北海、钦州、防城港三大海洋经济主体区域，形成以三市为中心的三角形海洋经济空间布局。

北海海洋产业区（包括北海港、海域、海岛、银海区、铁山港区、海城区、合浦县及其依托城市）以港口物流、商贸物流中心、滨海旅游和跨国旅游、高档休闲疗养健身、高等教育，修造船、集装箱、集装箱制造、生物制药、海洋渔业、海产品加工、新能源、生物医药、新材料等海洋配套或关联产业以及临海重化工、港口机械、电子信息，建成承接东部产业转移基地。

钦州海洋产业区（包括钦州港、海域、海岛、滨海新城、三娘湾旅游度假区及其依托城市）重点发展港口物流、保税物流、滨海旅游、海洋渔业、临海重化工及其他配套或关联产业，加快发展船舶制造业。

防城港海洋产业区（港口区、海域、海岛、防城区和东兴市）以港口物流、临海工业、能源化工、跨国旅游、修造船及其他配套或关联产业、新能源、新材料等战略性新兴产业、海洋渔业、边境贸易和国际贸易，临海钢铁和有色金属工业园区与食品加工，建成利用两个市场、两种资源的加工制造基地和物流基地。②

（4）海南岛沿岸及海域。

该区域局包括环海南本岛沿海产业带，以及南海北、中、南部三个海洋经济区。该区域发展的功能定位是中国旅游业改革创新的试验区、世界一流的海岛休闲度假旅游目的地、全国生态文明建设示范区、国际经济合作和文化交流的重要平台、南海资源开发和服务基地、国家热带现代农业基地。

环海南岛沿海产业带包括北部海洋综合产业带、南部滨海旅游产业带、东部滨海旅游－渔农矿业产业带和西部海洋工业园区。

北部海洋综合产业带（包括海口、文昌、澄迈等 3 市县海岸带及其邻近海域）以海口为中心，建设马村港－秀英港－清澜港临港经济区（琼北临港经济区）、琼北滨海旅游区、琼北渔业经济区、海口海洋高新科技区、琼北滨海生态保护区 5 个海洋经济

① 《广东海洋经济综合试验区发展规划》，2011 年 8 月国务院批复；《广东省海洋经济发展“十二五”规划的通知》【粤府办（2012）26 号】，广东省人民政府 2012 年 4 月印发。

② 《广西壮族自治区海洋经济发展“十二五”规划》，广西人民政府 2012 年 6 月 13 日批准。

区，组成北部海洋综合产业带。

南部滨海旅游发展带（以三亚市委中心，包括三亚、陵水和乐东三县市海岸带及其周边海域）构建三亚热带滨海旅游经济区、三亚海湾海洋旅游区、三亚热带海岛旅游区、三亚热带渔-农业经济区、莺歌海海盐文化-海盐科技低碳经济区、三亚海洋生态保护区6个热带经济区，重点将三亚打造成为世界级热带滨海度假旅游城市。

东部滨海旅游-渔农矿业产业带（包括琼海、万宁2市海岸带及其邻近海域）构建琼东滨海旅游度假区、琼东渔-农经济区、琼东滨海砂矿业开发区、龙湾港国际旅游岛示范区及港口贸易经济区4个海洋经济区，发展壮大滨海旅游业、特带特色农业、海洋渔业、农产品加工业等，并根据条件适当布局特色旅游项目，打造文化产业集聚区。

西部海洋工业园区（包括临高、儋州、昌江、东方4县市及杨浦经济开发区海岸带以及周边海域）构建东方临海工业区、洋浦石油化工基地、洋浦-白马井临海工业港口物流经济区、金牌港临港经济开发区、琼西滨海核能-风能开发区、琼西海洋渔业经济区、琼西山海互动特色旅游区6个海洋经济区，逐步建成海洋重化工业核心区。

海南南海海域开发布局包括南海北部海洋开发区、南海中部海洋经济区和南海南部海洋经济区。

南海北部海洋开发区（北纬18度以北的南海海域）目前查明蕴藏的可开发的资源主要有油气资源和生物资源。可规划未北部湾油气区、海南岛东北部海洋油气区、海南岛东南部海洋油气区、海南岛西部海洋油气区、北部湾渔业区、海南岛东部海域渔业区6个海洋经济区。

南海中部海洋经济区（北纬18度以南，北纬12度以北的南部海域）规划为西沙群岛珊瑚礁自然保护区、东岛鲣鸟自然保护区、西沙群岛海洋国家公园区、永兴岛-七连屿珊瑚礁旅游区、西沙-中沙群岛海洋不老泉、西沙群岛渔业增殖区、中建南油勘探开发区、西沙海槽-中沙盆地油气勘探区8个海洋经济区。

南海南部海洋经济区（北纬12度以南的南海海域）规划南沙群岛捕捞区、南沙群岛渔业资源特别保护区、南沙群岛油气勘探开发区、南海南部航道区、南沙群岛海域执法管理区与科学实验区5个海洋经济区。①

（二）海岛及岛群海洋经济区

中国岛屿众多，面积在500平方千米以上的岛屿7 372个（未包括港、澳、台岛

① 《海南省十二五海洋经济发展规划》，海南省政府2011年4月制定。

屿)，海岛陆域总面积约 8 万平方千米，岛屿海岸线 14 000 余平方千米①。岛屿及其邻近海域的自然资源丰富，经济价值和生态价值突出，但生态环境相对脆弱。海岛及其邻近海域资源环境的开发与保护对中国海洋经济的可持续发展、维护国家主权和海洋权益以及国防安全等具有重要作用。

将中国海岛划分为三个海区进行布局，即：黄渤海海区岛群、东海海区岛群布局以及南海海区岛群布局。海岛的开发与保护需深入观测《中华人民共和国海岛保护法》，认真实施《全国海岛保护规划》，统筹海岛保护、开发与建设，严格规范海岛开发利用秩序，强化海岛分类管理。根据《全国海岛保护规划》、《山东半岛蓝色经济区发展规划》、《浙江海洋经济发展示范区规划》、《浙江重要海岛开发利用与保护规划》、《广东省海洋经济示范区规划》、《广东省海岛保护规划（2011～2020 年）》、《福建海岛保护规划》、《广西海岛保护规划》等，海岛及邻近海域的主要发展方向是：加大海岛和跨海基础设施建设力度，加强海岛风能、潮汐能、潮汐能等可再生能源的开发，注重推广海岛水源涵养和海水淡化技术的推广，开展海岛生态修复工程，改善海岛人居环境和经济发展基础，重点发展深水养殖、海岛休闲、生态旅游等绿色高端产业，建立各类海岛及邻近海域自然保护区。重点发展长山群岛、庙岛群岛、舟山群岛、洞头岛、平潭岛、南澳岛、万山群岛、上下川岛群、东沙群岛、西沙群岛和南沙群岛等区域。

1. 黄渤海海区岛群布局

黄渤海海区共有海岛 700 多个，分别属于辽宁、河北、天津、山东、江苏等省市。按照海岛分布特征该区域内分为长山群岛海域、渤海区、庙岛群岛区、环山东半岛区、江苏沿岸及辐射沙洲区五个区。

（1）长山群岛海域：包括大长山、小长山、广鹿岛、獐子岛和海洋岛等海岛及周边海域。重点建设小长山岛国际海钓中心区、广鹿岛国际休闲会议中心、獐子岛国家海洋公园保护区、大长山岛旅游度假中心区，形成旅游避暑休闲综合区和国际旅游度假区。围绕发展现代渔业，重点建设国家现代渔业基地，大力推进海洋牧场建设，形成海岛生态旅游和休闲渔业链。合理安排海岛渔港、码头、跨海引水工程、跨海大桥、海底管线、海上交通等海岛基础设施建设用海需求，形成海岛现代化服务体系。重点保护外长山列岛附近的边远海岛，开展海洋岛、南坨子、大门顶等边远海岛生态养护工作；加强石城岛黑脸琵鹭保护区、长海海洋珍稀生物、海王九岛等保护区建设和生态海岛建设，选划并建成一批有特色的海岛保护区；发展海岛生态旅游及周边海域放流、增养

① 《全国海岛基本情况》，海岛立法参考材料，海岛立法起草组，2004 年 10 月，第 4 页。

殖，逐步建成以獐子岛为龙头的现代化海洋牧场和以大长山岛、小长山岛、广鹿岛为中心的旅游度假胜地；与辽宁沿海经济带战略相衔接，加强长山群岛及辽东沿岸区海岛基础设施建设，支持海洋岛补给中转基地建设。

（2）渤海区：重点保护区域内沙泥岛及其周边海域的生态环境，加强大连斑海豹、滨州贝壳堤、黄河三角洲等自然保护区的建设；积极应对海平面上升对海岛的影响，实施海岸防护、岛陆生态建设、海岛修复等工程；开发海岛生态旅游业和临港工业。

（3）庙岛群岛区：在加强海岛保护的前提下，重点发展现代渔业和旅游业，加快开发风能、潮汐能等海洋清洁能源。加强山东长岛、庙岛群岛斑海豹等自然保护区的建设；选划并建设一批有特色的海洋特别保护区；建设生态型海岛，推进大竹山岛、螳螂岛等无居民海岛生态养护；严格控制航道周边海岛岸线开发活动，保护设置在海岛上的助航导航设施，保障渤海门户航道安全；逐步建成以砣矶岛、大钦岛、小钦岛、南隍城岛、北隍城岛为中心的多元、立体现代化生态渔业基地；支持以南、北长山岛为中心的生态旅游休闲度假基地建设。

（4）环山东半岛区：威海岛群加快发展现代渔业、海洋运输业和旅游业，提升刘公岛海洋文化旅游品位。青岛近岸岛群打造现代化的港口物流、能源和出口加工基地。以灵蛇岛、田横岛、竹岔岛为中心的系列岛群，重点发展海珍品增养殖业和旅游业。日照近岸岛群重点发展增养殖业和旅游业，建立近岸海域岛群自然保护区。滨州近岸岛群重点发展浅海滩涂养殖、盐和盐化工、经济作物和药用植物种植，加强贝壳砂的开发利用。

（5）江苏沿岸及辐射沙洲区：重点实施麻菜珩、外磕脚等领海基点海岛保护工程，有效保护基岩海岛地形、地貌、动植物资源及人文景观资源；选划建设秦山岛生态保护区、鸽岛海蚀地貌保护区、东西连岛沙生植物保护区、竹岛蝮蛇保护区；挖掘建设深水港口，有效拓展港口作业空间，支持徐圩港区、西太阳沙人工岛及港口建设。

2. 东海海区到岛群布局

东海海区共有海岛 4 200 多个，按照海岛分布特征该区域内分为长江口—杭州湾区、舟山群岛区、福建沿岸区。

（1）长江口—杭州湾区：重点保护佘山岛等领海基点海岛；加强九段沙、金山三岛等保护区建设；维护大巫子山、下盘山、七里峙等海岛上的航标、灯塔等公益设施的正常使用；发展以崇明岛和杭州湾内海岛为代表的现代海岛生态旅游业；服务上海国际航运中心建设，支持发展港口航运业、临港工业以及以长兴岛为代表的海洋装备制造业。

（2）舟山群岛区：建设大宗商品国际物流基地，加快船舶工业整合，努力建设成为国内重要的造船基地、加快发展旅游业、打造全国重要的远洋渔业基地，建成海洋新能源综合开发基地。重点保护两兄弟屿、海礁、东南礁等领海基点海岛；加强五峙山、马鞍列岛、中街山列岛等保护区的建设管理；修复受损海岛及其周边海域生态系统；发展海岛特色生态旅游业和生态渔业；完善舟山岛定海西码头、沈家门等中心渔港的配套设施建设；支持港口航运、物流及临港工业发展；支持舟山群岛新区建设。

（3）福建沿岸区：重点保护东引岛、东沙岛、牛山岛等领海基点海岛；保护红树林、珊瑚礁等典型海岛生态系统；加强日屿岛、台山列岛等保护区建设与管理；积极推进厦门岛、湄洲岛、海坛岛、东山岛及大嵛山岛等海岛旅游景观建设，发展海岛旅游业；与海峡西岸经济区发展政策相衔接，促进平潭综合实验区建设；支持临港与临海工业、港口航运业、海洋渔业、海洋新兴产业发展；以平潭、东山、湄洲、琅岐、三都、江阴、大嶝、紫泥等建制乡以上海岛保护开发为重点，拓展海峡两岸交流合作。

3. 南海海区岛群布局

南海区共有岛礁1 800多个，按照海岛分布特征该区域内分为粤东区、珠江口区、粤西区、广西北部湾区、海南岛区、西沙群岛、中、南沙群岛。

（1）粤东区：重点保护南澎列岛、针头岩等领海基点海岛；保护大亚湾内海岛珊瑚礁、南澎列岛生物多样性；加强海岛旅游基础设施建设，逐步建成以大、小三门和南澳岛为中心的生态旅游度假基地；促进南澳岛清洁能源基地建设，推动生态经济区发展；合理利用纯洲、芒洲、马鞭洲等海岛深水岸线资源，发展海岛交通运输及物流仓储业。

（2）珠江口区：重点保护佳蓬列岛等领海基点海岛；加大内伶仃岛、淇澳岛、大襟岛等海岛珍稀动植物资源及海洋生态环境的保护力度；与珠江三角洲地区改革发展规划纲要相协调，加强海岛基础设施建设，促进龙穴岛、高栏岛等大型深水港口及临海工业建设；推动淇澳岛、野狸岛、九洲列岛等海岛旅游区建设；发展万山列岛、蜘洲列岛等海水增养殖业；促进横琴岛生态经济建设。

（3）粤西区：重点保护围夹岛、大帆石等领海基点海岛；加强阳西大树岛、新寮岛、南鹏列岛等典型海岸地貌景观和海洋生态系统保护；在上川岛、下川岛、海陵岛等发展生态旅游、海上运动、度假疗养、休闲渔业、邮轮旅游等多元化旅游产业；促进新寮岛风力发电、海水淡化等海洋新兴产业的发展，建设粤西沿海大型可再生能源基地和东海岛海洋综合开发示范区。

（4）广西北部湾区：重点加强涠洲岛、北仑河口保护区的建设和管理；开展红树林、珊瑚礁、海草床等特殊生态系统与生物多样性的保护与修复；开发海岛生态旅游，支持涠洲、斜阳两岛的休闲度假旅游岛建设，发展以“七十二泾”为主的海岛生态旅游；合理利用海岛深水岸线资源，发展海岛交通运输及物流仓储业。

（5）海南岛区：重点保护莺歌嘴、感恩角、四更沙角等领海基点海岛；加强大洲岛、三亚珊瑚礁等自然保护区内海岛生态系统的保护；与建设海南国际旅游岛战略相衔接，加快开发海岛旅游资源，完善海岛旅游基础设施建设，调整优化西瑁洲岛、蜈支洲岛等海岛的开发利用模式，科学发展琼南和琼东海岛生态旅游。

（6）西沙群岛：重点保护领海基点海岛；推进甘泉岛、东岛、西沙州、金银岛的保护区建设，保护海岛植被和海龟、海鸟、珊瑚礁等生物物种资源；实施中建岛、永兴岛、北礁、浪花礁、华光礁、盘石屿、玉琢礁等珊瑚礁生态修复工程；推进海岛补给中转公共服务设施建设；积极稳妥开放开发西沙群岛旅游产业；开展养殖和远洋捕捞等渔业生产活动；积极稳妥推进海洋石油资源勘探开发；开展海水淡化、可再生能源发电、垃圾污水处理及交通、通讯等基础设施建设。

（7）中、南沙群岛：选划建立海洋自然保护区，建立海洋渔业养殖基地，鼓励开展渔业增养殖，建设海岛补给中转站，推进海岛油气资源的勘探和开发，发展海水淡化，利用海洋可再生能源的新兴产业。

（三）专属经济区和大陆架海洋资源开发区

1. 专属经济区渔业开发区

通过加强立法，加强渔场整治，坚持休渔制度以及实施限额捕捞制度，将专属经济区的海洋捕捞量降低到最大持续产量以下，即：黄渤海区的最大持续产量为 103×10^4 吨，东海的最大持续产量为 308×10^4 吨①。促进远洋渔业的发展，缓解近海渔业捕捞能力过剩的问题。

黄渤海海域。严格控制捕捞强度，保护重要经济鱼类的产卵场、育肥场、越冬场，严格废除损害渔业资源的捕捞方法，使用有利于保护资源的捕捞技术和方法。大力发展

① 《专项综合报告》编写组．《我国专属经济区和大陆架勘测专项综合报告》［M］．北京：海洋出版社 2002：519－523.

海洋养殖业，选定区域大力推动海上牧场建设，发展贝类、藻类、鱼类、虾蟹类放牧业。

东海海域。大力投放人工鱼礁，发展海水养殖增殖。严格控制近海捕捞强度，大力发展远洋渔业。

南海海域。严格控制沿岸、近海海域捕捞强度。进一步加大对争议区的渔业资源的开发力度。开发采取由远及近、分区开发的策略，先南沙后西沙。集中财力和科技力量积极开发争议海域的渔业资源。

2. 大陆架海洋油气开发区

中国在大陆架的海洋油气资源勘探仍处于初期，有 80% 以上的油气有待勘探。中国大陆架分布有三大油区和五大天然气富集区。三大油区为：渤海油区，珠江口油区，北部湾油区。五大天然气富集区为：莺歌海大气区，琼东南大气区，珠江口盆地珠三坳陷文昌凹陷大气区，东海盆地西湖凹陷大气区，东海盆地西湖凹陷大气区，渤海盆地渤中凹陷大气区。海洋油气勘探开发侧重点应有所不同。要力争在海上发现新的大型油气田。加大天然气水合物的勘探力度。加大深水区和潜水高风险区的油气资源勘探力度。

黄海区。黄海海域有 6 个沉积坳陷（盆地），从北而南为安洲盆地、北黄海盆地、群山盆地、南黄海北部坳陷、南黄海南部坳陷、黑山盆地。2000 年以来，中国在黄海区先后起钻了无锡 40 201 井、常州 350 201 井。总体来说，中国以及周边的国家对黄海区油气资源的勘探都处于初期阶段。未来，中国应加强对黄海油气的调查研究，研究共同开发的方案，参与与周边国家的共同开发。

东海区。中国在东海北部海域开发较早，开发力度也较大，南部海域开发起步晚，开发程度也较小。应适当地加大对南部海域的勘探开发力度。加强油气资源的调查，加强油气形成规律的理论研究，进一步争取能够找到新的商业性油气田。

南海区。中国勘探开发南海油气资源活动由来已久，已经在 10 多个主要盆地进行了油气资源的评价工作。但目前中国仍未在南海生产出石油。而周边国家已经在南海共建立了 200 多个钻井平台。因此，未来中国应加大南海海域油气资源调查，同时加大研究开发适合南海海域油气资源勘探开发的技术装备的力度。研究与周边国家的共同开发方案，参与油气资源的共同开发。

（四）国际海底资源开发区

国际海底资源开发区蕴藏着丰富矿产资源、生物资源等，主要包括多金属结核、富钴结壳、多金属硫化物等。中国于2001年在太平洋获得7.5万平方千米具有专属勘探区和优先开发权的合同矿区，2011年在西南印度洋获得了1万平方千米的多金属硫化物合同区，2011年中国大洋协会向国际海底管理局提交了位于西太平洋的富钴结壳矿区的申请。从长远发展的角度，中国应提高国际海底区域矿产资源勘探开发能力，大力开展涉海生物基因资源的勘探开发。

五、海洋经济发展的对策和措施

（一）加强海洋经济宏观调控

制定和实施海洋经济发展的战略和规划是发展海洋经济的重要举措。加强政府对海洋产业发展的规划协调和规划指导，根据海洋产业发展的需求和基础，进行分类指导。在政策法规、体制机制等方面营造有利于海洋产业发展的良好环境，促进优势资源聚集和产业合理布局，提升海洋高技术支撑水平和基础设施利用水平。制定海洋产业发展的专项规划，统筹海洋产业的发展。专项规划内容应包括产业发展目标、指导原则、发展重点、投资需求、区域布局、重点工程、政策扶持等内容。沿海地区应根据国家级海洋产业发展专项规划制定本地区的海洋产业发展规划。

（二）完善海洋经济发展的体制机制

在国家层面建立由发改委、海洋局、科技部等多部门组成的海洋经济发展领导小组，建立健全海洋经济工作的领导机制，全面实施海洋经济发展方面的综合规划和专项规划，推进各涉海部门逐步建立起规划协调和管理有效的运行机制。各沿海地区在当地政府的领导下，制定本地区的海洋经济发展战略、规划和行动计划，并纳入本地区的国民经济和社会发展规划中，认真组织实施。完善海洋经济核算体系，加强海洋产业的调查分析与动态评估，加强跟踪分析，为宏观经济决策提供依据。

（三）建立多元投入的资金机制

中央财政要将海洋经济发展作为国家战略布局中的优先领域进行支持，进一步加大对海洋经济和和产业化项目的资金投入。建立海洋经济发展基金，引导并带动民间资金支持涉海企业发展。建立明确的制度，鼓励并扶持优质的涉海企业引入风险投资和将纳入股市创业板融资，扩大涉海企业融资渠道和融资规模。鼓励银行等金融机构提高对海洋产业的贷款比例。按照一定比例支持有关海洋产品的政府采购。

（四）积极开展国际合作

建设一支不断发展壮大的海洋人才队伍是促进海洋经济可持续发展能力中心任务之一。加强海洋经济领域的人才和团队培育，加速海洋科技领域的成果转化和产业化人才队伍建设。通过“千人计划”等国家高层次人才引进计划，积极为海洋领域吸引创新人才。建立有利于海洋产业发展的人才引进、激励和奖励制度。海洋经济领域规划的制定和实施，要有国际视野，要积极开展国际合作和技术交流，形成内外结合、相互促进的发展机制。鼓励跨国公司、外资企业从事涉海领域的技术创新，增强配套能力，延伸产业链。利用多种渠道吸引国际金融机构、外国政府贷款和跨国公司参与我国海洋经济发展的基础设施建设。

（五）营造海洋经济发展的优良环境

发展海洋高技术产业税收政策。将海域使用金一定比例重点支持海洋新兴产业发展，将海域使用金拓展成为支持海洋经济发展方式转变和海洋新兴产业发展的重要资金保障。对海洋高技术产业、产品实行税收优惠政策，对海洋经济领域的科技创新给予税收政策的扶持。

制定积极的海洋环保产业发展的税收政策，推行海洋环保产业的税收减免制度。对海洋环境企业实施所得税减免、环保设施与设备实行低税率，海洋生态修复项目和海洋环境保护项目给予税收支持。加大政府采购对海洋自主创新的支持力度，对于需要研究开发的重大海洋技术创新产品或技术实行政府订购制度。

结　语

进入21世纪以来，在连续三个五年规划中，党中央和国务院都对中国海洋经济发展做了总体部署。“十五”期间，党的十六大提出了“实施海洋开发”，确立了向海洋要资源、要生存与发展空间的战略导向。“十一五”期间，党的十七大提出“发展海洋产业”，标志中国海洋经济进入转型发展的新时期。党的十七届五中全会关于“十二五”规划建议中提出了“发展海洋经济”的百字方针，部署了中国要在5～10年时间以海洋经济带动形成沿海地区发展新格局。“十二五”期间，党的十八大又明确提出“提高海洋资源开发潜力，发展海洋经济，保护海洋生态环境，坚决维护国家海洋权益，建设海洋强国”，海洋经济进入了大发展与大繁荣的黄金时期，预示着未来中国海洋经济发展质量和发展水平将再次提升。

回顾过去，中国海洋经济取得了巨大成就，海洋经济规模不断扩大，年均增速远高于国民经济增长速度，对国民经济社会发展贡献日益凸显。一是传统海洋产业保持增长势头。海洋渔业保持总体平稳增长，海水养殖量、远洋捕捞量持续攀升，捕捞产量实现连年下降，海水养殖量连续多年超过海洋捕捞产量。海洋交通运输业总体保持快速增长。中国已成为世界传统三大船型市场的主要竞争者。海洋油气业在近海油气勘探中取得重大进展，中国已迈入海洋石油生产大国行列。滨海旅游总体保持强劲增长势头，客源市场不断拓展。海洋盐业生产量始终居世界第一。二是战略性海洋新兴产业展现出强大的生命力。海水淡化产业初具规模，成本不断下降，中国已成为世界少数几个掌握海水淡化先进技术的国家之一。海洋生物医药业发展迅速，目前全国海洋药物正常生产品种有30余个，海洋药物研究和生产企业近百家，近10年来海洋生物医药业增加值年均增长20%以上。海洋电力业成长较快，其中海上风电已有突破性进展，全国拥有沿海风力发电场18个。“蛟龙”号载人潜水器7 000米级海试的成功，实现了中国深海技术发展的新突破和重大跨越，标志着中国深海载人技术达到国际领先水平，使中国具备了在全球99.8%的海洋深处开展科学研究、资源勘探的能力。海洋工程装备制造业标志性工程3 000米深水半潜式钻井平台“海洋石油981”的交付使用，标志着中国海洋油气开采开始由大陆架向深海进军。三是沿海省区市海洋经济发展各具优势和特色。山东的海洋渔业、海洋生物医药业、海洋盐业和海洋电力工业居全国领先地位。上海的交通运输业在全国领先，每年完成全国货运量的1/4左右，完成全国集装箱运量的50%以上，吞吐量的25%左右。辽宁海洋船舶工业位居全国第一。广东的海洋生产总值居全国第一。天津的海洋油气业、海水综合利用业等在国内具有比较优势。

展望未来，中国海洋经济发展前景广阔，将为全面建成小康社会和建设海洋强国做出更大的贡献。一是未来10~20年海洋经济总体将步入稳定成长期，海洋经济将由不成熟逐步走向成熟，增长方式将由粗放型向集约型转变，海洋资源利用效率将大幅度提高。海洋经济对国民经济的贡献率仍将稳步上升。沿海地区海洋经济增速对地区经济贡献仍将稳步上升，沿海地区海洋经济增长速度预期高于同期地区经济增长速度。二是战略性海洋新兴产业将是海洋经济持续健康发展的重要推动力。预计未来战略性海洋新兴产业增长速度仍将高于海洋经济整体增长速度。“十二五”期间，中国将培育成熟壮大3~5个战略性海洋新兴产业，形成以海洋高技术为特征的海洋新兴产业体系，支撑和引领海洋经济发展。三是建设海洋高技术产业基地必将成为促进海洋经济发展的重要举措。通过海洋高技术产业基地的建设和发展，以实现“以点带面、辐射全局”的作用，带动全国海洋高技术及其产业化的整体发展。

同时也应清醒地认识到，中国海洋经济在快速发展的同时，如何有效应对诸如重近岸开发，轻深远海利用；重资源开发，轻海洋环境生态效益；产业结构雷同等问题，实现绿色增长，成为当前和未来海洋经济面临的重大挑战。“十二五”乃至更长时期是中国建设海洋强国的关键时期，海洋经济是建设海洋强国的核心任务，我们应紧紧把握这一难得的历史机遇，坚持放眼全球的发展视野，坚持陆海统筹的发展格局，坚持科技引领的发展方式，坚持人海和谐的发展理念，乘势而上，实现海洋经济的跨越式发展。

附　件

附件一

中国共产党第十八次全国代表大会报告（摘录）

2012年11月8日，胡锦涛同志在中国共产党第十八次全国代表大会上做了题为《坚定不移沿着中国特色社会主义道路前进为全面建设小康社会而奋斗》的报告。报告提出：

“提高海洋资源开发能力，发展海洋经济，保护海洋生态环境，坚决维护国家海洋权益，建设海洋强国”。

附件二

2012年中央领导关于海洋经济工作的指示

2012年3月6日，习近平同志到浙江代表团驻地看望两会代表时指出，要从战略高度大力发展海洋经济，加快浙江海洋经济发展示范区和舟山群岛新区建设。要深化“山海协作工程”，加快形成山区与平原、欠发达地区与发达地区经济社会协调发展的发展格局。

2012年6月11日，胡锦涛同志在中国科学院第十六次院士大会、中国工程院第十一次院士大会上发表重要讲话。他在讲话中指出，“‘蛟龙’号载人潜水器创下5 188米的下潜纪录，实现了我国空间海洋技术新跨越”、“空间海洋和平利用和开发将为可持续发展提供巨大增量资源”。他要求，“发展海洋战略高技术，提高我国海洋经济水平，保护海洋航运安全，开发深海资源”。

2012年3月7日，吴邦国同志在十一届人大五次会议浙江代表团审议时指出：“舟山的发展要从实际出发，从国家海洋经济发展的战略布局、长三角一体化发展和浙江岸线港口资源配置等多方面来综合考虑舟山群岛新区在基础设施建设、海洋产业开发等方面的定位，努力把舟山群岛新区建设好。”

2012年4月5日，温家宝同志在福建考察时指出：中国既是一个陆地大国，也是一个海洋大国，在海洋上有广泛的战略利益，历史上也拥有过优秀灿烂的海洋文明。但是海洋的现状令人十分担忧。我国国民的海洋意识不够强，海洋经济发展相对滞后，海洋生态环境、海洋权益保护、海域管理等都面临着严峻的挑战。纵观古今中外的历史，我深切感到，疏远海洋的民族往往会走向封闭和落后。中国历史上实行过海禁政策和闭关锁国政策，这是我们落后的重要原因。现在，我们推进全方位对外开放战略，就不能只有大陆意识，没有海洋意识。在“十二五”规划中，我们专门辟出了一章阐述“推进海洋经济发展”，提出要“制定和实施海洋发展战略”。这是我们国家在战略思想上的重大转变。

福建海岸线长，海域广阔，港口资源丰富，是我国对外通商最早的省份之一。泉州是“海上丝绸之路”的起点，福州是郑和七下西洋的驻泊地，马尾诞生了中国第一支近代海军。福建在经略海洋方面有悠久的历史和光荣的传统。面向未来，福建要在实施海洋发展战略上有所突破、有所建树。海洋是重要的资源宝库，要围绕“海峡、海湾、海岛”，合理开发利用海洋资源，积极发展海洋油气、海洋运输、海洋渔业、滨海旅游等产业。当然，现代海洋战略不仅仅是向海洋索取，也要加强海洋生态环境保护，严格控制污染物排海，保护生物多样性。我国的海域管理还面临着多头管理、责权不清的问题，希望福建在改革海洋管理体制方面积极探索，有所创新。

2012 年 6 月 24 日，李克强同志庆祝蛟龙号载人潜水器成功突破 7 000 米的贺信中指出：“蛟龙号载人潜水器成功到达 7 000 米水深，实现了深海技术发展的新突破和重大跨越，这标志着我国海底载人科学研究和资源勘探能力达到国际领先水平，意义十分重大，谨向参加蛟龙号研制和海试的所有人员，表示热烈祝贺和诚挚问候。希望你们再接再厉，严谨求实，拼搏奉献，圆满完成各项海试任务，为我国建设海洋强国和创新型国家不断作出新贡献。”

附件三

《中共中央关于制定国民经济和社会发展第十二个五年计划的建议》（摘录）

2010年10月18日中国共产党第十七届中央委员会第五次会议通过《中共中央关于制定国民经济和社会发展第十二个五年计划的建议》，在“四、发展现代产业体系，提高产业核心竞争力”中提出：

“发展海洋经济。坚持陆海统筹，制定和实施海洋发展战略，提高海洋开发、控制、综合管理能力。科学规划海洋经济发展，发展海洋油气、运输、渔业等产业，合理开发利用海洋资源，加强渔港建设，保护海岛、海岸带和海洋生态环境。保障海上通道安全，维护我国海洋权益。”

附件四

国民经济和社会发展第十二个五年规划纲要

（摘录）

第十四章　推进海洋经济发展

坚持陆海统筹，制定和实施海洋发展战略，提高海洋开发、控制、综合管理能力。

第一节　优化海洋产业结构

科学规划海洋经济发展，合理开发利用海洋资源，积极发展海洋油气、海洋运输、海洋渔业、滨海旅游等产业，培育壮大海洋生物医药、海水综合利用、海洋工程装备制造等新兴产业。加强海洋基础性、前瞻性、关键性技术研发，提高海洋科技水平，增强海洋开发利用能力。深化港口岸线资源整合和优化港口布局。制定实施海洋主体功能区规划，优化海洋经济空间布局。推进山东、浙江、广东等海洋经济发展试点。

第二节　加强海洋综合管理

加强统筹协调，完善海洋管理体制。强化海域和海岛管理，健全海域使用权市场机制，推进海岛保护利用，扶持边远海岛发展。统筹海洋环境保护与陆源污染防治，加强海洋生态系统保护和修复。控制近海资源过度开发，加强围填海管理，严格规范无居民海岛利用活动。完善海洋防灾减灾体系，增强海上突发事件应急处置能力。加强海洋综合调查与测绘工作，积极开展极地、大洋科学考察。完善涉海法律法规和政策，加大海洋执法力度，维护海洋资源开发秩序。加强双边多边海洋事务磋商，积极参与国际海洋事务，保障海上运输通道安全，维护我国海洋权益。

附件五

《国家海洋事业发展“十二五”规划》

（摘录）

坚持陆海统筹，加强对海洋经济发展的指导、调节与服务，调整海洋产业结构，优化海洋经济布局，加快海洋经济发展方式转变，奠定海洋强国的经济基础。

加强海洋经济指导与调节。研究支持海洋产业结构调整的财政、金融、税收政策，制定促进海洋经济发展的指导意见。发布海洋产业优先发展目录，制定行业标准和重要产品技术标准，推广海洋循环经济发展模式，严格限制高耗能、高污染的海洋产业发展。编制海洋经济发展规划，加强对海洋经济的规划指导。保持海水养殖业稳步增长，强化海洋渔业在海洋经济中的基础地位。大力推进海洋药物和生物制品、海水淡化和综合利用、海洋能、高端船舶制造和海洋工程装备、海洋新材料、深海资源等新兴产业的发展。加强海洋经济统计工作，定期发布统计公报，搭建海洋经济信息服务平台。开展全国海洋经济调查工作，强化国家海洋经济运行监测与评估。继续将围填海计划管理作为宏观调控的重要手段，科学引导沿海地区产业发展的投资规模与空间布局。

实施海洋主体功能区战略。制定并实施海洋主体功能区规划，发挥战略性、指导性作用，合理划分内水和领海、海岛、专属经济区和大陆架的主体功能，实施海洋空间分类管理，实行差别化的绩效评价，优化海洋开发利用空间布局。对海域利用程度高，海洋生态环境压力大，海洋资源开发问题突出，海洋产业活动和经济结构亟需调整的海域实施优化开发。对区位优势明显和战略地位突出，海洋资源环境承载力较好，海洋经济发展潜力较高，适于高强度集中开发的海域及海岛实施重点开发。对关系我国海域与海岸线生态安全，需要保持并提高渔业生产能力的海域及海岛实施限制开发。对具有典型性或代表性海洋生态系统、珍稀濒危海洋生物、重要经济价值的海洋生物生存区、水下文物保护区、重大科学文化价值的海洋自然历史遗迹和自然景观所在的海域及海岛实施禁止开发。

推进海洋经济发展试点工作。支持山东、浙江、广东、福建和天津开展海洋经济发展试点工作，在深化改革、优化海洋经济结构、加强海洋生态文明建设、创新综合管理体制机制等方面先行先试，加强对试点地区海洋经济发展情况的跟踪指导、督促检查、经验总结等工作，为全国海洋经济科学发展提供示范。继续对沿海重点开发开放地区的发展给予支持，形成布局合理、优势互补、开发有序和各具特色的海洋产业集聚区。

附件六

《全国海洋经济发展“十二五”规划》
（全文）

前　言

海洋是潜力巨大的资源宝库，也是支撑未来发展的战略空间。我国海域辽阔，海洋资源丰富，开发潜力巨大。经过多年发展，我国海洋经济取得显著成就，对国民经济和社会发展发挥了积极带动作用。大力发展海洋经济，进一步提高海洋经济的质量和效益，对于提高国民经济综合竞争力，加快转变经济发展方式，全面建设小康社会具有重大战略意义。

“十二五”时期是我国海洋经济加快调整优化的关键时期，要准确把握海洋经济发展的阶段性特征，坚持陆海统筹，科学规划，实施可持续发展战略。为科学规划海洋经济发展，合理开发利用海洋资源，根据《中华人民共和国国民经济和社会发展第十二个五年规划纲要》和《全国主体功能区规划》有关精神，编制《全国海洋经济发展“十二五”规划》，作为“十二五”时期我国海洋经济发展的行动纲领。

本规划涉及的区域包括我国的内水、领海、毗连区、专属经济区和大陆架、其他管辖海域以及海洋经济发展所依托的相关陆域（未包括港、澳、台地区）。本规划涉及的海洋产业及海洋相关产业包括海洋渔业、海洋船舶工业、海洋油气业、海洋盐业和盐化工业、海洋工程装备制造业、海洋药物和生物制品业、海洋可再生能源业、海水利用业、海洋交通运输业、海洋旅游业、海洋文化产业、涉海金融服务业、海洋公共服务业等。规划期为2011－2015年，展望到2020年。

第一章　规划背景

“十一五”期间，我国海洋经济快速发展并取得显著成就。同时，受国际金融危机等不利因素影响，海洋经济发展也面临着严峻挑战。

第一节　发展成就

海洋经济总量持续快速增长。“十一五”期间，我国海洋经济年均增长 13.5%，持续高于同期国民经济增速。2010 年，海洋生产总值近 4 万亿元，比“十五”期末翻了一番多；海洋生产总值占国内生产总值和沿海地区生产总值比重分别为 9.9% 和 16.1%，较“十五”期末分别提高了 0.3 个和 0.8 个百分点；涉海就业人员 3 350 万人。海洋经济已经成为拉动国民经济发展的有力引擎。

沿海地区产业集聚水平显著提高。随着我国参与经济全球化程度不断加深，沿海地区区位优势日益凸显，产业空间布局趋于优化。“十一五”期间，国家加强了对沿海地区经济发展的分类指导，相继出台了一系列发展规划，沿海地区增长极不断涌现，一批临港临海产业园区快速崛起，海洋经济的规模效益明显提升。环渤海、长江三角洲和珠江三角洲地区海洋经济规模不断扩大，2010 年三大区域海洋生产总值占全国海洋生产总值的比重达 88%。

海洋新兴产业快速起步。海洋技术创新取得新突破，海上风能发电技术进入商业化运行阶段，潮流能、波浪能发电技术进入示范运行阶段，海水提取钾、溴、镁技术进入工业化试验阶段。以海洋高技术为支撑的海洋新兴产业快速发展，年均增速超过 20%。2010 年，海水利用业增加值近 9 亿元，比“十五”期末翻了一番多；海洋可再生能源业增加值近 40 亿元，比“十五”期末翻了三番多。同时，邮轮游艇、休闲渔业、海洋文化、涉海金融及航运服务业等一批新型服务业态加快发展，成为“十一五”期间海洋经济发展的新亮点。

重大海洋基础设施建设取得突破性进展。2010 年，沿海港口千吨级以上泊位通过能力超过 55 亿吨，深水泊位 1 774 个，较“十五”期末分别新增 30 亿吨和 661 个，港口设施大型化、规模化、专业化和航道深水化水平大幅提升。青岛海湾大桥、杭州湾跨海大桥、舟山跨海大桥、平潭海峡大桥、厦漳跨海大桥、南澳跨海大桥、港珠澳大桥、青岛胶州湾海底隧道、崇明长江隧道、厦门翔安海底隧道等一批跨海桥梁和海底隧道相继建成或开工建设。重大海洋基础设施的不断完善，加快了生产要素流动与区域经济融合，促进和支撑了沿海地区经济发展。

海洋产业的国际地位和影响力不断提升。我国海运能力不断提高，截至 2010 年底，超过亿吨的港口 20 余个，货物吞吐量连续 7 年保持世界第一；海洋油气生产跨入大国行列，2010 年海洋油气产量超过 5 000 万吨油当量；造船能力全面提升，2010 年造船工业的造船完工量、手持订单量、新承接订单量均居世界第一，船舶出口覆盖全球 169

个国家和地区；海水工厂化养殖和远洋渔业捕捞能力显著增强，海洋水产品加工和出口能力不断提高。随着海洋产业国际地位的提升，我国海洋经济的国际竞争力和抗风险能力进一步增强。

第二节　机遇挑战

经过“十一五”时期的发展，我国海洋经济迈上新台阶，站在了新的历史起点上。“十二五”时期是加快海洋经济发展方式转变的重要阶段，必须科学判断和准确把握发展趋势，充分利用好各种有利条件，努力保持海洋经济长期平稳较快发展。

从国际看，经济全球化深入推进，国际产业分工和转移加快，科技创新孕育新的突破，新技术的推广和应用促进了海洋经济结构转型升级，这为我国加快实施海洋经济“走出去”战略，推进海洋经济在更广范围、更大规模、更深层次上参与国际合作与竞争，进一步拓展新的开放领域和发展空间提供了良好条件。同时，受国际金融危机影响，全球经济发展和市场需求仍存在诸多不确定性，各种形式的保护主义抬头；随着能源资源竞争的不断加剧，围绕海洋资源的权益争夺将愈演愈烈；地区性摩擦和冲突频发，主要国际航线面临的非传统安全领域威胁日趋严峻；海洋生态环境约束日益显现，全球气候变化与海洋灾害影响加剧等问题更加突出，这些因素对我国海洋经济发展提出了严峻挑战。

从国内看，我国综合国力稳步增强，工业化、城镇化深入发展，经济发展方式加快转变，市场需求潜力不断扩大，科技教育水平显著提升，基础设施日趋完善，宏观调控能力明显提高，为海洋经济加快发展创造了良好条件。同时，海洋经济发展中不平衡、不协调和不可持续的问题依然突出，粗放增长方式尚未根本转变，产业结构和布局不尽合理，自主创新和技术成果转化能力不强，资源与生态环境约束加剧，保障发展的体制机制尚不完善，这些因素仍制约着我国海洋经济的持续健康发展。

第二章　总体要求

按照全面建设小康社会的总体部署和《中华人民共和国国民经济和社会发展第十二个五年规划纲要》有关要求，确定“十二五”时期海洋经济发展的指导思想、基本原则和总体目标。

第一节　指导思想

以邓小平理论和“三个代表”重要思想为指导，深入贯彻落实科学发展观，坚持陆海统筹，科学规划，合理布局，着力推进海洋产业结构调整升级，增强科技创新能力，强化海洋资源节约集约利用和生态环境保护，完善体制机制，全面提升我国海洋经济可持续发展能力、国际竞争能力和抗风险能力。

第二节　基本原则

陆海统筹，联动发展。统筹陆海资源配置，统筹陆海经济布局，统筹陆海环境整治和灾害防治，统筹陆海开发强度与利用时序，统筹近岸开发与远海空间拓展，全面提高综合开发水平。

结构调整，优化发展。调整产业结构，优化空间布局，合理配置生产要素，改造提升海洋传统产业，培育壮大海洋新兴产业，积极发展海洋服务业，统筹安排各行业用海，加快转变海洋经济发展方式。

生态优先，绿色发展。统筹考虑海洋生态环境保护与陆源污染防治，大力发展海洋循环经济，加强海洋资源节约集约利用，推进海洋产业节能减排与清洁生产，强化海洋生态环境保护和防灾减灾，不断增强海洋经济可持续发展能力。

科技引领，创新发展。完善科技创新体系，着力提升海洋科技自主创新和成果转化能力，发挥科技的支撑引领作用，注重海洋人才培养，改革和创新海洋管理体制，增强海洋经济发展的内生动力和竞争能力。

国际视角，开放发展。充分利用“两个市场”、“两种资源”，积极参与经济全球化，继续实施“走出去”战略，进一步扩大双边、多边经贸合作，加快提升海洋经济对外开放水平。

第三节　总体目标

综合考虑未来海洋经济发展趋势，确定“十二五”时期全国海洋经济发展的主要目标：

海洋经济总体实力进一步提升。海洋经济平稳较快发展，海洋经济增长质量和效益明显提高。海洋生产总值年均增长 8%，2015 年占国内生产总值的比重达到 10%。海洋经济对就业的拉动作用进一步增强，新增涉海就业人员 260 万人。

海洋科技创新能力进一步加强。海洋领域研究与试验发展经费占海洋生产总值比重稳步提升。2015 年，海洋科技成果转化率达到 50% 以上，海洋科技对海洋经济的贡献率达到60%以上。

海洋可持续发展能力进一步增强。海洋资源节约集约利用程度进一步提高，海洋环境恶化趋势得到有效遏制，氮、磷等主要入海污染物排放总量得到初步控制，近岸海域水质总体保持稳定。长江、黄河、珠江等重要河流入海口和渤海等重点海域的水质有所改善。新建各级各类海洋保护区80个，2015年海洋保护区面积占管辖海域面积的比重达到3%。海洋防灾减灾能力显著增强。

海洋产业结构进一步优化。海洋传统产业升级加快；海洋新兴产业实现突破性进展，2015年增加值较“十一五”期末翻一番，占海洋生产总值比重超过3%；海洋服务业增加值年均增长9%，在海洋生产总值中的比重继续提高。

海洋经济调控体系进一步完善。海洋经济的政策指导和调节能力不断增强，监测与评估能力逐步提升，标准制度日益健全，对外开放水平明显提高，综合管理体制与协调机制进一步完善。

“十二五”期间海洋经济发展主要预期指标

指标名称		2010年	2015年	年均增长
经济发展	海洋生产总值年均增长（%）			8
	海洋生产总值占国内生产总值的比重（%）	9.9	10	
	新增涉海就业人员（万人）		〔260〕	52
科技创新	海洋研究与试验发展经费占海洋生产总值比重（%）	1.48	2	
	海洋科技成果转化率（%）		>50	
	海洋科技对海洋经济的贡献率（%）	54.5	>60	
结构调整	海洋新兴产业增加值占海洋生产总值比重（%）	1.6	>3	
	海洋服务业增加值年均增长速度（%）			9
环境保护	新建各级各类海洋保护区（个）		〔80〕	16
	海洋保护区面积占管辖海域面积的比重（%）	1.1	3	

注：〔 〕内为五年累计数。

到2020年，我国海洋经济综合实力显著提高，海洋经济发展空间不断拓展，海洋产业布局更为合理，对沿海地区经济的辐射带动能力进一步增强，海洋资源节约集约利用水平明显提高，海洋生态环境得到持续改善，海洋可持续发展能力不断提升，沿海居民生活更加舒适安全。

第三章　优化海洋经济总体布局

根据不同地区和海域的自然资源禀赋、生态环境容量、产业基础和发展潜力，按照以陆促海、以海带陆、陆海统筹、人海和谐的原则，积极优化海洋经济总体布局，形成层次清晰、定位准确、特色鲜明的海洋经济空间开发格局。充分发挥环渤海、长江三角洲和珠江三角洲三个经济区的引领作用，推进形成我国北部、东部和南部三个海洋经济圈；结合落实国家关于沿海区域发展的部署，着力培育一批重要的海洋经济增长极。加大海岛及邻近海域保护力度，有序推进重要海岛开发建设，扶持边远海岛发展，加强海岛地区生态保护，促进经济社会协调发展。

第一节　北部海洋经济圈

北部海洋经济圈由辽东半岛、渤海湾和山东半岛沿岸及海域组成。该区域海洋经济发展基础雄厚，海洋科研教育优势突出，是我国北方地区对外开放的重要平台，是我国参与经济全球化的重要区域，是具有全球影响力的先进制造业基地和现代服务业基地、全国科技创新与技术研发基地。

辽东半岛沿岸及海域。该区域发展的功能定位是东北地区对外开放的重要平台、东北亚重要的国际航运中心、全国先进装备制造业和新型原材料基地、重要的科技创新与技术研发基地、生态环境优美和人民生活富足的宜居区。“十二五”时期建设重点是：大力发展水产品养殖，建设浅海水产品养殖基地及大连海珍品增殖基地，推进海洋牧场建设。整合沿海旅游资源，打造具有地域特色的东北亚黄金旅游线路。充分发挥东北地区出海通道和对外开放门户的作用，加强主要港口和集装箱干线港建设，抓紧完善航运基础设施和服务体系，形成以大连港、营口港为主要港口，锦州港、丹东港为地区性重要港口，葫芦岛港、盘锦港为一般港口的总体发展格局。重点打造以大连为主的海洋工程装备制造基地。重点建设大连海洋生物医药中试与产业化基地，加快研制一批附加值高、市场前景好的新型海洋药物和生物制品。积极发展海水利用业，建设大连海水综合利用示范区。加快推进大连、丹东、葫芦岛等海上风电及其他海洋可再生能源基地建设。加强辽河流域和近岸海域污染防治，加强对典型海洋生态系统、珍稀濒危海洋生物的保护。

渤海湾沿岸及海域。该区域发展的功能定位是我国北方对外开放的重要门户、全国科技创新与技术研发基地，以及全国现代服务业、先进制造业、高新技术产业和战略性新兴产业基地。“十二五”时期建设重点是：依托天津港、秦皇岛港、唐山港、黄骅港，重点发展中转、配送、采购、转口贸易及出口加工等业务，推进天津北方国际航运中心和国际物流中心建设。推进重大旅游项目建设，支持天津邮轮游艇经济发展和东疆保税港核心功能区建设。合理控制渤海油气资源的开发规模，重点做好南堡、曹妃甸油气区的开发，合理布局石化产业集群。积极发展生态型增殖养殖业，建设大型海洋水产品加工基地和物流中心，大力发展休闲渔业。稳定盐业生产，加快盐田改造，提升自动化作业水平。推进形成海水淡化及综合利用、海洋化工循环经济产业链。发挥海洋科技优势，重点发展海水淡化、海上风电、海洋药物和生物制品等海洋新兴产业。改进和完善对海洋经济的金融服务，大力发展船舶融资、船运保险、资金结算等航运金融业务。加强海洋文化基础设施建设，构建以国家海洋博物馆为核心的海洋文化产业集聚区。加强入海河流小流域综合整治和渤海湾海域污染防治，强化陆源污染控制，推进防护林体系建设。

山东半岛沿岸及海域。该区域发展的功能定位是具有较强国际竞争力的现代海洋产业集聚区、具有世界先进水平的海洋科技教育核心区、国家海洋经济改革开放先行区、全国重要的海洋生态文明示范区。“十二五”时期建设重点是：着力培育海洋渔业特色品种，推进海洋牧场建设，建成全国重要的海水养殖遗传育种中心、海洋生物种质资源库和海产品质量检测中心；积极发展高附加值的水产加工业，提升精深加工水平。构筑以青岛港为核心，烟台港、日照港为骨干，威海港、潍坊港、东营港、滨州港为支撑的东北亚国际航运综合枢纽，发展现代航运服务，逐步形成以港口为中心的物流网络和临港物流集聚区。重点发展国际滨海休闲度假、邮轮游艇、海上运动等高端海洋旅游业，建设长岛休闲度假岛和荣成好运角旅游度假区，打造全国重要的海洋文化和体育产业基地。重点发展青岛造船和海洋工程装备制造基地。加强以青岛为核心的海洋科技教育基地建设，依托海洋科技创新优势，在青岛、烟台、威海等地建设海洋新兴产业基地，重点发展海洋药物和生物制品、海洋新材料、海水淡化等海洋新兴产业，加快推进海上风电及其他海洋可再生能源基地建设。加快推进青岛西海岸、烟台东部、潍坊滨海、威海南海等海洋经济新区和青岛中德生态园、日照国际海洋城、潍坊滨海产业园三个中外合作园区建设，建成具有较强自主创新能力和国际竞争力的现代海洋产业集聚区。建设沿海生态廊道，加强自然保护区和海岸带保护，维护生态系统多样性。

第二节 东部海洋经济圈

东部海洋经济圈由江苏、上海、浙江沿岸及海域组成。该区域港口航运体系完善，海洋经济外向型程度高，是我国参与经济全球化的重要区域、亚太地区重要的国际门户、具有全球影响力的先进制造业基地和现代服务业基地。

江苏沿岸及海域。该区域发展的功能定位是我国重要的综合交通枢纽，沿海新型的工业基地，重要的土地后备资源开发区，生态环境优美、人民生活富足的宜居区。“十二五”时期建设重点是：实行江海联动，加快打造以连云港港为核心的江苏沿海港口群。积极发展滩涂农林牧业，改良和培育耐盐碱农作物，营造沿海滩涂防护林带，因地制宜发展滩涂种草养畜。发挥海洋、湿地、文化等旅游资源优势，培育我国东部旅游新基地和生态休闲旅游带。积极推进南通、盐城、连云港沿岸及海域的海上风电基地和盐城风电装备基地建设。推进建设无锡海洋深潜装备研发基地，打造新型高端海洋船舶工业带。大力发展海洋药物和生物制品业，重点建设泰州、连云港、大丰、启东海洋生物产业基地，积极发展高端海洋生物技术产品。加快培育涉海业务中介组织，重点发展海洋环保、海洋科技成果转化交易等服务业。积极培育海洋文化创意产业，规划建设创意设计产业基地。加强自然保护区、湿地、滩涂以及水源保护区等的保护，推进滨海湿地生态修复与保护，构建潮间带和滩涂生态屏障。

上海沿岸及海域。该区域发展的功能定位是国际经济、金融、贸易、航运中心。“十二五”时期建设重点是：推进上海国际航运中心建设，提升上海港国际地位，统筹规划集疏运体系，提高码头泊位的大型化和专业化水平，形成以深水港为枢纽、中小港口相配套的沿海港口和现代物流体系。加强国际航运中心软环境建设，大力发展航运物流、航运金融、航运信息等服务业，探索建立国际航运发展综合试验区；拓展上海航运交易所服务功能，开展船舶交易签证、船舶拍卖、船舶评估等服务；加快发展上海北外滩、陆家嘴、临港新城等航运服务集聚区。进一步拓展旅游市场，整合区内旅游资源，加快发展邮轮产业，建设吴淞口国际邮轮码头。结合发展休闲渔业，积极倡导生态、健康型水产养殖。不断提高船舶自主设计制造能力，重点开发海洋工程装备及关键配套系统，加快建设长兴岛海洋工程装备制造基地。推进海洋可再生能源开发，重点建设东海大桥、临港新城和奉贤海上风电场。加强长江口和近海海域污染综合治理及生态保护，完善区域污染联防机制，推进区域环境保护基础设施共建、信息共享和污染综合整治。

浙江沿岸及海域。该区域发展的功能定位是我国重要的大宗商品国际物流中心、海洋海岛开发开放改革示范区、现代海洋产业发展示范区、海陆协调发展示范区、海洋生态文明和清洁能源示范区。“十二五”时期建设重点是：着力构建大宗商品现货交易平台、海陆联动集疏运网络、金融和信息支撑系统“三位一体”的港航物流服务体系，加快推进以宁波—舟山港为核心的大宗商品储运加工贸易基地和集装箱干线港建设，建设我国大宗商品交易中心。支持发展现代航运服务业，建设宁波、舟山、温州等航运服务集聚区。建设舟山现代远洋渔业基地，优先发展高效生态海水养殖，建设一批生态型水产养殖园区和海洋生物资源精深加工区。加强大洋勘查技术与深海科学研究开发基地建设，支持开展深海装备研制。加强海洋生物技术研究，建设国内重要的海洋生物产业基地。积极发展海水利用业，建设具有国内领先水平的海水资源开发利用工程研究平台、产品中试与产业化基地。积极开发潮汐能、潮流能等海洋清洁能源，积极推进杭州湾、舟山、宁波、台州、温州等海域的海上风电建设。深入挖掘历史文化、民俗文化旅游资源，继续办好海洋文化节，建成我国知名的海洋文化和休闲旅游目的地。严格控制围垦规模，加强沿海标准海塘、防护堤及防护林等建设。

第三节　南部海洋经济圈

南部海洋经济圈由福建、珠江口及其两翼、北部湾、海南岛沿岸及海域组成。该区域海域辽阔、资源丰富、战略地位突出，是我国对外开放和参与经济全球化的重要区域，是具有全球影响力的先进制造业基地和现代服务业基地，也是我国保护开发南海资源、维护国家海洋权益的重要基地。

福建沿岸及海域。该区域发展的功能定位是两岸交流合作先行先试区域、服务周边地区发展新的对外开放综合通道、东部沿海地区先进制造业的重要基地、我国重要的自然和文化旅游中心。“十二五”时期建设重点是：加快发展游艇帆船等高端旅游，积极拓展闽台旅游合作，共同打造“海峡旅游”品牌。积极开展闽台渔业协作，建设生态型海水养殖和海产品精深加工基地，打造全国重要的海水养殖优质品种制种和遗传育种基地。加强厦门港集装箱干线港建设，加快建设连接两岸及港澳、服务中西部地区发展的海峡西岸港口群，积极发展国际物流，构建现代港航物流体系。优化发展船舶修造、海洋工程装备设计研发和制造、海洋精细化工等产业。积极推进海上风电等海洋可再生能源开发，推进闽台新能源合作。加快培育海洋药物和生物制品业，推进厦门、福州、泉州等海洋药物及生物制品生产基地建设。积极发展海水利用业，实施海水淡化和海水综合利用高技术产业化示范工程。以区域特色海洋文化资源为依托，积极培育海洋文化创意产业。加强沿海港湾、近海岛屿保护，加强入海河流小流域污染综合整治和近岸海域污染防治。

珠江口及其两翼沿岸及海域。该区域发展的功能定位是提升我国海洋经济国际竞争力的核心区、促进海洋科技创新和成果高效转化的集聚区、加强海洋生态文明建设的示范区、推进海洋综合管理的先行区。“十二五”时期建设重点是：加强粤港澳邮轮航线合作，打造世界邮轮旅游航线重要节点，积极发展新兴旅游项目，重点建设南澳岛、惠东巽寮、红海湾等一批海洋综合旅游区，建成国际高端旅游目的地。以广州、深圳、湛江、珠海、汕头等主要港口为依托，打造世界级港口群和国际物流中心。加快深海油气资源勘探、开发、储备和综合加工利用，推进广州、深圳、珠海、湛江、惠州等地深海油气资源开发装备研究、生产基地建设，在汕头、南澳海域适度开发海上风电。支持广州提升大型船舶制造基地自主设计制造能力；大力发展船舶配套产业，建设广州、江门船舶配套基地；积极发展游艇制造业，重点建设珠海、东莞、中山等游艇制造基地；积极发展深海勘探和开发设备、海洋新能源开发设备等海洋工程装备制造业。积极拓展深水大网箱等海洋离岸养殖，加快发展水产品加工流通业，建成一批水产品加工基地和物流中心。充分利用南海海洋生物资源优势，重点发展海洋药物和生物制品。严格控制珠江口围垦，保护河口和海岸湿地，加强典型海洋生态系统、珍稀濒危物种和重要渔业资源的保护。

广西北部湾沿岸及海域。该区域发展的功能定位是中国—东盟开放合作的物流、商贸、先进制造业基地和信息交流中心、重要的国际区域经济合作区。“十二五”时期建设重点是：大力推广生态养殖，鼓励发展珍珠、海水名贵鱼等特色品种养殖，建立红树林区生态养殖示范基地；实施海水养殖苗种工程，加快建设水产原良种场和遗传育种中心；加快发展水产品精深加工及配套服务业，建设水产品冷冻加工基地。建设广西北部湾沿海港口，规划建设一批万吨级以上泊位和深水航道，完善西南地区出海大通道的交通基础设施。进一步培育集装箱干线航线，开辟对东盟国家的航线，探索开辟远洋国际航线。积极开发多层次的海洋旅游精品，发展以游艇和帆船为主的海上运动休闲旅游，建立环北部湾滨海跨国旅游区。加快海岛旅游开发，重点推进涠洲岛整体开发和海岛生态修复。积极发展海洋油气业，加大对北部湾盆地的勘探力度，提高对莺歌海盆地海洋油气资源的开采、储存和加工能力。加强红树林生态系统的保护和修复，构建海岸生态防护带，加强海洋保护区建设。

海南岛沿岸及海域。该区域发展的功能定位是我国旅游业改革创新的试验区、世界一流的海岛休闲度假旅游目的地、全国生态文明建设示范区、国际经济合作和文化交流的重要平台、南海资源开发和服务基地、国家热带现代农业基地。“十二五”时期建设重点是：加快海南国际旅游岛建设，积极开发滨海度假、海洋观光、海岛休闲、邮轮游艇、海上运动等特色旅游项目。规范中沙群岛、西沙群岛旅游开发活动，建设热带海岛风情休闲度假基地。发展热带休闲和观赏渔业，推进西沙渔业生产服务基地和海洋水产种质资源保护区建设。建设海南三亚珊瑚礁自然保护区生态教育基地和珊瑚礁修复基地。重点建设海口、洋浦、八所等港口，完善港口功能和配套设施，打造面向东南亚的航运枢纽、物流中心和出口加工基地。加大琼东南盆地深水领域的油气勘探开发力度，鼓励发展商业石油储备和成品油储备。加大对南海海洋矿产资源勘查开发力度。结合海岛供能系统建设，开发海上风电和海洋能等。加强红树林、珊瑚礁、海草床等典型生态系统与生物多样性保护。

第四节 海岛开发与保护

深入贯彻《中华人民共和国海岛保护法》，认真实施《全国海岛保护规划》，统筹海岛保护、开发与建设，严格规范海岛开发利用秩序，强化海岛分类管理，实现海岛的合理开发与可持续利用。

重点开发三大海（群）岛。根据国家区域发展总体战略，统筹考虑海岛的区位条件、发展潜力和生态环境容量，重点开发浙江舟山群岛新区、福建平潭综合实验区和广东横琴岛。浙江舟山群岛新区重点发展港口物流业、高端船舶和海洋工程装备制造业、海洋可再生能源业、现代海洋渔业和海洋旅游业，集中建设战略性资源储备中转基地、大宗商品国际物流基地，将其打造成为我国大宗商品国际储运中转加工交易中心、东部地区重要的海上开放门户、海洋海岛综合保护开发示范区、重要的现代海洋产业基地、陆海统筹发展先行区。福建平潭综合实验区重点发展高新技术产业、海洋产业、旅游业和现代服务业，积极开展两岸产业合作，加强两岸关键产业领域与核心技术联合研究开发，建设海峡西岸高新技术产业基地、现代服务业集聚区、海洋经济示范基地和国际知名的海岛旅游休闲目的地，将其打造成为两岸交流合作的先行区、体制机制改革创新的示范区、两岸同胞共同生活的宜居区、海峡西岸科学发展的先导区。加快广东横琴岛开发建设，重点发展商务服务、休闲旅游、科教研发和高新技术等产业，建设粤港澳地区的区域性商务服务基地、与港澳配套的国际知名旅游度假基地、珠江口西岸的区域性科教研发平台、融合港澳优势的国家级高新技术产业基地，将其建设成为“一国两制”下探索粤港澳合作新模式的示范区、深化改革开放和科技创新的先行区、促进珠江口西岸地区产业升级发展的新平台。

合理开发近岸海岛。以保护为核心，集约利用近岸海岛资源，控制海岛及周边海域的开发规模和开发强度。因岛制宜，科学发展以生态养殖、休闲渔业、生态旅游等产业为主的海岛经济。严格限制围填海等改变海岛岸线的行为，严格限制填海连岛工程建设。支持缺水海岛建设海水淡化、中水回用、海水直接利用以及人陆引水、蓄水等工程。鼓励在有条件的海岛利用风能、太阳能、波浪能等可再生能源发电。

扶持边远海岛发展。在强化保护的前提下，支持有条件的海岛发展特色产业；重点支持边远海岛交通、能源、饮水、环保、防灾减灾等基础设施建设，积极利用风能、潮汐能、太阳能等可再生能源，鼓励边远海岛建设集雨、储水设施以及海水淡化、中水回用等工程；加强边远海岛基础教育、公共卫生、劳动就业、社会保障等公共服务能力建设，着力解决边远海岛居民最急需、最迫切的民生问题。

严格海岛资源保护和开发管理。加强海岛资源和生态、开发利用状况调查评价，建立海岛监视监测系统，全方位跟踪和监测海岛开发利用情况和海岛资源及生态状况，推进海岛生态修复等工作。海岛新建工程项目要符合海岛保护规划，对不符合海岛保护规划的项目要提出停工、拆除、迁址或关闭的时间要求。严格规范无居民海岛利用活动。

第四章　改造提升海洋传统产业

通过技术创新，加快海洋渔业、海洋船舶工业、海洋油气业、海洋盐业和盐化工等传统产业改造升级，提高产品技术含量和附加值，增强市场竞争力。

第一节　海洋渔业

合理调整拓展养殖空间，加快推进标准化健康养殖。合理控制、科学规划近海养殖容量，积极拓展深水大网箱等海洋离岸养殖，支持工厂化循环水养殖，推广应用健康养殖标准和模式，不断优化养殖品种结构和区域布局。发展与海水养殖业相配套的现代苗种业，加强水产新品种选育，提高水产原良种覆盖率和遗传改良率。加快水生动物疫病防控和质量安全检验监管体系建设。因地制宜发展海洋滩涂农牧林业等新型业态。

严格控制近海捕捞强度，大力发展远洋渔业。严格执行休渔、禁渔制度，强化渔业资源保护管理，推进海洋捕捞渔民转产转业，促进渔业可持续发展。积极开展渔业资源增殖放流，加强人工鱼礁和海洋牧场建设，加强重要水产种质资源产卵场、索饵场和洄游通道保护与管理，保护水生生物物种。积极发展过洋性渔业，继续加快开拓大洋性渔业，提高大洋渔场环境及渔情速报等预测预报能力，加强新资源、新渔场的调查与探捕，稳妥推进极地海洋生物资源利用。加强远洋渔业装备和技术研发，积极推动海洋渔船标准化更新改造，培育一批具有国际竞争力的远洋渔业企业和现代化远洋渔业船队。推进海外渔业基地建设，形成集产供销和后勤补给为一体的海外陆上后勤基地。支持远洋渔业发展，继续完善相关扶持政策。以沿海渔港建设项目为平台，延长海洋渔业产业链，带动港区水产品交易、加工等相关产业发展，打造渔港经济圈。

积极发展水产品精深加工业，进一步健全营销体系。培植壮大一批现代化水产品精深加工龙头企业，提高水产品和加工副产品综合开发利用水平，促进水产品加工业集群式发展和优化升级，培育一批具有较高市场占有率的知名品牌。规范水产品交易市场，积极培育大型水产品网络交易平台，建成多渠道、便捷化配送体系，推动单一的传统营销方式向多元化现代营销方式转变。

第二节　海洋船舶工业

建立现代造船模式，推进产品结构调整。适应国际造船标准规范，遵循现代造船模式，强化精细管理，加快推进大型散货船、油船、集装箱船等主力船型的优化升级，开发设计节能环保、安全高效的绿色船舶，着力提高产品核心竞争力，积极拓展国际市场。加强高端船舶和特种船舶研究设计，重点研发系列化大型及支线液化天然气船、液化石油气船、特种工程船舶、豪华客滚船等高技术、高附加值船舶。发展新型高性能远洋渔船、海洋调查船、冰区船舶，培育豪华邮轮、旅游观光游艇等品牌产品。做强做优船舶工业，集中力量优化提升环渤海、长江口和珠江口区域三个具有国际影响力的现代化大型造修船基地。

提高自主研发能力，大力发展船舶配套产业。进一步完善船舶配套产品研发体系，提升自主品牌船舶配套设备的开发能力，提高船舶配套产品本土化装船率，重点研发船用柴油机、轴舵系统、通信导航系统、甲板系统及废物处理设备等高技术、高附加值的船舶配套产品。引导中小企业积极参与大船厂的分段制造生产体系，提高配套服务能力，形成适应现代造船模式的船舶工业产业集群。

第三节　海洋油气业

加大海洋油气勘探力度，稳步推进近海油气资源开发，加强勘探开发全过程监管和风险控制。提高渤海、东海、珠江口、北部湾、莺歌海、琼东南等海域现有油气田采收率，加大专属经济区和大陆架油气勘探开发力度。依靠技术进步加快深水区勘探开发步伐，提高深远海油气产量。到 2015 年，争取实现新增海上石油探明储量 10 亿 ~ 12 亿吨，新增海上天然气探明储量 4 000 亿 ~ 5 000 亿立方米；海上油气产量达到 6 000 万吨油当量。进一步优化发展沿海石油石化产业，加大对现有化工园区的整合力度，推动产业集聚升级。强化沿海液化天然气接卸能力和油气输配管网建设，提高储备周转与区际调配能力。

第四节　海洋盐业和盐化工

合理规划原盐生产布局，稳定原盐生产规模，加快盐田改造，提高自动化作业水平和原盐生产效率。提升工艺技术和装备水平，积极开发高附加值盐产品，推进原盐加工业精细化、系列化发展。积极发展盐化工业，培育盐化工产业新增长点。

第五章　培育壮大海洋新兴产业

以国家级产业园区为依托，以重大技术突破为支撑，以市场需求为导向，巩固壮大海洋工程装备制造业，加快发展海水利用业，扶持培育海洋药物和生物制品业以及海洋可再生能源业，有效提升产业竞争力。

第一节　海洋工程装备制造业

海洋油气资源勘探开发装备。重点研发新型、深水装备及关键配套设备和系统，突破设计制造核心技术，重点发展半潜式钻井平台、自升式钻井平台、半潜式生产平台、浮式生产储卸装置、钻井船、物探船、起重铺管船等装备，全面提升海洋平台电站、动力定位系统、钻井系统、水处理系统、油气处理系统及水下采油、施工、检测、维修系统等设备配套能力。掌握深海油气田开发装备的自主设计和建造技术，形成我国自主开发深海油气资源的装备体系，提升装备总装、配套、技术服务能力。

海洋可再生能源利用装备。提升适合各种类型海上风电场施工安装专用装备的制造能力，加快5兆瓦以上海上风电机组及配套设备的研发和产业化。积极开发海上风电永磁发电系统、海洋浮式风力发电系统、大容量储能系统等新产品以及海洋潮汐能、波浪能和潮流能发电装备。推进海洋能源综合集成利用，加快研发海岛可再生能源独立电力系统设备。

海水利用装备。提高海水利用装备国产化水平，积极研发日产10万吨以上海水淡化设备、循环冷却及海水脱硫成套设备，延伸海水利用装备产业链条。

第二节　海洋药物和生物制品业

开发安全有效、具有自主知识产权、市场前景广阔的海洋新药物，重点开发抗肿瘤、抗感染、抗病毒，以及治疗心脑血管疾病、神经系统疾病、糖尿病、老年性疾病的海洋药物；积极探索海洋生物资源新物质和海洋生物制品新功能，推进海洋生物新技术、新产品产业化。建立海洋生物和药物资源样品库，推进海洋生物产业公共服务及创新平台建设。加强用于生产海洋药物与生物制品的动植物养殖和栽育，积极推进海洋生物酶制剂、海洋生物功能材料和海洋绿色农用生物制剂等的研发与产业化，积极开发海洋保健品和功能食品。建立健全海洋生物制品研发、生产、检测的标准体系，提升海洋药物和生物制品生产装备的研发制造能力，在有条件的城市建设海洋药物和生物制品产业基地。

第三节 海洋可再生能源业

海上风电。优化开发布局，扶持与农渔业兼容发展的潮间带风电建设，积极发展离岸风电项目，提高产业集中度，有序推进海上风电基地建设。加强海上风电输电规划，完善配套基础设施，提高气象保障能力，加强电网并网技术研究。

海洋能。加强海洋能资源勘查，科学选划海洋能利用空间。建设近岸万千瓦级潮汐能电站、近岸兆瓦级潮流能电站、海岛多能互补独立电力系统等示范工程，积极推进产业化进程。

第四节 海水利用业

海水淡化。提高海水淡化技术自主化水平，实施海水淡化科技产业化工程，开展产业化技术和政策示范，鼓励并支持沿海城市、海岛组织实施大规模海水淡化产业示范工程。在满足相关指标要求并确保人体健康前提下，积极开展海水淡化项目纳入市政饮用水工程试点工作，在有条件的海岛以海水淡化水为主要水源，鼓励沿海城市与企业以海水淡化水作为生产生活用水。

海水直接利用。在沿海地区围绕电力、化工、石化等重点行业，大力推广直接利用海水作为工业用水。结合沿海高耗水行业节水改造和新建项目，大力推广应用海水循环冷却。在有条件的沿海城市，推广海水作为大生活用水。

海水综合利用。推进海水化学资源综合利用，大力开发精细化工产品，重点研发海水提取钾、溴、镁等系列产品的应用技术。

第六章 积极发展海洋服务业

大力发展海洋交通运输业、海洋旅游业和海洋文化产业，积极发展涉海金融服务业、海洋公共服务业，加快推进产业结构转型升级，保障海洋经济健康发展。

第一节 海洋交通运输业

海上运输。优化海运船舶运力结构，促进海运船舶的大型化、专业化。培育一批规模较大、竞争力较强的航运企业，增强远洋航运能力。2015 年，远洋船舶平均吨位达到 25 000 吨，沿海港口货物吞吐量达到 78 亿吨。提高运输组织化水平，加快发展大宗货物和集装箱等的多式联运，推进完善陆海联运体系。加快上海国际航运中心建设，推进天津北方国际航运中心、大连东北亚国际航运中心建设，提升国际航运合作水平。积极发展航运保险、航运金融、海事仲裁和信息咨询等高端航运服务业，初步形成现代航运服务体系。

港口建设。有序推进沿海港口建设，完善布局，拓展功能，着力提升港口保障能力和服务水平。重点推进煤炭、原油、液化天然气、铁矿石和集装箱等主要货类运输码头建设。到2015年，沿海港口深水泊位达到2 214个。推进港口企业规模化、集约化经营，鼓励发展公用码头。加强港口深水航道、防波堤等公共基础设施和集疏运系统建设。

港口物流。加快发展港口物流，推进港口与临港产业园区的有效对接和联动，建设以港口为依托的全国性物流枢纽、物流园区和国际物流中心，构建以港口为重要节点的物流服务网络。支持口岸基础设施建设，改善口岸监管条件。加快电子口岸建设，在主要港口建立港航电子数据交换中心，为通关一体化服务创造条件；推进港口物流公共信息平台和电子商务平台等重大示范工程建设，逐步建成区域性物流公共信息平台。

第二节　海洋旅游业

科学规划和开发滨海、海岛等旅游资源，积极推进生态旅游示范区、滨海度假区等建设。实施旅游精品战略，因地制宜打造各具特色的滨海黄金旅游带。推进海南国际旅游岛建设。积极推进海岛旅游，有序引导社会资本投资无居民海岛的保护开发。积极发展休闲渔业。大力发展邮轮经济，推进大连、天津、青岛、上海、厦门、深圳、北海、三亚等港口邮轮运输，完善港口码头的旅游服务功能，支持有条件的地方发展成为邮轮母港。建设游艇基地，规范游艇市场秩序，发展以游艇和帆船为主体的海上运动休闲旅游。

第三节　海洋文化产业

弘扬海洋文化，充分挖掘以涉海文物、遗址、古建筑等为代表的历史文化和以海岛生活习俗、节日庆典、体育活动等为特色的民俗文化，支持开展渔文化生态保护区建设，打造一批海洋文化品牌。继续办好中国海洋文化节、青岛国际海洋节、厦门国际海洋周、象山开渔节、全国大中学生海洋知识竞赛等海洋文化活动。充分利用各类媒介，广泛传播海洋文化，规划建设一批具有海洋特色的博物馆及民俗文化景区。积极培育以海洋为主题的演艺、展览、出版、动漫等文化创意产业。

第四节　涉海金融服务业

加强金融市场建设，拓宽海洋经济融资渠道，创新金融保险工具，完善海洋金融服务体系。探索海域使用权抵押贷款等创新模式，发展和培育海域使用权二级交易市场。积极支持符合条件的涉海企业以发行股票、公司债券等多种方式筹集资金。探索海洋灾害保险新模式，建立和完善海洋保险和再保险市场。

第五节　海洋公共服务业

加快海洋信息体系建设，提供海上通信、海上定位、海洋资料及情报管理服务等，积极培育海洋信息服务企业，促进信息服务向专业化、网络化、品牌化发展。利用国家陆海统一的测绘基准框架和数字海洋信息基础框架，加强海洋测绘地理信息公开和服务。提升海洋立体监测和预报服务能力，积极开展海洋产业安全生产、环境保障、气象预报等专题服务，强化面向港口作业、海洋油气生产、海上旅游、海洋渔业、海洋盐业等领域的服务。提高海洋工程环境影响评价、海域使用论证、海洋工程勘查、气候可行性论证、海洋气象灾害风险评估等服务水平，积极拓展海洋公共服务领域。对海上渔船安全实行实时监控，完善海上搜救应急服务，积极推进搜救活动的双边、多边和区域合作。提高海域治安管理能力，构建海上治安打防管控体系，改进出入境船舶边防检查服务，优化国际航行船舶管控服务。

第七章　提高海洋产业创新能力

推动海洋产业核心技术的原始创新、集成创新、引进消化吸收再创新，提高海洋科技成果转化率，增强科技创新与支撑能力，积极引导和鼓励科技型涉海企业发展，加强海洋产业创新型人才队伍建设。

第一节　积极发展海洋产业核心技术

支持发展市场前景广阔、辐射带动作用显著、有利于促进海洋产业结构升级的核心技术。在海水利用技术领域，加强海水淡化、海冰淡化和海水直接利用新技术研究，开发大型低温多效、反渗透海水成套技术，发展适于海岛的多能源耦合海水淡化技术和装置，研发大生活用海水高效预处理技术和后处理技术、海水脱硫技术及海水冷却技术。在海洋油气勘探开发技术领域，进一步研发具有自主知识产权的深水油气勘探和安全开发技术，发展深水工程重大装备及配套作业技术。在海洋工程装备技术领域，加快特种船舶建造、深海探测、深水油气生产作业、天然气水合物开采、深海通用材料等技术和装备研发。在海洋生物资源综合利用技术领域，发展深远海生物资源利用技术，深化海洋生物产品精深开发技术与装备研发，加强海洋药物、海洋功能食品和海洋微生物开发等关键共性技术研究。在海洋可再生能源利用技术领域，突破温差能等海洋能开发利用关键技术，自主研发万千瓦级潮汐能、兆瓦级潮流能、百千瓦级波浪能发电装置等核心设备。在海洋观测监测技术领域，重点研发海洋调查、观测、监测设备与仪器。

第二节　加快推进海洋科技成果产业化

建立健全海洋科技成果转化机制。充分发挥市场、政府和中介机构的作用，完善产学研结合模式，积极推动协同创新，加快建设公共转化平台和成果转化基地。完善海洋科技成果转化相关政策，创新海洋科技成果转化激励和评价机制，积极推进海洋科技成果转化，发展海洋高技术产业园区和技术交易市场等。创新投融资机制，鼓励企业、社会团体和中介机构参与海洋科技创新及成果推广应用。加强海洋科技成果、技术转让等信息资源的共享服务，建设并完善海洋科技成果产业化信息服务网络。有条件的地区在统筹现有资源的基础上，建设海洋科技成果转化平台、交易服务和推广中心。

加强海洋高技术产业园区建设。重点鼓励海洋高技术产业发展基础好、竞争优势突出的园区拓展发展空间，提高建设和管理水平，强化创新功能，提高产业承载和集聚能力。支持各类产业园区优化调整结构，推行园中园和一区多园模式，建设特色海洋产业园区，推进建设国家科技兴海产业示范基地和海洋高技术产业基地，规划建设青岛蓝色硅谷海洋科技自主创新示范区。

第三节　鼓励科技型涉海企业发展

积极推进涉海企业技术创新，加快培育一批集研发、设计、制造于一体的海洋科技型骨干企业。采取技术合作、知识共享、共同开发等方式，加快构建以企业为主体、市场为导向、产学研相结合的海洋产业技术创新战略联盟。支持涉海企业、社会团体和中介机构制定国际、国内海洋技术及产品标准。鼓励民营经济和中小企业积极参与海洋新兴产业发展。

第四节　培养海洋产业创新型人才

加强海洋产业高层次创新型人才培养和引进，壮大海洋工程装备、海洋资源开发、海洋公共服务专业技术人才队伍和海洋高技能人才队伍，加强跨学科优秀科技创新团队建设。营造海洋产业创新型和领军型人才发展的良好环境，建立海洋产业人才教育培训基地，完善海洋产业人才培养开发、评价发现、选拔任用、流动配置和激励保障机制，引导和鼓励涉海企业建立创新人才培养、引进和奖励制度；大力推进海洋产业人才创业，积极推动符合条件的海洋产业人才进入国家创新型人才创业扶持计划；构建统一开放的海洋产业人才信息服务平台，完善人力资源市场服务功能，促进海洋产业人才合理流动。

第八章 推进海洋经济绿色发展

科学开发利用海洋资源，积极发展循环经济，大力推进海洋产业节能减排，加强陆源污染防治，有效保护海洋生态环境，切实增强防灾减灾能力，推进海洋经济绿色发展。

第一节 大力发展循环经济

鼓励涉海企业加大海洋资源循环利用技术研发和应用等方面的投入，引导园区及企业开展海洋领域循环经济示范。重点围绕海水养殖业、海水利用业、海洋盐业和盐化工等领域，探索构筑沿海地区循环产业体系。积极开展有关循环经济的信息咨询和技术推广，支持涉海企业参与循环经济领域的国际交流与合作，引进国外先进的循环经济技术和模式。

第二节 加强海洋生态环境保护

在促进海洋经济快速发展过程中，要高度重视海洋生态环境保护，促进海洋经济和生态环境和谐发展。在海洋资源利用过程中，要坚持优先保护生态，在保护中开发，在开发中保护。坚持海陆统筹、河海兼顾，完善海洋生态环境保护协调合作机制。继续推进海洋环境监测网络建设，提升装备能力和技术水平。提高海洋污染防控力度，编制实施近岸海域污染防治规划和主要入海河流河海统筹规划，大力实施渤海环境保护总体规划等专项规划，加强污染源治理和监督性监测。加强海洋环境风险管理和防控能力建设，完善海洋环境影响评价制度，制定海洋环境风险、灾害风险评估规范和技术标准。对于海上石油勘探开发等新建项目，要严把环评审批关，不得批准不符合海洋环境保护规划要求的项目。建立海洋工程灾害风险评估机制，对于在建和已建项目，要定期开展环境风险排查整治。建立健全海洋生态损害赔偿和损失补偿制度。加大海洋污染监督执法力度，强化海洋生态监控和生态灾害管理，重点对典型海洋生态区、核电和危险化学品集聚区、城市相邻海域、临港临海产业园区和重大工程建设、海洋倾废实行实时和全过程环境监管，加强海漂垃圾整治。建立海上石油勘探开发溢油事故责任追究制度。强化海洋生态建设和海洋保护区管理，编制实施海洋生态保护与建设规划。加强海岸带综合治理，统筹规划海岸带整治修复工作。高度重视海岸湿地及近海特别是滩涂、红树林、珊瑚礁以及生物多样性等保护，严格控制开发占用湿地，制定并实施海洋珍稀物种专项保护行动计划，推进受损海洋生态系统修复，建设海洋生态文明示范区。

第三节　推进海洋产业节能减排

大力推进海洋产业节能减排。根据区域海洋环境容量和生态承载能力，制定严格的产业准入标准，完善海洋环境风险项目准入制度。严格执行环境影响评价制度。加强重大工业项目建设的前期论证，严格立项和审批程序，严格禁止国家产业政策限制类、淘汰类项目在沿海地区布局。推广节能环保发展模式，通过技术改造创新，淘汰落后生产工艺装置，促进传统高耗能、高污染企业改造升级，进一步降低能耗和污染物排放量。积极开发利用潮汐能、波浪能、海上风能等清洁能源，鼓励资源节约型和环境友好型产业园区建设。在滨海湿地、三角洲和海岛等典型生态区，鼓励发展生态渔业、生态旅游和海洋清洁能源，充分发挥其蓝色碳汇功能，实现经济效益、社会效益和生态效益的有机统一。

加快发展海洋产业节能环保技术。增强涉海企业节能减排意识，建立以企业为主体的节能技术创新体系。推广先进节能技术和产品，积极发展海洋环保装备及环保材料，加快淘汰高耗能老旧渔船和装备，着力解决海上溢油、重金属、有机污染物、放射性物质等主要海洋污染物的防治问题。加快制定涉海行业节能减排标准。

严格控制污染物排放。根据海洋功能区环境保护要求，严格执行陆源入海排污口及海上人工设施污染物达标排放标准，规范入海排污口设置，评估近岸海域环境容量，对重点海域实施入海主要污染物排放总量控制；严格管理船舶污水排放，建立港口码头油污水集中处理设施。切实提高污水处理设施运行率和达标处理率。强化新建排海污水处理厂脱氮脱磷工艺，提高现有排海污水处理厂脱氮脱磷效率。

第四节　提高海洋防灾减灾能力

增强企业安全生产和灾害防范意识，开展应急预案演练和应急知识教育，切实提高应急、自救、互救能力。加强防灾减灾基础设施建设和海洋灾害风险评估，危险品生产企业严格执行预警信息发布和上报制度，提高防灾标准，最大限度减少海洋自然灾害损失。加强海洋灾害的监测预报，及时发布预警信息。重点加强水产养殖、海岛旅游等产业防灾减灾避灾能力建设，提高海上作业人员和旅游人员防御海潮、风暴潮等灾害能力，最大程度保障灾害发生后人员安全。加强海上石油勘探开发溢油风险实时监测及预警预报，防范海上石油平台、输油管线、运输船舶等发生泄漏，完善海上溢油应急预案体系，建立健全溢油影响评价机制。加强信息沟通，提高灾害信息服务水平，深化灾害应急联动协作机制。建立应对灾害救援产品与特种装备生产体系，健全海上应急救援队伍，研究制定海洋应急处置管理办法。

第九章 加强海洋经济宏观指导

强化海洋经济规划指导与调节，合理布局临港临海产业，加强海洋经济监测与评估，推进全国海洋经济发展试点，建立与海洋经济发展转型相适应的调控体系。

第一节 强化海洋经济规划指导

加强海洋经济规划指导和政策扶持。进一步完善海洋经济发展规划体系，强化各级各类规划的衔接配合。加强对海洋经济结构调整关键领域和薄弱环节的规划指导，尽快组织编制深海油气资源勘探开发、海水利用、海水养殖、海洋新能源开发利用、海洋旅游发展等领域专项规划。制定相关配套政策，引导海洋传统产业改造升级，着力扶持海洋新兴产业和海洋服务业发展。研究制定海洋产业发展指导目录，确定国家鼓励、限制和淘汰的海洋产业类型，促进产业结构优化升级。

强化海洋主体功能区规划和海洋功能区划对海洋开发活动的指导与约束。科学编制实施海洋主体功能区规划和海洋功能区划，根据不同海域空间的功能定位和管理要求，确定开发方向，控制开发强度，规范开发秩序，优化开发布局，完善开发政策，统筹谋划海洋空间利用和海岸带经济布局。加强区域用海整体规划、整体论证、整体审批和整体围填海管理，充分发挥海域使用管理对海洋产业布局的调控作用。强化执行力度，切实发挥海洋主体功能区规划和海洋功能区划在促进海洋经济科学发展中的基础性、约束性和指导性作用。

第二节 加强海洋经济监测评估

健全海洋经济统计制度，推进国家、省（自治区、直辖市）、市海洋经济核算工作，完善海洋经济核算体系。开展全国海洋经济调查，推进国家和省级海洋经济运行监测与评估能力建设，定期发布海洋经济监测和评估信息，提高辅助决策能力和社会服务水平。搭建国家海洋经济研究平台，加强海洋经济运行分析评估和海洋经济重大问题研究。

第三节　推进全国海洋经济发展试点

积极推进全国海洋经济发展试点工作，加大对试点工作的指导和支持力度，重点在海洋资源可持续利用、海洋经济发展方式转变、海洋生态文明建设和海洋综合管理等方面探索新思路和新模式。试点地区要建立试点工作定期报告制度，国务院有关部门要加强对试点工作的监督检查和评估，研究解决试点中出现的新情况、新问题，及时总结试点工作经验，抓紧研究制定支持全国海洋经济发展的指导意见。

第十章　保障措施

深化海洋管理体制改革，加强各行业部门间的统筹协调与交流合作，建立健全促进海洋经济发展的制度。加强财政、金融等政策的协调配合，强化规划组织实施和监督评估工作，逐步完善促进海洋经济又好又快发展的政策保障体系，切实提高对海洋经济发展的组织管理与引导能力。

第一节　加强海洋经济管理的统筹协调

完善海洋管理体制，建立健全海洋经济综合管理与协调机制。创新陆海统筹综合管理模式，统筹推进集监管立体化、执法规范化、管理信息化、反应快速化于一体的现代海洋管理体系建设。加强涉海管理部门之间的统筹协调和沟通配合，提高中央与地方海洋经济管理工作的联动性，增强海洋行政管理效能。

国务院各有关部门要加大对海洋经济管理的统筹协调，明确工作分工，落实工作责任。发展改革委、海洋局要会同国务院有关部门建立部际联席会议工作机制，加强对海洋经济的指导与调节。沿海省级人民政府要根据本地区的实际情况，统筹协调各方面力量，抓紧研究制定有利于促进海洋经济发展的政策措施。

第二节　优化海洋经济发展的制度环境

完善海洋法律法规体系。抓紧制定海域使用管理法、海洋环境保护法、海岛保护法、海上交通安全法、矿产资源法、渔业法等法律法规的配套制度，加大执法力度，强化执法监督。加强对地方海洋立法工作的指导，支持沿海地区进行制度创新和改革。

加强海洋产业标准化建设。完善海洋新兴产业、海洋资源开发与综合利用、海洋生态与环境保护等标准体系，加快建立邮轮游艇、休闲渔业、公共服务及文化产业等涉海服务标准体系，提升海洋产业标准化水平。积极参与国际标准的研究和制定，全面加强海洋产业标准化建设。

第三节 完善支持海洋经济发展的政策体系

财政政策。进一步加大对海洋生态环境保护、防灾减灾、基础设施建设等公益事业领域的支持力度。探索通过相关措施加大对海水综合利用、海洋新能源开发、海洋工程装备设计、深海资源勘探开发、海洋药物与生物制品研发、海水养殖、远洋渔业、海洋产业节能减排、海洋环境保护等的支持力度。中央和省级财政要加大对边远海岛的财政转移支付力度，重点支持基础设施、社会保障、基础教育、公共卫生等领域建设。

投融资政策。鼓励和引导民间资本参与海洋产业发展。尽快形成多元化的投融资机制，扩大直接融资比重。鼓励金融机构加大对海洋渔业和海洋新兴产业的信贷支持力度，发挥信贷资源优化配置对海洋产业投资结构的引导和调整作用。支持有实力、有潜力且符合条件的涉海企业上市融资。探索建立促进海洋产业发展的专项基金，鼓励各类创业投资基金投资小型微型海洋科技企业。积极探索海洋自然灾害保险的运作机制，研究建立由被保险人、保险公司、相关政府和融资市场风险共担的保险和担保机制。

海域和海岛管理政策。创新海域和无居民海岛使用权流转的管理制度，推进资源市场化配置进程，完善海域和无居民海岛使用权招拍挂制度，探索建立海域和无居民海岛使用权二级市场以及海域使用权抵押贷款制度。严格控制传统养殖区和捕捞区的建设用海，完善渔业水域、滩涂占用补偿制度。完善海域使用金制度，加强海域整治、保护和管理。科学编制并严格执行围填海计划，加强对围填海项目选址、平面设计的审查，严格按照法定权限审批围填海项目，加强对集中连片围填海的管理。

第四节 加强规划组织实施和督促检查

国务院有关部门要按照职能分工，加强对本规划实施的指导、检查和监督，确保完成规划提出的各项任务。沿海地方各级人民政府要根据本规划确定的功能定位和发展重点，制定或修订本地区海洋经济发展规划，创新机制，明确责任，加强领导，主动与国务院有关部门沟通衔接，确保规划提出的各项任务落到实处。规划实施中涉及的重大政策、改革试点和建设项目按规定程序另行报批。发展改革委要会同海洋局建立健全规划评估机制，加强对本规划实施情况的督促检查，研究解决实施过程中出现的新情况、新问题，重大问题及时报告国务院。

附件七

《全国海洋功能区划（2011～2020）》（摘录）

《区划》科学评价我国管辖海域的自然属性、开发利用与环境保护现状，统筹考虑国家宏观调控政策和沿海地区发展战略，提出了指导思想、基本原则和主要目标，划分了农渔业、港口航运、工业与城镇用海、矿产与能源、旅游休闲娱乐、海洋保护、特殊利用、保留等八类海洋功能区，确定了渤海、黄海、东海、南海及台湾以东海域的主要功能和开发保护方向，并据此制定保障《区划》实施的政策措施。《区划》是我国海洋空间开发、控制和综合管理的整体性、基础性、约束性文件，是编制地方各级海洋功能区划及各级各类涉海政策、规划，开展海域管理、海洋环境保护等海洋管理工作的重要依据。

《区划》范围为我国的内水、领海、毗连区、专属经济区、大陆架以及管辖的其他海域。《区划》期限为2011年至2020年。

海洋功能分区

第一节　农渔业区

农渔业区是指适于拓展农业发展空间和开发海洋生物资源，可供农业围垦，渔港和育苗场等渔业基础设施建设，海水增养殖和捕捞生产，以及重要渔业品种养护的海域，包括农业围垦区、渔业基础设施区、养殖区、增殖区、捕捞区和水产种质资源保护区。

农业围垦区主要分布在江苏、上海、浙江及福建沿海。渔业基础设施区主要为国家中心渔港、一级渔港和远洋渔业基地。养殖区和增殖区主要分布在黄海北部、长山群岛周边、辽东湾北部、冀东、黄河口至莱州湾、烟（台）威（海）近海、海州湾、江苏辐射沙洲、舟山群岛、闽浙沿海、粤东、粤西、北部湾、海南岛周边等海域；捕捞区主要有渤海、舟山、石岛、吕泗、闽东、闽外、闽中、闽南—台湾浅滩、珠江口、北部湾及东沙、西沙、中沙、南沙等渔场；水产种质资源保护区主要分布在双台子河口、莱州湾、黄河口、海州湾、乐清湾、官井洋、海陵湾、北部湾、东海陆架区、西沙附近等海域。

农业围垦要控制规模和用途，严格按照围填海计划和自然淤涨情况科学安排用海。渔港及远洋基地建设应合理布局，节约集约利用岸线和海域空间。确保传统养殖用海稳定，支持集约化海水养殖和现代化海洋牧场发展。加强海洋水产种质资源保护，严格控制重要水产种质资源产卵场、索饵场、越冬场及洄游通道内各类用海活动，禁止建闸、筑坝以及妨碍鱼类洄游的其他活动。防治海水养殖污染，防范外来物种侵害，保持海洋生态系统结构与功能的稳定。农业围垦区、渔业基础设施区、养殖区、增殖区执行不劣于二类海水水质标准，渔港区执行不劣于现状的海水水质标准，捕捞区、水产种质资源保护区执行不劣于一类海水水质标准。

第二节 港口航运区

港口航运区是指适于开发利用港口航运资源，可供港口、航道和锚地建设的海域，包括港口区、航道区和锚地区。

港口区主要包括大连港、营口港、秦皇岛港、唐山港、天津港、烟台港、青岛港、日照港、连云港港、南通港、上海港、宁波—舟山港、温州港、福州港、厦门港、汕头港、深圳港、广州港、珠海港、湛江港、海口港、北部湾港等；重要航运水道主要有渤海海峡（包括老铁山水道、长山水道等）、成山头附近海域、长江口、舟山群岛海域、台湾海峡、珠江口、琼州海峡等；锚地区主要分布在重点港口和重要航运水道周边邻近海域。

深化港口岸线资源整合，优化港口布局，合理控制港口建设规模和节奏，重点安排全国沿海主要港口的用海。堆场、码头等港口基础设施及临港配套设施建设用围填海应集约高效利用岸线和海域空间。维护沿海主要港口、航运水道和锚地水域功能，保障航运安全。港口的岸线利用、集疏运体系等要与临港城市的城市总体规划做好衔接。港口建设应减少对海洋水动力环境、岸滩及海底地形地貌的影响，防止海岸侵蚀。港口区执行不劣于四类海水水质标准。航道、锚地和邻近水生野生动植物保护区、水产种质资源保护区等海洋生态敏感区的港口区执行不劣于现状海水水质标准。

第三节 工业与城镇用海区

工业与城镇用海区是指适于发展临海工业与滨海城镇的海域，包括工业用海区和城镇用海区。

工业与城镇用海区主要分布在沿海大、中城市和重要港口毗邻海域。

工业和城镇建设围填海应做好与土地利用总体规划、城乡规划、河口防洪与综合整治规划等的衔接，突出节约集约用海原则，合理控制规模，优化空间布局，提高海域空间资源的整体使用效能。优先安排国家区域发展战略确定的建设用海，重点支持国家级综合配套改革试验区、经济技术开发区、高新技术产业开发区、循环经济示范区、保税港区等的用海需求。重点安排国家产业政策鼓励类产业用海，鼓励海水综合利用，严格限制高耗能、高污染和资源消耗型工业项目用海。在适宜的海域，采取离岸、人工岛式围填海，减少对海洋水动力环境、岸滩及海底地形地貌的影响，防止海岸侵蚀。工业用海区应落实环境保护措施，严格实行污水达标排放，避免工业生产造成海洋环境污染，新建核电站、石化等危险化学品项目应远离人口密集的城镇。城镇用海区应保障社会公益项目用海，维护公众亲海需求，加强自然岸线和海岸景观的保护，营造宜居的海岸生态环境。工业与城镇用海区执行不劣于三类海水水质标准。

第四节　矿产与能源区

矿产与能源区是指适于开发利用矿产资源与海上能源，可供油气和固体矿产等勘探、开采作业，以及盐田和可再生能源等开发利用的海域，包括油气区、固体矿产区、盐田区和可再生能源区。

油气区主要分布在渤海湾盆地（海上）、北黄海盆地、南黄海盆地、东海盆地、台西盆地、台西南盆地、珠江口盆地、琼东南盆地，莺歌海盆地、北部湾盆地、南海南部沉积盆地等油气资源富集的海域；盐田区主要为辽东湾、长芦、莱州湾、淮北等盐业产区；可再生能源区主要包括浙江、福建和广东等近海重点潮汐能区，福建、广东、海南和山东沿海的波浪能区，浙江舟山群岛（龟山水道）、辽宁大三山岛、福建嵛山岛和海坛岛海域的潮流能区，西沙群岛附近海域的温差能区，以及海岸和近海风能分布区。

重点保障油气资源勘探开发的用海需求，支持海洋可再生能源开发利用。遵循深水远岸布局原则，科学论证与规划海上风电，促进海上风电与其他产业协调发展。禁止在海洋保护区、侵蚀岸段、防护林带毗邻海域开采海砂等固体矿产资源，防止海砂开采破坏重要水产种质资源产卵场、索饵场和越冬场。严格执行海洋油气勘探、开采中的环境管理要求，防范海上溢油等海洋环境突发污染事件。油气区执行不劣于现状海水水质标准，固体矿产区执行不劣于四类海水水质标准，盐田区和可再生能源区执行不劣于二类海水水质标准。

第五节 旅游休闲娱乐区

旅游休闲娱乐区是指适于开发利用滨海和海上旅游资源，可供旅游景区开发和海上文体娱乐活动场所建设的海域。包括风景旅游区和文体休闲娱乐区。

旅游休闲娱乐区主要为沿海国家级风景名胜区、国家级旅游度假区、国家5A级旅游景区、国家级地质公园、国家级森林公园等的毗邻海域及其他旅游资源丰富的海域。

旅游休闲娱乐区开发建设要合理控制规模，优化空间布局，有序利用海岸线、海湾、海岛等重要旅游资源；严格落实生态环境保护措施，保护海岸自然景观和沙滩资源，避免旅游活动对海洋生态环境造成影响。保障现有城市生活用海和旅游休闲娱乐区用海，禁止非公益性设施占用公共旅游资源。开展城镇周边海域海岸带整治修复，形成新的旅游休闲娱乐区。旅游休闲娱乐区执行不劣于二类海水水质标准。

第六节 海洋保护区

海洋保护区是指专供海洋资源、环境和生态保护的海域，包括海洋自然保护区、海洋特别保护区。

海洋保护区主要分布在鸭绿江口、辽东半岛西部、双台子河口、渤海湾、黄河口、山东半岛东部、苏北、长江口、杭州湾、舟山群岛、浙闽沿岸、珠江口、雷州半岛、北部湾、海南岛周边等邻近海域。

依据国家有关法律法规进一步加强现有海洋保护区管理，严格限制保护区内影响干扰保护对象的用海活动，维持、恢复、改善海洋生态环境和生物多样性，保护自然景观。加强海洋特别保护区管理。在海洋生物濒危、海洋生态系统典型、海洋地理条件特殊、海洋资源丰富的近海、远海和群岛海域，新建一批海洋自然保护区和海洋特别保护区，进一步增加海洋保护区面积。近期拟选划为海洋保护区的海域应禁止开发建设。逐步建立类型多样、布局合理、功能完善的海洋保护区网络体系，促进海洋生态保护与周边海域开发利用的协调发展。海洋自然保护区执行不劣于一类海水水质标准，海洋特别保护区执行各使用功能相应的海水水质标准。

第七节 特殊利用区

特殊利用区是指供其它特殊用途排他使用的海域。包括用于海底管线铺设、路桥建设、污水达标排放、倾倒等的特殊利用区。

在海底管线、跨海路桥和隧道用海范围内严禁建设其他永久性建筑物，从事各类海上活动必须保护好海底管线、道路桥梁和海底隧道。合理选划一批海洋倾倒区，重点保证国家大中型港口、河口航道建设和维护的疏浚物倾倒需要。对于污水达标排放和倾倒用海，要加强监测、监视和检查，防止对周边功能区环境质量产生影响。

第八节　保留区

保留区是指为保留海域后备空间资源，专门划定的在区划期限内限制开发的海域。保留区主要包括由于经济社会因素暂时尚未开发利用或不宜明确基本功能的海域，限于科技手段等因素目前难以利用或不能利用的海域，以及从长远发展角度应当予以保留的海域。

保留区应加强管理，严禁随意开发。确需改变海域自然属性进行开发利用的，应首先修改省级海洋功能区划，调整保留区的功能，并按程序报批。保留区执行不劣于现状海水水质标准。

海区主要功能

本次区划将我国管辖海域划分为渤海、黄海、东海、南海和台湾以东海域共 5 大海区，29 个重点海域。

第一节　渤　海

渤海是半封闭性内海，大陆海岸线从老铁山角至蓬莱角，长约 2 700 千米。沿海地区包括辽宁省（部分）、河北省、天津市和山东省（部分）。海域面积约 7.7 万平方千米。渤海是北方地区对外开放的海上门户和环渤海地区经济社会发展的重要支撑。海区开发利用强度大，环境污染和水生生物资源衰竭问题突出。

渤海海域实施最严格的围填海管理与控制政策，限制大规模围填海活动，降低环渤海区域经济增长对海域资源的过度消耗，节约集约利用海岸线和海域资源。实施最严格的环境保护政策，坚持陆海统筹、河海兼顾，有效控制陆海污染源，实施重点海域污染物排海总量控制制度，严格限制对渔业资源影响较大的涉渔用海工程的开工建设，修复渤海生态系统，逐步恢复双台子河口湿地生态功能，改善黄河、辽河等河口海域和近岸海域生态环境。严格控制新建高污染、高能耗、高生态风险和资源消耗型项目用海，加强海上油气勘探、开采的环境管理，防治海上溢油、赤潮等重大海洋环境灾害和突发事件，建立渤海海洋环境预警机制和突发事件应对机制。维护渤海海峡区域航运水道交通安全，开展渤海海峡跨海通道研究。

1. 辽东半岛西部海域

包括大连老铁山角至营口大清河口毗邻海域，主要功能为渔业、港口航运、工业与城镇用海和旅游休闲娱乐。旅顺西部至金州湾沿岸重点发展滨海旅游，适度发展城镇建设，加强海岸景观保护与建设，维护海岸生态和城镇宜居环境；普兰店湾重点发展滨海城镇建设，开展海湾综合整治，维护海湾生态环境；长兴岛重点发展港口航运和装备制造，节约集约利用海域和岸线资源；瓦房店北部至营口南部海域发展滨海旅游、渔业等产业，开展营口白沙湾沙滩等海域综合整治工程；仙人岛至大清河口海域保障港口航运用海，推动现代海洋产业升级。区域近海和岛屿周边海域加强斑海豹自然保护区等海洋保护区的建设与管理。

2. 辽河三角洲海域

包括营口大清河口至锦州小凌河口毗邻海域，主要功能为海洋保护、矿产与能源开发、渔业。双台子河、大凌河河口区域重点加强海洋保护区建设与管理，维护滩涂湿地自然生态系统，改善近岸海域水质、底质和生物环境质量，养护修复翅碱蓬湿地生态系统；辽东湾顶部按照生态环境优先原则，稳步推进油气资源勘探开发和配套海工装备制造，并协调好与保护区、渔业用海的关系；大辽河河口附近及其以东海域适度发展城镇和工业建设，完善海洋服务功能；凌海盘山浅海区域加强渔业资源养护与利用。区域实施污染物排海总量控制制度，改善海洋环境质量。

3. 辽西冀东海域

包括锦州小凌河口至唐山滦河口毗邻海域，主要功能为旅游休闲娱乐、海洋保护、工业与城镇用海。锦州白沙湾、葫芦岛龙湾至菊花岛、绥中西部、北戴河至昌黎海域重点发展滨海旅游，维护六股河、滦河等河口海域和典型砂质海岸区自然生态，严格限制建设用围填海，禁止近岸水下沙脊采砂，积极开展锦州大笔架山、绥中砂质海岸、北戴河重要沙滩、昌黎黄金海岸等的养护与修复。锦州湾、秦皇岛南部海域发展港口航运。兴城、山海关至昌黎新开口海域建设滨海城镇，防止城镇建设破坏海岸自然地貌，维护滨海浴场风景区海域环境质量安全。

4. 渤海湾海域

包括唐山滦河口至冀鲁海域分界毗邻海域，主要功能为港口航运、工业与城镇用海、矿产与能源开发。天津港、唐山港、黄骅港及周边海域重点发展港口航运。唐山曹妃甸新区、天津滨海新区、沧州渤海新区等区域集约发展临海工业与生态城镇。区域积极发展滩海油气资源勘探开发。加强临海工业与港口区海洋环境治理，维护天津古海岸湿地、大港滨海湿地、汉沽滨海湿地及浅海生态系统、黄骅古贝壳堤、唐山乐亭石臼坨诸岛等海洋保护区生态环境，积极推进各类海洋保护区规划与建设。稳定提高盐业、渔业等传统海洋资源利用效率。开展滩涂湿地生态系统整治修复，提高海岸景观质量和滨海城镇区生态宜居水平。区域实施污染物排海总量控制制度，改善海洋环境质量。

5. 黄河口与山东半岛西北部海域

包括冀鲁海域分界至蓬莱角毗邻海域，主要功能为海洋保护、农渔业、旅游休闲娱乐、工业与城镇用海。黄河口海域主要发展海洋保护和海洋渔业，加强以国家重要湿地、国家地质公园、海洋生物自然保护区、国家级海洋特别保护区、黄河入海口、水产种质资源保护区等为核心的海洋生态建设与保护，维护滨海湿地生态服务功能，保护古贝壳堤典型地质遗迹以及重要水产种质资源，维护生物多样性，促进生态环境改善，严格限制重化工业和高耗能、高污染的工业建设。黄河口至莱州湾海域集约开发滨州、东营、潍坊北部、莱州、龙口特色临港产业区，发展滨海旅游业，合理发展渔业、海水利用、海洋生物、风能等生态型海洋产业，加强水产种质资源保护，重点保护三山岛等海洋生物自然保护区。区域海洋开发应与黄河口地区防潮和防洪相协调；屺姆岛北部至蓬莱角及庙岛群岛海域重点发展滨海旅游、海洋渔业，加强庙岛群岛海洋生态系统保护，维护长山水道航运功能。开展黄河三角洲河口滨海湿地、莱州湾海域综合整治与修复。区域实施污染物排海总量控制制度，改善海洋环境质量。

6. 渤海中部海域

位于渤海中部，是我国重要的海洋矿产资源利用区域，主要功能为矿产与能源开发、渔业、港口航运。西南部、东北部海域重点发展油气资源勘探开发，协调好油气勘探、开采用海与航运用海之间的关系。区域积极探索风能、潮流能等可再生能源和海砂等矿产资源的调查、勘探与开发。合理利用渔业资源，开展重要渔业品种的增殖和恢复。加强海域生态环境质量监测，防治赤潮、溢油等海洋环境灾害和突发事件。

第二节　黄　海

黄海海岸线北起辽宁鸭绿江口，南至江苏启东角，大陆海岸线长约 4 000 千米。沿海地区包括辽宁省（部分）、山东省（部分）和江苏省。黄海为半封闭的大陆架浅海，自然海域面积约 38 万平方千米。沿海优良基岩港湾众多，海岸地貌景观多样，沙滩绵长，是我国北方滨海旅游休闲与城镇宜居主要区域。淤涨型滩涂辽阔，海洋生态系统多样，生物区系独特，是国际优先保护的海洋生态区之一。

黄海海域要优化利用深水港湾资源，建设国际、国内航运交通枢纽，发挥成山头等重要水道功能，保障海洋交通安全。稳定近岸海域、长山群岛海域传统养殖用海面积，加强重要渔业资源养护，建设现代化海洋牧场，积极开展增殖放流，加强生态保护。合理规划江苏沿岸围垦用海，高效利用淤涨型滩涂资源。科学论证与规划海上风电布局。

7. 辽东半岛东部海域

包括丹东鸭绿江口至大连老铁山角毗邻海域，主要功能为渔业、旅游休闲娱乐、港口航运、工业与城镇用海和海洋保护。鸭绿江口至大洋河口、城山头、老铁山附近海域主要发展生态保护和滨海旅游，维护鸭绿江口与大洋河口滨海湿地生态系统；长山群岛海域主要发展海岛生态旅游和海洋牧场建设，维护海岛生态系统，协调旅游、渔业、海岛保护与基础设施建设用海关系；大连市南部海域主要发展滨海城镇建设和旅游，维护城山头、金石滩、小窑湾等大连南部基岩海岸景观生态，推动现代海洋服务产业升级；大连湾至大窑湾海域、大东港海域发展港口航运，保障海上交通和国防安全；大东港西部海域、庄河毗邻海域、花园口、大小窑湾、大连湾顶部重点发展滨海城镇和现代临港产业。加强近岸海域环境保护与治理，修复青堆子湾、老虎滩湾、大连湾等海湾系统。

8. 山东半岛东北部海域

包括蓬莱角至威海成山头毗邻海域，主要功能为渔业、港口航运、旅游休闲娱乐和海洋保护。蓬莱角至平畅河海域重点发展滨海旅游、海洋渔业；套子湾西北部、芝罘湾海域重点发展港口航运；烟台市区至成山头近岸海域主要发展滨海旅游与现代服务业。区域应协调海洋开发秩序，维护成山头水道、烟威近岸航路等港口航运功能。严格禁止近岸海砂开采和砂质海岸地区围填海活动。重点保护崆峒列岛、长岛、依岛、成山头、牟平砂质海岸、刘公岛等海洋生态系统。开展芝罘湾、威海湾、养马岛、金山港、双岛湾等海域综合整治。

9. 山东半岛南部海域

包括威海成山头至苏鲁海域分界毗邻海域，主要功能为海洋保护、旅游休闲娱乐、港口航运和工业与城镇用海。成山头至五垒岛湾海域主要发展海洋渔业，荣成近岸海域兼顾区域性港口建设和滨海旅游开发，适度发展临海工业；五垒岛湾至日照海域主要发展滨海旅游业，建设生态宜居型滨海城镇，禁止破坏旅游区内自然岩礁岸线、沙滩等海岸自然景观，加强潟湖、海湾等生态系统保护，加强胶州湾、千里岩岛等海洋生物自然保护区建设；青岛西南部、日照南部合理发展港口航运和临港工业。开展石岛湾、丁字湾、胶州湾等海湾综合整治。

10. 江苏沿岸海域

包括江苏省连云港、盐城和南通三市的毗邻海域，主要功能为海洋保护、港口航运、工业与城镇用海、农渔业、矿产与能源开发。海州湾和灌河口以北海域重点依托连云港发展港口航运业，集聚布局滨海工业、城镇用海区和旅游休闲娱乐区；灌河口至射阳河口海域主要发展海水养殖、港口和临港工业；射阳河口以南至启东角和辐射沙洲海域协调发展农渔业、港口航运、工业与城镇和可再生能源开发等。区域加强海域滩涂开发与管理，推进海州湾生态系统、盐城丹顶鹤、大丰麋鹿、蛎岈山牡蛎礁、吕泗渔场水产种质资源等保护区建设与管理，实施射阳河口至东灶港口淤涨岸段、废黄河三角洲和东灶港口至蒿枝港口侵蚀岸段的海岸综合整治。区域实施污染物排海总量控制制度，改善海洋环境质量。

11. 黄海陆架海域

位于长山群岛以南、山东半岛和苏北海域外侧的陆架平原，为我国重要的海洋矿产与能源利用和海洋生态环境保护区域。本区应积极开展陆架盆地区油气资源的勘探开发和浅海陆架砂矿资源的调查与评估，合理开发渔业资源。积极推进黄海海洋生态系统的保护，加强对重要水产种质资源产卵场、索饵场、越冬场和洄游通道的保护，扩大对虾和洄游性鱼类的增殖放流规模。

第三节 东 海

东海海岸线北起江苏启东角，南至福建诏安铁炉港，大陆海岸线长约 5 700 千米。沿海地区包括江苏省部分地区、上海市、浙江省和福建省。自然海域面积约 77 万平方千米。东海面向太平洋，战略地位重要，海岸曲折，港湾、岛屿众多，沿岸径流发达，滨海湿地资源丰富，生态系统多样性显著，是我国海洋生产力最高的海域。

东海海域要充分发挥长江口和海峡西岸区域港湾、深水岸线、航道资源优势，重点发展国际化大型港口和临港产业，强化国际航运中心区位优势，保障海上交通安全。加强海湾、海岛及周边海域的保护，限制湾内填海和填海连岛。加强重要渔场和水产种质资源保护，发展远洋捕捞，促进渔业与海洋生态保护的协调发展。加强东海大陆架油气矿产资源的勘探开发。协调海底管线用海与航运、渔业等用海的关系，确保海底管线安全。

12. 长江三角洲及舟山群岛海域

包括长江口、杭州湾和舟山群岛毗邻海域，主要功能为港口航运、渔业、海洋保护和旅游休闲娱乐。长江口毗邻海域重点发展以上海港为核心的港口航运服务业及海洋先进制造业，加快培育海洋生物医药、新能源等战略性新兴产业，注重长江口航道维护，保障航运和防洪防潮安全，适度开展农业围垦，加强近岸海域与海岛毗邻海域围填海和采砂活动管理，协调港口航运、河道整治与其他海洋开发活动的关系。杭州湾、宁波—舟山海域重点发展港口航运业、临港工业、海洋旅游和海洋渔业，支持浙江舟山群岛新区建设，推进海岛开发开放，加强油气等矿产资源的勘探、开采。加强崇明东滩鸟类、九段沙湿地、长江口北支河口湿地、长江口中华鲟、杭州湾金山三岛、五峙山、韭山列岛、东海带鱼水产种质资源等保护区建设，保护河口、湿地、海湾、海岛和舟山渔场生态环境。开展重点受损近岸海域的整治与修复。区域实施污染物排海总量控制制度，改善海洋环境质量。

13. 浙中南海域

包括台州、温州毗邻海域，主要功能为渔业、港口航运、工业与城镇用海。台州湾至乐清湾海域主要发展港口航运和临港产业，适度进行滩涂围垦，建设滨海城镇，因地制宜开发海洋能，加强滨海湿地保护和南麂列岛、渔山列岛等保护区建设；瓯江口至浙闽交界海域主要发展港口航运业和海洋旅游业，适度进行滩涂围垦，建设工业和滨海城镇；洞头列岛海域重点做好海岛资源的保护与开发，积极发展具有海岛特色的滨海生态旅游和海洋渔业。区域海洋开发应注重维护近岸岛礁系统自然景观，严格限制沿海重要岛礁、海湾地区的围填海活动，保护鱼山渔场、温台渔场生态环境，恢复重要渔场生物资源和受损近岸岛礁生态系统。区域实施污染物排海总量控制制度，改善海洋环境质量。

14. 闽东海域

包括闽浙交界至福州黄岐半岛的毗邻海域，主要功能为海洋保护、工业与城镇用海和渔业。沙埕港至晴川湾海域主要发展渔业基础设施、工业与城镇，保护红树林生态系统和海洋珍稀水生生物，因地制宜开发海洋能；福宁湾海域主要发展渔业资源保护、海岛生态系统保护和滨海旅游等；三沙湾海域主要发展港口航运、临港工业和城镇、海水养殖、海洋保护等；罗源湾海域主要发展港口航运和临港工业。区内应严格控制海湾内围填海，节约集约用海，注重对海岛、红树林生态系统和重要水产种质资源的保护。

15. 闽中海域

包括福州黄岐半岛至湄洲湾南岸毗邻海域，主要功能为工业与城镇用海、渔业和海洋保护。黄岐半岛到海坛岛海域主要发展港口航运、工业与城镇、海水养殖、海洋保护区建设，因地制宜开发海洋能，保护和修复闽江口滨海湿地生态系统、长乐海蚌资源、平潭中国鲎自然生态系统和山洲岛厚壳贻贝繁育区生态系统；湄洲湾、兴化湾海域主要发展港口航运和临港工业，合理开发港口岸线资源，保护重要渔业资源，加强湄洲岛海岛生态系统和滨海旅游资源的保护。

16. 闽南海域

包括湄洲湾南岸至闽粤海域分界的毗邻海域，主要功能为港口航运、旅游休闲娱乐、渔业、工业与城镇用海。泉州湾海域主要以港口航运、海洋保护、旅游和渔业基础设施建设为主，重点保护泉州湾河口湿地；厦门湾及毗邻海域主要发展港口航运、滨海旅游、工业与城镇和保护区建设等，以沿海重要港湾为依托，重点发展临港工业集中区，支持海峡西岸城市群发展，以厦门市为核心，积极发展滨海旅游和文化旅游，重点保护厦门海洋珍稀物种、九龙江口红树林等重要海洋生态系统；厦门湾以南至闽粤交界海域主要发展海洋渔业、临港工业、海洋旅游业、保护区建设等，以菜屿列岛、东山岛为核心大力发展海岛特色旅游业，重点保护漳江口红树林、东山珊瑚礁等重要海洋生态系统。区域实施污染物排海总量控制制度，改善海洋环境质量。

17. 东海陆架海域

包括上海、浙江、福建以东专属经济区和大陆架海域，为我国重要的海洋矿产与能源利用和海洋渔业资源利用区域。区域重点加强油气资源和浅海砂矿资源勘探开发，建设东海油气资源开采基地，加强传统渔业资源区的恢复与合理利用，重点加强上升流区、鱼类产卵场、索饵场等重要海洋生态系统保护与管理。加强海洋环境监测，防治溢油等海洋环境灾害和突发事件发生。维护重要国际航运水道和海底管线设施安全。

第四节　南　海

南海大陆海岸线北起福建诏安铁炉港，南至广西北仑河口，大陆海岸线长 5 800 多千米。沿海地区包括广东、广西和海南三省。自然海域面积约 350 万平方千米。南海具有丰富的海洋油气矿产资源、滨海和海岛旅游资源、海洋能资源、港口航运资源、独特的热带亚热带生物资源，同时也是我国最重要的海岛和珊瑚礁、红树林、海草床等热带生态系统分布区。南海北部沿岸海域，特别是河口、海湾海域，是传统经济鱼类的重要产卵场和索饵场。

南海海域要加强海洋资源保护，严格控制北部沿岸海域特别是河口、海湾海域围填海规模，加快以海岛和珊瑚礁为保护对象的保护区建设，加强水生野生动物保护区和水产种质资源保护区建设。加强重要海岛基础设施建设，推进南海渔业发展，开发旅游资源。开展海洋生物、油气矿产资源调查和深海科学技术研究，推进南海海洋资源的开发和利用。开展琼州海峡跨海通道研究。

19. 粤东海域

包括汕头、潮州、揭阳、汕尾等市毗邻海域，主要功能为海洋保护、渔业、工业与城镇用海、港口航运。大埕湾至柘林湾重点发展渔业、港口航运，保护大埕湾中华白海豚和西施舌种质资源及海洋生态系统；南澳海域重点发展生态旅游和养殖、清洁能源等产业，保护性发展海山岛、南澳岛旅游，维护海岛自然属性，保护南澎列岛、勒门列岛及周边海域的生物多样性，保护南澎列岛领海基点；南澳至广澳湾重点发展工业与城镇、港口航运、渔业和旅游休闲娱乐，重点保护海岸红树林、中国龙虾和中华白海豚，维持牛田洋、濠江等海域的水动力条件和防洪纳潮能力；海门湾至神泉港重点发展渔业、港口航运、工业与城镇，重点保护石碑山角领海基点和沿海礁盘生态系统；碣石湾至红海湾重点发展渔业、海洋保护、港口航运，保护碣石湾海马资源，严格保护沿海礁盘生态系统和遮浪南汇聚流海洋生态系统，维持海洋生态环境和生物多样性。

20. 珠江三角洲海域

包括广州、深圳、珠海、惠州、东莞、中山、江门毗邻海域，主要功能为港口航运、工业与城镇用海、海洋保护、渔业和旅游休闲娱乐。大亚湾至大鹏湾重点发展海洋保护、港口航运、旅游休闲娱乐，重点保护红树林、珊瑚礁及海龟等生物资源，保护针头岩领海基点；狮子洋至伶仃洋重点发展港口航运、工业与城镇、旅游休闲娱乐，重点保护中华白海豚、黄唇鱼和红树林等生物资源，狮子洋两岸严格控制填海造地，保障防洪泄洪和航道安全；万山群岛重点发展海洋保护、旅游休闲娱乐、港口航运、渔业，重点保护佳蓬列岛领海基点，以及珊瑚礁和上升流生态系统；磨刀门至镇海湾重点发展港口航运、工业与城镇、渔业、旅游休闲娱乐，重点安排横琴总体发展规划用海；珠江口外重点开展油气和矿产资源的勘探开发，保护围夹岛和大帆石领海基点，保护中华白海豚等生物资源及红树林和海草床等生态系统。区域加强对海岸、海湾及周边海域的整治修复。区域实施污染物排海总量控制制度，改善海洋环境质量。

21. 粤西海域

包括阳江、茂名、湛江毗邻海域，主要功能为海洋保护、渔业、港口航运。海陵湾重点发展渔业、港口航运，保障临海工业用海需求，重点保护海陵岛、南鹏列岛海草床等海洋生态系统，保护大树岛龙虾种质资源；博贺湾至水东湾重点发展渔业、港口航运，围绕博贺中心渔港发展现代化渔业产业基地，重点保护沿海礁盘生态系统和红树林，保护大放鸡岛海域文昌鱼自然资源；水东湾至湛江湾重点发展港口航运、渔业和海洋保护，重点支持湛江主枢纽港及临海产业的综合发展，保护东海岛附近海域海草床生态系统，保护吴阳文昌鱼种质资源和湛江硇洲岛海洋资源，开展特呈岛周边海域红树林湿地生态系统的修复；雷州湾至英罗港重点发展海洋保护、渔业和港口航运，保障渔业用海发展，重点保护和修复红树林、珊瑚礁、海草床等生态系统，保护中华白海豚、白蝶贝、儒艮等生物资源。区域实施污染物排海总量控制制度，改善海洋环境质量。

22. 桂东海域

包括桂粤交界至大风江毗邻海域以及涠洲岛—斜阳岛周边海域，主要功能为港口航运、旅游休闲娱乐、海洋保护和渔业。铁山港湾海域重点发展港口航运、临海工业，保护山口红树林和合浦儒艮生态系统及马氏珠母贝、方格星虫等重要水产种质资源；北海近岸海域重点发展旅游休闲娱乐，保障现有渔港和渔业基地发展用海需求，开展银滩及其毗邻海域综合整治，保护大珠母贝等生物资源；廉州湾近岸海域重点发展工业与城镇、滨海旅游和港口航运，加强渔业资源高效利用；涠洲岛—斜阳岛海域重点保护珊瑚礁生态系统，发展海岛旅游、港口航运以及油气资源勘探开发和渔业资源开发，开展海域海岸带整治修复。区域实施污染物排海总量控制制度，改善海洋环境质量。

23. 桂西海域

包括大风江至中越边界毗邻海域，主要功能为海洋保护、渔业、工业与城镇用海。大风江海域重点保护红树林生态系统，推进渔业资源的综合利用；三娘湾海域重点发展旅游休闲娱乐，保护中华白海豚；茅尾海海域重点保护海洋生态和近江牡蛎水产种质资源，保障滨海新区建设，开展茅尾海海域综合整治；钦州湾外湾与防城港海域重点发展港口航运和工业与城镇用海，开展防城港湾海域综合整治；江山半岛南部海域重点发展旅游休闲娱乐；珍珠湾—北仑河口海域重点发展海洋渔业与滨海旅游，保护红树林生态系统以及泥蚶、文蛤等重要水产种质资源，开展京族三岛和北仑河口东北岸的综合整治。

24. 海南岛东北部海域

包括海口市、临高县、澄迈市、文昌市、琼海市和万宁市毗邻海域，主要功能为港口航运、旅游休闲娱乐、渔业。海口、文昌、澄迈、临高海域主要发展港口航运和滨海旅游，加快发展新兴临港海洋产业，优化传统海洋渔业，控制潟湖港湾养殖规模，严格限制潟湖港湾及河口区域围海造地，保护东寨港红树林生态系统和临高白蝶贝和珊瑚生物资源；琼海、万宁海域主要发展滨海旅游、农渔业和海洋保护，重点做好以博鳌为中心的滨海旅游业和相关产业综合开发，发展生态渔业和远洋渔业，加强潭门渔港远洋渔业基地建设，加强琼海麒麟菜、文昌麒麟菜、清澜港红树林和大洲岛生态系统保护。

25. 海南岛西南部海域

包括陵水县、三亚市、乐东县、东方市、昌江县、儋州市毗邻海域，主要功能为旅游休闲娱乐、渔业、海洋保护、矿产与能源开发。三亚、陵水和乐东海域主要发展滨海旅游和生态保护，优先安排海南国际旅游岛发展用海，打造世界级热带滨海旅游城市，带动周边旅游产业发展。保护三亚红树林、珊瑚礁、海草床等海洋生态系统；东方、昌江、儋州海域主要发展港口航运与渔业，重点发展洋浦港、八所港临港产业，积极开展莺歌海和北部湾海域油气资源勘探开发，推进海洋牧场建设，发展远洋捕捞，保护东方黑脸琵鹭和儋州红树林生态系统以及白蝶贝等生物资源。区域应协调旅游用海与渔业生产布局，加速传统海洋产业升级与改造，建设一批高标准海岛旅游、渔业、交通基础设施，提升海洋服务功能。

26. 南海北部海域

位于广东、广西、海南毗邻海域以南，至北纬 18 度附近的海域，水深 100 米 ~ 1 000 米，是我国重要的油气资源分布区。区域主要功能为矿产与能源开发、渔业、海洋保护，区域重点加强珠江口盆地、琼东南盆地、莺歌海盆地、北部湾盆地油气资源勘探开发，加强渔业资源利用和养护，加强水产种质资源保护区建设，保护重要海洋生态系统和海域生态环境。

27. 南海中部海域

南海中部海域是我国重要的传统渔业资源利用区，珊瑚礁、海草床生态系统发育。区域重点加强渔业资源利用和养护、油气资源的勘探开发，加强水产种质资源保护区建设，开展海岛旅游、交通、渔业等基础设施建设，开发建设永兴岛—七连屿珊瑚礁旅游区，合理开发海岛旅游资源，加强海岛、珊瑚礁、海草床等生态系统保护，建设西沙群岛珊瑚礁自然保护区。

28. 南海南部海域

南海南部海域重点开展海洋渔业资源利用和养护，扶持发展热带岛礁渔业养殖，加强珍稀濒危野生动植物自然保护区和水产种质资源保护区建设，保护珊瑚礁等海岛生态系统。

附件八

中国沿海区域发展战略规划一览表

序号	发布或批复时间	文件名称	所属地区
1	2008年2月	《广西北部湾经济区发展规划》	北部湾经济区
2	2009年5月	《海峡西岸经济区发展规划》	海峡西岸经济区
3	2009年6月	《江苏沿海地区发展规划》	长三角经济区
4	2009年7月	《辽宁沿海经济带发展规划》	环渤海经济区
5	2009年12月	《黄河三角洲高效生态经济区发展规划》	环渤海经济区
6	2010年6月	《海南国际旅游岛建设发展规划纲要》	海南经济区
7	2011年1月	《山东半岛蓝色经济区规划》	环渤海经济区
8	2011年2月	《浙江海洋经济发展示范区规划》	长三角经济区
9	2011年8月	《广东海洋经济综合试验区发展规划》	珠三角经济区
10	2011年11月	《河北沿海地区发展规划》	环渤海经济区
11	2012年12月	《福建海峡蓝色经济试验区发展规划》	海峡西岸经济区

附件九

国家海洋经济试点区发展规划

《山东半岛蓝色经济区规划》(摘录)

战略定位

立足山东半岛在海洋产业、海洋科技、改革开放和生态环境等方面的突出优势，结合我国加快转变发展方式和优化沿海空间布局等方面的战略要求，科学确定山东半岛蓝色经济区发展定位，全面提升对我国海洋经济发展的引领示范作用。

建设具有较强国际竞争力的现代海洋产业集聚区。以高端技术、高端产品、高端产业为引领，强化港口、园区、城市和品牌的带动作用，加快发展海洋高技术产业，改造提升传统产业，培育壮大海洋优势产业集群，建设具有较强自主创新能力和国际竞争力的现代海洋产业集聚区。

建设具有世界先进水平的海洋科技教育核心区。整合海洋科教资源，着力加强海洋科技自主创新体系和重大创新平台建设，实施海洋高技术研发工程，突破一批关键、核心技术；提高教育现代化水平，加大各类人才培养力度，完善人才激励机制，聚集一批世界一流的海洋科技领军人才和高水平创新团队，构筑具有国际影响力的海洋科技教育人才高地。

建设国家海洋经济改革开放先行区。深化重点领域和关键环节的改革，完善海洋产业政策体系，推进实施海洋综合管理，着力构建海洋经济科学发展的体制机制；深化海洋经济技术国际合作，建设中日韩区域经济合作试验区，打造东北亚国际航运综合枢纽、国际物流中心、国家重要的大宗原材料交易及价格形成中心，构筑我国参与经济全球化的重要平台。

建设全国重要的海洋生态文明示范区。科学开发利用海洋资源，加大海陆污染同防同治力度，加快建设生态和安全屏障，推进海洋环境保护由污染防治型向污染防治与生态建设并重型转变；提升海洋文化品位，优化美化人居环境，增强公共服务能力，打造富裕安定、人海和谐的宜居示范区和著名的国际滨海旅游目的地。

发展目标

到2015年，现代海洋产业体系基本建立，综合经济实力显著增强；发展方式转变和经济结构调整迈出实质性步伐，海洋经济综合效益显著提高；海洋科技创新体系基本形成，自主创新能力大幅提升；单位地区生产总值能耗和主要污染物排放总量持续降低，海陆生态建设和污染治理取得显著成效，环境质量明显改善；作为东北亚国际航运综合枢纽和国际物流中心的地位显著提升，海洋经济对外开放格局不断完善；人民生活质量进一步提高，率先达到全面建设小康社会的总体要求。海洋生产总值年均增长15%以上，区内研究与试验发展经费占地区生产总值的比重达到2.5%，海洋科技进步贡献率提高到65%左右，人均地区生产总值超过8万元，城镇居民人均可支配收入和农民人均纯收入年均增长10%左右，城镇化水平达到65%左右。

到2020年，建成海洋经济发达、产业结构优化、人与自然和谐的蓝色经济区，率先基本实现现代化。海洋经济综合实力和竞争力位居全国前列，建成具有世界先进水平的海洋科技教育人才中心，经济开放水平大幅提升，成为我国参与经济全球化发展的重点地区，海洋生态文明建设取得显著成效，单位地区生产总值能耗达到国内先进水平，主要污染物排放总量得到严格控制，区域、海洋生态环境质量不断改善，实现基本公共服务均等化，人民生活更加富裕。海洋生产总值年均增长12%以上，人均地区生产总值达到13万元左右，城镇化水平达到70%左右。

优化海陆空间布局

根据山东半岛蓝色经济区的战略定位、资源环境承载能力、现有基础和发展潜力，按照以陆促海、以海带陆、海陆统筹的原则，优化海洋产业布局，提升胶东半岛高端海洋产业集聚区核心地位，壮大黄河三角洲高效生态海洋产业集聚区和鲁南临港产业集聚区两个增长极；优化海岸与海洋开发保护格局，构筑海岸、近海和远海三条开发保护带；优化沿海城镇布局，培育青岛—潍坊—日照、烟台—威海、东营—滨州三个城镇组团，形成“一核、两极、三带、三组团”的总体开发框架。

构建现代海洋产业体系

构建现代海洋产业体系是打造和建设好山东半岛蓝色经济区的核心任务。以培育战略性新兴产业为方向，以发展海洋优势产业集群为重点，强化园区、基地和企业的载体作用，加快发展海洋第一产业，优化发展海洋第二产业，大力发展海洋第三产业，促进三次产业在更高水平上协同发展。

深入实施科教兴海战略

科教兴海是蓝色经济区发展的核心战略。加强海洋科技创新综合性平台、专业性平台和科技成果转化推广平台建设，完善现代海洋教育体系，加强重点学科建设和海洋职业技术教育，加快海洋创新型人才队伍建设，努力建设具有国际先进水平的海洋科技、教育、人才中心。

加强海洋生态文明建设

按照建设生态文明的要求，把资源节约型、环境友好型社会建设放在首要位置，集约高效利用海洋资源，积极推进重要海洋生态功能区建设，实行海陆环境同治，大力发展循环经济，完善海洋监测预测和防灾减灾体系，增强海洋经济可持续发展能力。

《浙江海洋经济发展示范区规划》(摘录)

战略定位

立足浙江省资源条件、产业基础和体制机制等方面优势，加快转变经济发展方式，优化沿海空间布局，科学确定浙江海洋经济发展示范区的发展定位，提升对我国海洋经济发展的引领示范作用。

我国重要的大宗商品国际物流中心。发挥浙江港航资源和区位优势，着力构筑由大宗商品交易平台、海陆联动集疏运网络、金融和信息支撑系统组成的“三位一体”港航物流服务体系，加快推进以宁波—舟山港为核心的大宗商品储运加工贸易基地和集装箱干线港建设，提升上海国际航运中心的整体功能，将示范区建设成为我国重要的大宗商品国际物流中心，为我国战略物资供应提供有力支撑。

我国海洋海岛开发开放改革示范区。发挥浙江体制机制灵活的优势，加强对海洋开发的统筹规划、政策引导、资金支持和体制创新，加快杭州国家创新型城市建设，重点推进舟山群岛综合开发开放、杭甬海洋科技创新、甬舟港航配套服务、温州和台州民营海洋产业发展等试点工作，形成科学、有序、高效、完善的体制环境，发挥促进我国海洋经济发展的示范作用。

我国现代海洋产业发展示范区。落实国家重点产业调整和振兴规划，培育海洋新兴产业，加强海洋科研与产业化基地建设，扶持壮大港口物流、海洋装备制造、清洁能源、海水利用、海洋生物医药等新兴产业，加快发展临港先进制造业、滨海旅游、现代渔业等优势产业，培育一批国际知名的企业和品牌，建设具有较强国际竞争力的产业集群，为引领我国海洋经济转型升级提供强大动力。

我国海陆协调发展示范区。坚持海陆联动，促进海陆发展在战略规划、空间布局、产业优化、政策设计与管理体制等方面的统筹协调，充分发挥海陆两种资源优势，为积极探索我国海陆协调发展的新途径积累经验。

我国海洋生态文明和清洁能源示范区。加快发展清洁能源，优化能源结构，努力创建清洁能源示范区。强化海洋资源有序开发、生态利用和有效保护，加强海域污染防治和生态修复，积极推进低碳技术研发和应用，大力发展循环经济，为建设海洋生态文明探索新模式。

发展目标

海洋经济综合实力明显增强。海洋经济综合实力、辐射带动力和可持续发展能力居全国前列，在全国的地位进一步提升。到2015年，示范区地区生产总值突破2.6万亿元，占全省的3/4，人均地区生产总值达到8.6万元；示范区海洋生产总值接近7 000亿元，占全国海洋经济比重提高到15%，三次产业结构为6∶41∶53，基本实现海洋经济强省目标。

港航服务水平大幅提高。巩固宁波—舟山港全球大宗商品枢纽港和集装箱干线港地位，基础设施实现网络化、现代化。到2015年，沿海港口货物吞吐量达到9.2亿吨，集装箱和原油、成品油等大宗商品运输在沿海港口中所占比例较大提升，形成较为完善的“三位一体”港航物流服务体系，基本建成港航强省。

海洋经济转型升级成效显著。海陆联动开发格局基本形成，在港口物流、滨海旅游、海洋装备制造、船舶工业、清洁能源、现代渔业等领域形成一批全国领先、国际一流的企业和产业集群，在海洋生物医药、海水利用、海洋科教服务、深海资源勘探开发等领域取得重大突破，海洋产业结构明显优化，海洋经济效益显著提高。到2015年，海洋新兴产业增加值占海洋生产总值的比重提高到30%以上。

海洋科教文化全国领先。海洋文化建设深入推进，海洋意识不断强化，涉海院校和学科建设加快，海洋科技创新体系基本建成，海洋科技创新能力明显提高，建成一批海洋科研、海洋教育、海洋文化基地。到2015年，示范区内研究与试验发展经费占地区生产总值的比重达到2.5%，科技贡献率达70%以上。

海洋生态环境明显改善。海洋生态文明和清洁能源基地建设扎实推进，海洋生态环境、灾害监测监视与预警预报体系健全，陆源污染物入海排放得到有效控制，典型海洋和海岛生态系统获得有效保护与修复，基本建成陆海联动、跨区共保的生态环保管理体系，形成良性循环的海洋生态系统，防灾减灾能力有效提高。到2015年，清洁海域面积力争达到15%以上。

到2020年，全省海洋生产总值力争突破12 000亿元，三次产业结构为5∶40∶55，科技贡献率达80%左右，海洋新兴产业增加值占海洋生产总值比重达35%左右，全面建成海洋经济强省。大宗商品储运与贸易、海洋油气开采与加工、海洋装备制造、海洋生物医药、海洋清洁能源等产业在全国地位巩固提升，建成现代海洋产业体系。

优化海洋经济发展布局

坚持以海引陆、以陆促海、海陆联动、协调发展，注重发挥不同区域的比较优势，优化形成重要海域基本功能区，推进构建“一核两翼三圈九区多岛”的海洋经济总体发展格局。

发挥特色优势，推进海洋新兴产业、海洋服务业、临港先进制造业和现代海洋渔业发展，建设现代海洋产业基地，健全现代海洋产业体系，增强海洋经济国际竞争力。

着力构建大宗商品交易平台、海陆联动集疏运网络、金融和信息支撑系统“三位一体”的港航物流服务体系，高水平建设我国大宗商品国际物流中心和“集散并重”的枢纽港，积极建设港航强省，培育海洋经济发展的核心竞争力。

建设舟山海洋综合开发试验区

舟山是我国唯一的群岛型设区市，区位、资源、产业等综合优势明显，是浙江海洋经济发展的先导区和长江三角洲地区海洋经济发展的重要增长极。加快舟山群岛开发开放，全力打造国际物流岛，建设海洋综合开发试验区，探索设立舟山群岛新区，对于促进海洋经济发展、创新海岛开发模式具有特殊意义。

《福建海峡蓝色经济试验区发展规划》(摘录)

战略定位

立足福建在海洋经济发展中的综合优势，落实国家关于发展海洋经济的战略部署，科学确定福建海峡蓝色经济试验区的发展定位，为提升我国海洋经济科学发展水平提供示范。

——深化两岸海洋经济合作的核心区。落实两岸经济合作框架协议，以厦门经济特区、平潭综合实验区和福州、泉州、漳州等台商投资区等为依托，全面推进两岸海洋开发合作，加强两岸海洋产业深度对接，积极构建两岸海洋经济合作圈，进一步提升福建在深化两岸交流合作中的核心引领作用。

——全国海洋科技研发与成果转化重要基地。发挥海洋科技、人才优势，加快建设海洋科技研发平台和中试基地，实施海洋高技术研发工程，突破一批关键核心技术。围绕市场需求和开发需要，不断创新体制机制，加快推进海洋科技成果高效转化与产业化应用。

——具有国际竞争力的现代海洋产业集聚区。改造提升传统海洋产业，着力培育海洋新兴产业，加快发展现代海洋服务业，集聚发展高端临海产业，培育壮大海洋优势产业集群。依托中心城市和重要港湾，不断优化产业布局，全面提升海洋产业综合实力和国际竞争力。

——全国海湾海岛综合开发示范区。发挥福建海湾优良、海岛众多的优势，加强海湾、海岛综合开发的科学规划、政策引导、资金支持和体制创新，推动形成以重要海湾为依托的临海经济密集区，构建以平潭综合实验区为龙头的海岛开发开放新格局，为全国海湾海岛综合开发积累经验、提供示范。

——推进海洋生态文明建设先行区。树立绿色生态、人海和谐的保护开发理念，科学利用岸线、滩涂、海岛、海域等资源，积极发展海洋循环经济，加强海洋环境保护和生态建设，大力弘扬特色海洋文化，建设环境优美、宜居宜业的生态家园。

——创新海洋综合管理试验区。大胆创新，先行先试，统筹推进海洋行政管理、执法监督、公共服务、技术保障等方面的基础能力建设，探索建立领导有力、协调高效、科学完善的海洋保护开发体制机制，有效提高海洋开发、控制和综合管理能力。

发展目标

到2015年，海洋生产总值年均增长14%以上，海洋生产总值达到7 300亿元；海洋三次产业比例调整为4：44.5：51.5，现代海洋产业体系基本建立，形成若干以重要港湾为依托，布局合理、优势集聚、联动发展的海洋经济密集区，两岸海洋经济合作核心区基本形成；海洋科技创新体系基本建立，科技创新能力明显提升，建成全国科技兴海示范基地；海洋生态环境明显改善，近岸海域一类、二类水面占海域面积力争达到65%；海洋基础设施和公共服务能力进一步提升，基本建成海洋监测、预警、预报、应急处置等防灾减灾体系以及海洋管理技术支撑体系；海洋综合管理水平显著提升，基本实现法治化、规范化、信息化。

到2020年，全面建成海洋经济强省。海洋经济持续快速发展，海洋开发空间布局显著优化，现代海洋产业体系形成；闽台海洋经济融合不断深化，形成两岸共同发展的新格局；海洋科技创新能力和教育水平居全国前列；各类海洋功能区环境质量基本达标，近海生态环境保持优良；现代海洋综合管理体制和海洋公共服务体系趋于完善。

优化海洋开发空间布局

坚持陆海统筹、合理布局，有序推进海岸、海岛、近海、远海开发，突出海峡、海湾、海岛特色，着力构建“一带、双核、六湾、多岛”的海洋开发新格局。

第一节　打造海峡蓝色产业带

以沿海城市群和港口群为主要依托，加强海岸带及邻近陆域、海域的重点开发、优化开发，突出产业转型升级和集聚发展，突出创新驱动与两岸合作，加快构建特色鲜明、核心竞争力强的现代海洋产业体系，形成以若干高端临海产业基地和海洋经济密集区为主体、布局合理、具有区域特色和竞争力的海峡蓝色产业带。

第二节　建设两大核心区

把福州都市圈、厦漳泉都市圈建设成为提升海洋经济竞争力的两大核心区。充分发挥两大都市圈产业基础好、科研力量强、港口及集疏运体系较为完备等方面的优势，加强海洋基础研究、科技研发、成果转化和人才培养，深化闽台海洋开发合作，加快发展海洋新兴产业和现代海洋服务业，率先构筑现代海洋产业体系，推动海洋开发由低端向高端发展、由传统产业向现代产业拓展，建设成为我国沿海地区重要的现代化海洋产业基地、海洋科技研发及成果转化中心。加快两大都市圈内同城化步伐，推进产业、城市、港口之间的有机衔接和互动发展，增强现代城市服务功能，提升中心城市的集聚辐射能力，形成引领海峡蓝色经济试验区和带动周边地区发展的两大海洋经济核心区。

第三节 推进六大海湾区域开发

依托环三都澳、闽江口、湄洲湾、泉州湾、厦门湾、东山湾六大重要海湾，坚持优势集聚、合理布局和差异化发展，建设形成具有较强竞争力的海洋经济密集区。

构建现代海洋产业体系

积极推进海洋产业转型升级，坚持以产品高端、技术领先、投资多元为方向，提高现代海洋渔业发展水平，培育发展海洋新兴产业，加快发展海洋服务业，集聚发展高端临海产业，严格限制发展产能过剩、高污染、高耗能的产业。突出龙头带动，着力延伸产业链、壮大产业集群，构建优势突出、特色鲜明、核心竞争力强的现代海洋产业体系。

提升海洋科技创新能力

深入实施“科技兴海”战略，大力发展海洋教育事业，建立健全海洋人才培养、引进、使用机制，打造特色鲜明的区域海洋科技创新体系，强化科技创新对海洋经济发展的引领和支撑作用。

《广东海洋经济综合试验区发展规划》（摘录）

战略定位

依托广东在海洋经济发展中的先行优势，贯彻国家关于发展海洋经济的战略部署，科学确定广东海洋经济综合试验区发展定位，为实现我国海洋经济科学发展提供示范。——提升我国海洋经济国际竞争力的核心区。抢占新世纪国际海洋开发的战略制高点，促进海洋产业结构优化升级，着力培育海洋新兴产业，优化临海产业布局，加快建设科技引领、产业高端、优势突出、布局合理的现代海洋产业集聚区。——促进海洋科技创新和成果高效转化的集聚区。深入实施科教兴海战略，深化海洋科技创新和成果转化体制改革，整合优势科技资源，加大海洋高新技术人才培养和引进力度，优化自主创新和产业发展环境，建设具有国际竞争力的海洋科技人才高地、海洋科技创新中心、海洋高技术成果高效转化基地和产业基地。——加强海洋生态文明建设的示范区。坚持生态环境保护与海洋资源开发并重、海洋环境整治与陆源污染防治统筹，建立海洋环境保护长效机制，提高海洋和海岸带生态系统保护水平，提高可持续发展能力，弘扬南海特色海洋文化，建设人海和谐、生态良好的宜居区和世界知名的滨海旅游目的地。——推进海洋综合管理的先行区。积极推进海洋管理体制机制创新，统筹推进海洋行政管理、执法队伍、技术支持、决策咨询、公共服务等方面能力建设，加快构建集监管立体化、执法规范化、管理信息化、反应快速化于一体的现代海洋管理体系，建设我国实施海洋综合管理的示范区。

发展目标

当前和今后一个时期，要抓住国家加快发展海洋经济的重大机遇，推动广东海洋经济综合试验区建设取得突破性进展。到 2015 年，基本建成海洋经济强省。海洋经济总量显著提升，全省海洋生产总值达 1.5 万亿元，继续保持全国领先地位。海洋产业结构和空间布局进一步优化，海洋三次产业比例调整为 3：44：53，现代海洋产业体系初步建立；珠江三角洲、粤东、粤西三大海洋经济主体区域全面发展，分工合理、优势集聚、辐射联动的区域发展格局基本形成。海洋自主创新能力明显提升，主要海洋科技领域达到国内领先水平。海洋生态环境稳步改善，各类近岸海域环境功能区水质达标率 90% 以上，基本完成水质劣于Ⅳ类标准的近岸海域环境治理，建成海洋监测监视、预警预报、应急处置等防灾减灾体系和管理技术支撑体系。海洋综合管理体系进一步完善，实现海洋管理的法制化、规范化和信息化。到2020年，全面实现建设海洋经济强省战略目标。海洋经济科学发展水平显著提升，主要海洋产业国际竞争力明显增强，海洋科技贡献率大幅提高，各类海洋功能区环境质量保持优良水平，海洋生态环境明显好转，现代化海洋综合管理体系基本形成。

优化海洋经济空间布局

根据广东海洋经济综合试验区的战略定位、现有产业基础和发展潜力、资源环境承载能力，按照海陆统筹、优势集聚、功能明晰、联动发展的要求，优化海洋开发布局，着力建设珠江三角洲海洋经济优化发展区和粤东、粤西海洋经济重点发展区三大海洋经济主体区域，积极构建粤港澳、粤闽、粤桂琼三大海洋经济合作圈，科学统筹海岸带（含海岛地区）、近海海域、深海海域三大海洋保护开发带，推进形成“三区、三圈、三带”的海洋综合发展新格局。

构建现代海洋产业体系

坚持创新驱动、整体推进、突出重点、集聚优势，以大力提升传统优势海洋产业为基础，以加快培育壮大海洋新兴产业为支撑，以集约发展高端临海产业为重点，推动信息化和工业化深度融合，形成具有国际竞争力的现代海洋产业体系。

加大科技创新力度，优化产业结构，巩固海洋交通运输业、海洋渔业、船舶工业等方面的传统优势，进一步夯实传统优势产业在广东海洋经济发展中的基础地位。

以推进产业结构升级为主线，以海洋生物医药、海洋工程装备制造、海水综合利用和海洋可再生能源为重点，突破关键核心技术，提升海洋产业核心竞争力。

加快培育和发展港口物流、服务外包、中介服务、信息服务、金融保险、滨海旅游等服务业，推进服务业标准化和品牌建设，重点培育和发展一批规模大、实力强的服务企业。

大力推进海洋科技自主创新

实施科技兴海战略，加强海洋科技创新平台建设，深化海洋科技教育体制改革，促进海洋科技创新和成果高效转化，为海洋经济实现跨越式发展提供有力支撑。

（1）推进海洋科技自主创新体系建设

发挥中央在粤涉海科研机构优势，优化配置海洋科技资源，加快构建海洋科技创新平台。

（2）实施重大海洋科学技术攻关

按照自主创新、重点跨越、支撑发展、引领未来的方针，加强海洋科技的重点攻关，着力突破一批重大关键性和共性技术，形成一批有自主知识产权的技术成果。

（3）推动海洋科技成果转化

创新海洋科技成果转化机制，构建多元化、多层次的科技成果转化和公共技术服务平台，落实和完善海洋科技成果转化的财政、税收等扶持政策，将广州建设成为我国海洋科技成果交易中心和高效转化基地。

（4）加强海洋科技人才培养强化

人才对海洋经济发展的支撑作用，制定海洋科技人才发展规划。

附件十

《2012 海洋经济统计公报》(摘录)

据初步核算，2012 年全国海洋生产总值 50 087 亿元，比上年增长 7. 9%，海洋生产总值占国内生产总值的 9. 6%。其中，海洋产业增加值 29 397 亿元，海洋相关产业增加值 20 690 亿元。海洋第一产业增加值 2 683 亿元，第二产业增加值 22 982 亿元，第三产业增加值 24 422 亿元，海洋第一、第二、第三产业增加值占海洋生产总值的比重分别为 5. 3%、45. 9% 和 48. 8%。

——海洋渔业　海洋渔业继续保持稳定增长态势，海水养殖生产形势良好，海洋捕捞总体稳定，远洋渔业综合实力逐步增强。全年实现增加值 3 652 亿元，比上年增长 6. 4%。

——海洋油气业　受国际油价波动、国内经济增速减缓、油气生产调整和产能控制等多重因素影响，海洋油气业增速呈现负增长。全年实现增加值 1 570 亿元，比上年减少 8. 7%。

——海洋矿业　海洋矿业继续保持增长态势，海砂开采管理力度不断加强，产业秩序得到进一步规范。全年实现增加值 61 亿元，比上年增长 17. 9%。

——海洋盐业　海洋盐业增速呈现负增长，全年实现增加值 74 亿元，比上年减少 7. 3%。

——海洋化工业　海洋化工业发展态势趋好，全年实现增加值 784 亿元，比上年增长 17. 4%。

——海洋生物医药业　随着国家对海洋生物医药业政策扶持和投入力度的逐步加大，海洋生物医药业发展势头良好。全年实现增加值 172 亿元，比上年增长 13. 8%。

——海洋电力业　随着大规模海上风电场的建成投产，海洋电力业发展势头总体良好。全年实现增加值 70 亿元，比上年增长 14. 3%。

——海水利用业　海水利用产业发展环境逐步趋好，产业化进程逐步加快，海水利用业呈现稳步发展态势。全年实现增加值 11 亿元，比上年增长 4. 0%。

——海洋船舶工业　海洋船舶工业积极推进转型升级，加快调整产品结构，但受全球航运市场持续低迷的影响，交船难、接单难、盈利难等问题依然突出。全年实现增加值 1 331 亿元，比上年减少 1. 1%。

——海洋工程建筑业　海洋工程建筑业继续保持平稳增长，新开工项目和在建工程稳步推进。全年实现增加值 1 075 亿元，比上年增长 12. 7%。

——海洋交通运输业　受国内外宏观经济环境影响，海洋交通运输业虽继续保持增长态势，但增速持续放缓。全年实现增加值 4 802 亿元，比上年增长 6. 5%。

——滨海旅游业　滨海旅游业继续保持健康发展态势，产业规模持续增大。全年实现增加值 6 972 亿元，比上年增长 9. 5%。

参考文献*

[1] 杨金森. 发展海洋经济必须实行统筹兼顾的方针 [J]. 中国海洋经济研究，1984.

[2] 何宏权，程福枯，张海峰编. 海洋经济和海洋经济研究 [J]. 中国海洋经济研究，1984 (2)

[3] 徐质斌. 海洋经济与海洋经济科学 [J]. 海洋科学，1995 (2).

[4] 许启望，张玉祥. 海洋经济与海洋统计 [J]. 北京：海洋经济，1998 (1).

[5]《海洋大辞典》，沈阳：辽宁人民出版社，1998.

[6] 孙斌，徐质斌. 海洋经济学 [M]. 青岛：青岛出版社，2000.

[7] 徐质斌，牛福增. 海洋经济学教程 [M]. 北京：经济科学出版社，2003.

[8] 陈可文. 中国海洋经济学 [M]. 北京：海洋出版社，2003.

[9] 国家质量监督检验检疫总局和中国国家标准化管理委员会发布. 海洋及相关产业分类》(中华人民共和国国际标准 GB/T 20794 - 2006)，2006 年 12 月 29 日。

[10] 王晓惠. 海洋统计工作的发展与展望 [J]. 海洋信息，2004 (1).

[11] 何广顺. 我国海洋经济统计发展历程 [J]. 海洋经济，2011 (2).

[12] 王晓惠，王震，李长如，李宜良. 海洋经济统计日益完善 [J]. 中国统计，2008 (8).

[13] 陆大道 ."关于点—轴" 空间结构系统的形成机理分析 [J]. 地理科学，2002，22 (1).

[14] 张德贤. 海洋经济可持续发展理论研究 [M]. 青岛：青岛海洋大学出版社，2000.

[15] 鹿守本. 海洋管理通论 [M]. 北京：海洋出版社，1997.

[16] 王宏. 我国海洋经济及其管理的发展特征分析 [J]. 海洋经济，2011 (2).

* 按引用次序排。

［17］王颖，阳立军．新中国60年浙江海洋经济发展与未来展望［J］．经济地理，2009（12）．

［18］杨永峰．中国盐业专营体制改革研究［D］．江西财经大学学位论文，2009．

［19］孙志辉．中国海洋科技发展50年［N］．科技日报，2006－9－4．

［20］国务院办公厅关于印发国家海洋局职能配置内设机构和人员编制规定的通知，国务院办公厅文件，国办发［1998］44号。

［21］中国南海可燃冰调查今年完成，获4项突破成果［J］．国土资源报，2011年3月28日。

［22］付玉．我国海水淡化产业化发展阶段及特点研究［J］．海洋发展战略研究动态，2009（7）．

［23］李双建，于保华，魏婷．世界主要海洋国家海洋综合管理及对我国的借鉴［J］．海洋开发与管理，2012（5）．

［24］王效敏．发达国家海洋经济总体发展趋势［J］．新远见，2012（3）．

［25］向云波，徐长乐，戴志军．世界海洋经济发展趋势及上海海洋经济发展战略初探［J］．海洋开发与管理，2009（2）．

［26］我国海洋生物医药产业还需加快发展步伐［N］．中国海洋报，2005－2－28．

［27］宋国明．英国海洋资源与产业管理［J］．国土资源报，2010（4）．

［28］李莉，周广颖，司徒毕然．美国、日本金融支持循环海洋经济发展的成功经验和借鉴［J］．生态经济，2009（2）．

［29］中国在西太平洋成功布放6100米最深观测潜标．人民网，2011年1月8日。

［30］李晓兰．“大洋一号”船首次成功实现海底深孔钻探［J］．海洋石油，2010（4）．

［31］三门健跳港将建造万千瓦级潮汐电站　国内最大［N］．台州日报，2010－9－29．

［32］世界首座海岛可再生能源电站投产——综合利用太阳能、风能、波浪能［J］．华北电力技术，2009（6）．

［33］发展海洋战略高技术提高我国海洋经济水平［N］．中国海洋报，2012－6－15．

［34］农业部渔业局负责人：我国渔业资源利用过度，新华网 http://news.xinhuanet.com/fortune/2007－05/06/。

［35］马志荣，张莉．海洋区域经济和谐发展的对策探讨［J］．经济问题探索，2006（3）．

［36］中国科学院海洋领域战略研究组. 中国至2050年海洋科技发展路线图［M］. 北京：科学出版社，2009.

［37］刘明. 中国海洋经济预测研究［J］. 统计研究，2011（5）.

［38］“中国2007年投入产出表分析应用”课题组. “十二五”至2030年我国经济增长前景展望［J］. 统计研究，2011（1）.

［39］何广顺等. 海洋经济发展规划监测评估研究［J］. 海洋开发与管理，2006（6）.

［40］海洋发展战略研究所海洋经济与科技研究室. 2006年全国海洋经济发展综述［J］. 海洋发展战略研究动态，2007（4）.

［41］海洋发展战略研究所海洋经济与科技研究室. 2008年全国海洋经济发展综述［J］. 海洋发展战略研究动态，2009（2）.

［42］国家海洋局. 中国海洋统计年鉴（2002～2010）. 北京：海洋出版社.

［43］刘康，姜国建. 海洋产业界定与海洋经济统计分析［J］. 中国海洋大学学报（社会科学版），2006（3）.

［44］韩秋影，黄小平，施平. 海洋资源价值评估理论初步探讨［J］. 生态经济，2006（1）.

［45］高之国，张海文主编. 海洋国策研究文集［M］. 北京：海洋出版社，2007.

［46］韩忠南. 我国海洋经济展望与推进对策探讨［J］. 海洋开发与管理，1995（1）.

［47］许启望. 关于中国海洋国情的报告［J］. 海洋开发与管理，1998（2）.

［48］高之国. “十一五”规划应增加海陆统筹的内容［N］. 中国海洋报，2006－2－14.

［49］国家海洋局海洋发展战略研究所编著. 唐山市海洋经济发展战略规划［M］. 北京：海洋出版社，2003.

［50］国务院国发［2003］13号，国务院关于印发全国海洋经济发展规划纲要的通知，2003年5月9日。

［51］国家海洋局海洋发展战略研究所课题组. 中国海洋发展报告（2011）［R］. 北京：海洋出版社，2011.

［52］国家海洋局海洋发展战略研究所课题组. 中国海洋发展报告（2012）［R］. 北京：海洋出版社，2012.

［53］刘明. 我国海洋经济发展现状与趋势预测研究［M］. 北京：海洋出版社，2010.

［54］《国民经济和社会发展第十一个五年规划纲要》. 2005年10月11日中国共产

党第十六届中央委员会第五次全体会议通过。

［55］《国民经济和社会发展第十二个五年规划纲要》，2010 年 10 月 18 日中国共产党第十七届中央委员会第五次全体会议通过。

［56］发改地区［2008］618 号，国家发改委 国家海洋局关于印发国家海洋事业发展规划纲要的通知，2008 年 2 月 29 日。

［57］中国海洋 21 世纪议程［M］. 北京：海洋出版社，1996.

［58］国家海洋局海洋发展战略研究所课题组. 烟台市海洋发展规划研究［M］. 北京：海洋出版社，2007.

［59］发改环资［2005］1561 号，关于印发海水利用专项规划的通知，2005 年 10 月 12 日。

［60］辽宁沿海经济带发展规划，2009 年 7 月 1 日国务院常务会议通过。

［61］国函［2011］1 号，山东半岛蓝色经济区发展规划，2011 年 1 月 4 日。

［62］冀海发［2011］13 号，河北省发展和改革委员会河北省海洋局关于印发河北省海洋经济发展"十二五"规划的通知，2011 年 8 月 31 日。

［63］国发［2009］19 号，国务院关于推进上海加快发展现代服务业和先进制造业建设国际金融中心和国际航运中心的意见，2009 年 4 月 14 日。

［64］发改地区［2011］500 号，国家发展改革委关于印发浙江海洋经济发展示范区规划的通知，2011 年 3 月 12 日。

［65］江苏沿海地区发展规划，2009 年 6 月 10 日国务院常务会议通过。

［66］国函［2011］81 号，关于广东海洋经济综合试验区发展规划的批复，2011 年 7 月 20 日。

［67］国发［2009］24 号，关于支持福建省加快建设海峡西岸经济区的若干意见，2009 年 5 月 24 日。

［68］国发［2009］44 号，国务院关于推进海南国际旅游岛建设发展的若干意见，2009 年 12 月 31 日。

［69］全国渔业发展"十二五"规划，农业部渔业局 2011 年 10 月 17 日发布。

［70］殷克东，方胜民. 中国海洋经济形势与预测［M］. 北京：经济科学出版社，2012.